陕北米脂传统石雕技艺与传统建筑环境的共生性保护、利用研究

卢渊 著

天津大学出版社
TIANJIN UNIVERSITY PRESS

图书在版编目（CIP）数据

陕北米脂传统石雕技艺与传统建筑环境的共生性保护、利用研究 / 卢渊著 . —
天津：天津大学出版社，2016.8

ISBN 978-7-5618-5636-9

I.①陕… Ⅱ.①卢… Ⅲ.①古建筑—民间石雕—建筑艺术—研究—米脂县
Ⅳ.① TU-852

中国版本图书馆 CIP 数据核字（2016）第 200922 号

出版发行	天津大学出版社
地　　址	天津市卫津路 92 号天津大学内（邮编：300072）
电　　话	发行部：022-27403647
网　　址	publish.tju.edu.cn
印　　刷	北京华联印刷有限公司
经　　销	全国各地新华书店
开　　本	185mm×260mm
印　　张	15.75
字　　数	399 千
版　　次	2016 年 8 月第 1 版
印　　次	2016 年 8 月第 1 次
定　　价	49.00 元

前　言

　　米脂传统石雕技艺历史悠久，传承久远，是陕北传统石雕艺术中不可或缺的重要组成部分。明清两代是米脂传统石雕技艺发展的鼎盛时期，其石雕造型古朴、厚重、大方，依附于传统建筑环境而存在，具有明确的建筑功能、实用功能和鲜明的地域文化特征。在长期历史发展过程中，形成集打制工艺、打制场地和传统习俗于一体的石雕民俗文化。米脂传统石雕技艺与传统建筑环境之间形成了密切的共生性发展关系，并具有典型的非物质文化遗产特征和学术研究意义。

　　在传统建筑环境方面，米脂保留了多处较为完整的明清传统建筑环境，其中的多数窑洞以及相关设施都是由砂岩石砌筑而成的。它们设计奇巧、工艺精湛、布局合理、石雕遗存丰富，具有浓郁的乡土建筑文化特色，充分体现了当地百姓因地制宜的建筑营造理念。

　　本书在梳理国内外相关文化遗产保护文献的基础上，采用建筑学、美术学、文化人类学、民俗学等多学科相交叉的研究方法，对米脂传统石雕技艺及其相关传统建筑环境进行调研，认为米脂传统石雕技艺与传统建筑环境两者之间存在着密切的共生性发展关系，并从非物质文化遗产与物质文化遗产保护的双重视角提出对两者进行共生性保护的观点，将两者有机结合，进行整体、全过程的保护，使传统石雕技艺的保护更加真实并体现其"原真性"，使传统建筑环境的保护更富有生命力。研究成果将为我国文化遗产保护领域提供非物质与物质文化遗产相结合的保护与研究视野，对我国文化遗产保护事业的发展具有理论指导和实践研究意义。

　　本书针对米脂传统石雕技艺与传统建筑环境的共生性保护，分别从五个方面进行了系统论述。

　　第一，对米脂传统石雕技艺与传统建筑环境的遗产特征、价值以及保护现状与存在问题进行了深入分析和研究。

　　第二，对共生性保护的基础理论进行研究与阐释。分别对非物质文化遗产与物质文化遗产的保护历史、属性、特征、功能、保护原则与方法进行了深入探讨，并结合实例提出共生性保护的观念与设想。

第三，对米脂传统石雕技艺与传统建筑环境相互依存发展的关系进行深入探讨与研究，并为两者在当代的共生性发展关系做出指引，为共生性保护与利用明确了价值与方向。

第四，对共生性保护理论从观念、原则、方法等方面做出了进一步阐释，并根据米脂传统石雕技艺和传统建筑环境的保护与生存现状，提出保护规划设想与利用模式。

第五，对研究结论进行分析、总结，认为米脂传统石雕技艺与传统建筑环境之间相互依存发展的关系并非独立存在，这种现象在我国多数非物质与物质文化遗产当中都有所显现。共生性保护观念是针对非物质与物质文化遗产相互依存发展的关系而提出的，是对文化遗产"原真性"保护理论的深化与扩展。

目 录

第一章 概论

○ 一、研究背景

文化遗产是人类悠久历史的积淀和灿烂文化的结晶,既浓缩着过去又影响着未来;对于任何一个民族、地区、国家,它都是宝贵的精神与物质财富。在社会现代化和经济全球化发展的今天,文化遗产保护已成为世界性问题,合理保护、传承、发展传统文化遗产,是人类紧迫的任务与历史使命。

我国对于文化遗产的关注最早可追溯至一千多年前的北宋时期,那时就已经出现了研究文物的金石学。在欧洲,15世纪的意大利、17世纪的英国,也早已有人将目光投向巨石阵和一些建筑文化遗产,但彼时对它们的保护更多地局限于个人行为。直至19世纪,文化遗产的保护工作才开始引起欧洲一些国家和政府的关注,以文化遗产保护为宗旨的立法工作、组织建设工作、文化遗产普查工作也随之展开。

世界各国对文化遗产保护的高度重视,也开始逐渐影响到联合国教育、科学及文化组织(以下简称"联合国教科文组织",英文缩写为UNESCO),后者随之开展了一系列有关人类文化与自然遗产保护的工作。1972年11月16日,联合国教科文组织在第十七届会议上通过了《保护世界文化和自然遗产公约》(以下简称《世界遗产公约》),将保护内容明确地分为文化遗产和自然遗产两类,其中文化遗产包括物质类与非物质类,或称可触摸类与不可触摸类、有形类与无形类。物质类文化遗产包括我国"文物"概念下的全部内容,即"可移动文物"与"不可移动文物"。前者包含器物、文书、典籍、服饰、艺术品等,后者包含古迹、古建、遗址等。非物质类文化遗产则主要包括民间艺术、口头文学、语言、工艺、习俗、节庆礼仪等。自然遗产是指自然界在演替和进化过程中形成的地质地貌、生态景观、生物群落与物种。其中的代表者往往被冠以"自然保护区""国家公园""地区公园"等名称[1]。联合国教科文组织还通过设立世界遗产基金和世界遗产管理委员会,来推进保护工作的顺利实施。其中世界遗产管理委员会的主要职责是负责全球范围内人类公

---

1 徐嵩龄:《第三国策:论中国文化与自然遗产保护》,3~4页,北京,科学出版社,2005。

共文化及自然遗产的保护，既要监督《公约》的实施情况，又要根据公约缔约国的提名来确定《世界文化遗产名录》的入选名单，并与缔约国共同监督世界文化遗产及自然遗产的保护状况。

伴随着人类文化遗产保护工作的不断深入以及对世界不同文化的深入理解，人们开始逐渐认识到，并非所有重大的作品中都能找到物质的表现，有些文化遗产是无形的，仅存在于人的头脑之中。因此，文化遗产的保护范围不仅应包括有形的物质文化遗产，还应该包括无形的非物质文化遗产。

日本作为非物质文化遗产保护领域的先行者，20世纪50年代提出了"无形文化财"这一开疆拓土的全新理念，进一步扩大了人类对文化遗产的保护范围，受到了包括联合国在内的许多国家及国际组织的关注。随后联合国教科文组织在1989年通过了《保护民间创作建议案》；1998年宣布了《人类口头和非物质遗产代表作条例》；2003年10月17日，通过了《保护非物质文化遗产公约》，并对非物质文化遗产做出了明确阐释："非物质文化遗产"，指被各社区群体，有时是个人，视为其文化遗产组成部分的各种社会实践、观念表述、表现形式、知识、技能以及相关的工具、实物、手工艺品和文化场所。

在我国，对于非物质文化遗产的保护也同样受到了来自社会各界的密切关注。2005年国务院办公厅颁布的《关于加强我国非物质文化遗产保护工作的意见》提出了"保护为主、抢救第一、合理利用、传承发展"的非物质文化遗产保护工作指导方针，并颁布了《国家级非物质文化遗产代表作申报评定暂行办法》，阐明了我国对非物质文化遗产的定义和分类。截至目前，对非物质文化遗产保护的立法工作已由全国人大通过，对它的保护已逐步走向了一个"有法可依、有章可循"的时代。

纵观目前我国非物质文化遗产及物质文化遗产的保护，在方法上基本各自独立。这样做的优点是可进行独立与系统的研究，具有一定的深入性；缺点是对非物质文化遗产的保护多为静态的博物馆式封存，丧失了遗产所生存的物质环境，而在物质文化遗产保护方面，由于缺乏对相关非物质信息的关注，虽然保护了传统建筑环境，却忽略了其中发生的"原真性"信息。因此，应当将人类的文化环境作为一个整体进行保护，一切有效的组成部分（包括人类的活动）都对整体具有不可忽视的意义。

❏ 二、研究目的、意义与范围

中国历史文化悠久，幅员辽阔，具有丰富的文化遗产资源，是世界文化遗产大国。21世纪，随着世界全球化、现代化的快速发展，传统文化遗产的生存状况与生存环境日益恶化，传统文化形态出现了淡化与濒临消亡的危机。据调查，目前全国已有多种典型的民间传统文化形式（非物质文化遗产）处于濒危状态，一些优秀的传统技能和传统民间文化遗产后继无人，一些独特的传统习俗也逐步消亡或变异，导致传统文化资源的严重流失。以剪纸为例，被联合国教科文组织授予"中国民间工艺美术大师"称号的陕西省六位民间剪纸艺人已有多位不在人世。传统建筑环境的保护方面也同样不容乐观，多数散落于乡村的古民居、古村落，受多种因素的影响，都未得到较好的保护，使很多优秀的乡土建筑遭受到了严重破坏。

纵观我国文化遗产保护，以往对于非物质文化遗产的保护多采用比较单一的形式与方法，例如将传统非物质文化遗产送进博物馆，或在相关场合进行民间文化的表演及展示。以上方法对宣传非物质文化遗产起到了重要作用，但却忽略了非物质文化遗产生存的真实环境，这种"重结果轻过程"的保护方式丧失了对非物质文化遗产本休过程的关注，使其与所生存的环境相割裂，造成了非物质文化遗产"原真性"价值的缺失。在对传统建筑环境（物质文化遗产）的保护上，情况也同样不容乐观，在保护措施与方法上主要针对建筑实体进行保护，而忽略了传统建筑空间中发生的人文现象与信息，使得传统建筑环境失去其"生命力"，成为没有文化内涵的躯壳。

文化遗产见证了人类的发展历程，它与人类的历史、文化紧密相连，是人类某种已消失或仍存在的文化的见证，体现了人类的创造才能，代表着人类的某种价值观念、传统生活方式、利用土地方式，展现着人类历史发展过程中在设计、技术、艺术、文学等方面的成就。

人类对于文化遗产的保护意义深远，主要体现在以下三个方面。（a）精神方面：在现代社会，人们的首要任务是了解自己的意识形态渊源（Rhyne，1995），通过文化遗产来建立自己的意识形态家园是一种必要的手段。（b）文化方面：文化遗产将对当代中国文化的重建具有重要意义。（c）政治方面：在现代世界，文化、领土、政治制度是构成国家利益与"完整性"的三要素（Morgenthau，1952）。文化是捍卫国家安全、发展国家利益的软实力[1]。因此，合理保护、利用文化遗产已成为当代我国乃至全球文化遗产保护领域政府决策部门迫在眉睫需要解决的重要问题。

本书以米脂传统石雕技艺与传统建筑环境的共生性保护、利用研究为实例，将非物质文化遗产与物质文化遗产两者进行有机结合，整体、完整、全过程地进行保护，旨在为文化遗产的"整体性"保护寻求新的理论依据，探索新的保护方法、原则、途径，使非物质文化遗产的保护更加真实并体现其原生性，也使传统建筑环境的保护更富有生命力。

米脂传统石雕技艺历史悠久，传承久远，是陕北黄土高原石雕文化的重要代表。据记载："早在春秋战国时期，无定河中游的先民在建造石窟的同时，便创造了以

1　徐嵩龄：《第三国策：论中国文化与自然遗产保护》，8~9页，北京，科学出版社，2005。

石头为材料的石雕文化。"[1]在两千余年的传承、发展过程中，米脂传统石雕形成了黄土高原古朴、大方的艺术形式，具有鲜明地域特征的文化寓意以及集打制工艺、打制场地和传统习俗于一体的石雕民俗文化。明清以来石雕文化多在传统建筑环境中体现，如门墩石狮、门墩石鼓、石牛、石马、石质建筑构件等，它们工艺精美，具有独特的艺术表现形式与文化寓意，在建筑环境中具有较强的功能性，同时依附于建筑环境而存在，具备了典型的非物质文化遗产特征及价值。但长期以来米脂传统石雕技艺处于被忽略的状态，相关研究成果很少。经实地深入调查研究，笔者认为，米脂传统石雕与绥德石雕同样具有研究价值，是陕北石雕不可或缺的重要组成部分，而对米脂传统石雕技艺的"整体性"保护，就必然涉及它所依托的传统建筑环境。

我国颁布的《国家级非物质文化遗产代表作申报评定暂行办法》中，明确阐释了非物质文化遗产的定义与分类，即"非物质文化遗产指各族人民世代相承的、与群众生活密切相关的各种传统文化表现形式（如民俗活动、表演艺术、传统知识和技能，以及与之相关的器具、实物、手工制品等）和文化空间"。"非物质文化遗产可分为两类：（1）传统的文化表现形式，如民俗活动、表演艺术、传统知识和技术等；（2）文化空间，即定期举行传统文化活动或集中展现传统文化表现形式的场所，兼具空间性和时间性。"[2]通过以上定义、分类可以看到，非物质文化遗产的定义涉及器具、实物、手工制品以及文化空间等，这充分体现出非物质文化遗产与物质性因素的密切关联。

在传统建筑上，从原始初民的"穴居野处"开始，窑洞一直是黄土高原人民居住的主要形式。米脂古城、姜氏庄园、常氏庄园、杨家沟马家新院等一批保存比较完整、建成于明清时期的窑洞民居便是典型的实例。例如始建于1874年（清同治十三年）的姜氏庄园，占地约6 000平方米，庄园由上、中、下三个院落组成，是一个典型的石拱窑洞四合院聚落组合，它们设计奇巧、工艺精湛、布局合理。其中寨墙、铺地、水道、拱窑等均以石质为主，雕刻精美的门额石刻、门墩石狮、门墩石鼓，可谓陕北石雕艺术中的精品。

对于建筑文化遗产保护而言，一直以来"原真性"保护都是全球物质文化遗产保护理论的研究基础与核心，"原真性"既是遗产保护的对象，又是遗产文化身份(cultural identity)的表征，是衡量遗产保护质量的标准。"原真性"引入文化遗产保护领域始自20世纪60年代的《威尼斯宪章》。伴随着人们遗产保护意识的不断提高，"原真性"保护已由最初立足于以欧洲石质遗产为对象，着眼于静态遗产物质层面的文化价值观，发展为以多样文化为基础的保护理念，并体现出建筑文化遗产

1　贺国建：《昊天厚土：米脂人文探微》，173页，西安，陕西人民出版社，2005。
2　国务院办公厅：《国家级非物质文化遗产代表作申报评定暂行办法》，2005。

保护对于非物质文化信息的关注，其内容包括：（a）结构、形态；（b）物品、材质；（c）工艺、习俗；（d）地点、环境；（e）功能、使用；（f）精神、情感；（g）其他内部因素和外部因素等。而这并非人类对"原真性"问题思考的终结，近年来国际遗产界对"原真性"概念的认识又得到了进一步扩展，使其他内部因素和外部因素不断深入细化。以上保护观念的不断深化，使我们清楚地认识到物质文化遗产保护中非物质信息的重要价值。因此，对米脂传统建筑环境的保护应结合它所涉及的相关非物质因素，同时进行"整体性"保护、利用。

鉴于米脂传统石雕技艺（非物质文化遗产）与传统建筑环境（物质文化遗产）之间的相互依存发展的关系，本书将通过实际研究为两者（非物质文化遗产、物质文化遗产）提供一个相互依托的保护环境。将传统民间技艺（非物质文化遗产）与传统建筑环境（物质文化遗产）有机结合，对两者进行整体、完整、全过程的保护，使传统民间技艺的保护更真实并体现其"原真性"，使传统建筑环境的保护更富有"生命力"。

传统非物质文化遗产与物质文化遗产的发展关系相辅相成，它们印证了人类文化的发展历程。项目研究将建立传统非物质文化遗产与传统建筑环境（物质文化遗产）相结合的共生性保护研究视野，提出两者相结合的理论研究框架、保护原则与方法，将对发展我国非物质与物质文化遗产的共生性保护具有重要的理论指导与实践研究意义，更加有效地促进文化遗产保护工作的良性发展。

三、相关研究现状

非物质文化遗产(intangible heritage)与物质文化遗产(tangible heritage)同属于文化遗产的范畴，但由于两类文化遗产的形式、内涵以及价值不同，因此在受关注与保护程度上存在着很大差异。

对物质文化遗产的保护，起步要早于非物质文化遗产。18世纪，英国一座古罗马时期的圆形剧场就被立法保护。19世纪中叶，对历史建筑的保护从概念、理论到实践已形成了初步的体系。在建筑遗产保护领域具有里程碑意义的文献是1964年在威尼斯召开的第二届历史古迹建筑师及技师国际会议上通过的《保护文物建筑与历史地段的国际宪章》（又称《威尼斯宪章》）。随后在1976年，联合国教科文组织在内罗毕通过了《关于历史地区的保护及其当代作用的建议》（又称《内罗毕建议》）。1987年，国际古迹遗址理事会在华盛顿通过了《保护历史城镇与城区宪章》（又称《华盛顿宪章》）。1994年，在日本奈良通过了《奈良原真性文件》等。这些文献都对建筑文化遗产保护起到了积极的推动作用。同时，广大学者在长期保护工作中根据本国建筑文化遗产的特点与现状，在不同视野背景下形成了不同观点与看法，美国柯克·欧文著有《西方古建古迹保护理念与实践》，上海同济大学张松著有《历史城市保护学导论——文化遗产和历史环境保护的一种整体性的方法》。阮仪三著有《城护纪实》《历史文化名城保护理论与规划》等，清华大学张复合主编了《中国近代建筑研究与保护》等相关著作，都对建筑文化遗产的研究与保护做出了积极的贡献。

在非物质文化遗产保护方面，联合国教科文组织于1989年11月15日通过了《保护民间创作建议案》，要求各会员国采取法律和一切必要措施，对那些容易受到世界全球化影响的遗产进行必要的鉴别、维护、传播、保护和宣传。1998年，联合国教科文组织宣布了《人类口头和非物质遗产代表作条例》。2001年5月，首批19项人类口头和非物质遗产代表作公布。2003年，联合国教科文组织通过了《保护非物质文化遗产公约》，对非物质文化遗产的保护已逐步在世界范围内达成共识。

我国自2005年开始相继颁布了《关于加强我国非物质文化遗产保护工作的意见》《国家级非物质文化遗产代表作申报评定暂行办法》等一批非物质文化遗产保护文件，并相继开展了对非物质文化遗产的普查与试点保护工作，成立国家级、省市级非物质文化遗产保护中心。一大批学者开始积极投身于对非物质文化遗产的保护研究当中。一些保护组织还通过举办非物质文化遗产展演，在宣传非物质文化遗产的同时，极大地带动了国人对非物质文化遗产的保护热情。

另外，突尼斯等发展中国家对民间文学艺术实行版权保护，指定专门机构对民族民间文化的使用实行许可证和收费制度；北欧和加拿大等国家和地区相继开展文化生态保护，建设生态博物馆；印度、埃及等国设立专门场所，集中培养手工艺人；阿根廷也制定了保护探戈艺术的专门法案。这些都充分说明，虽然非物质文化遗产保护起步较晚，但却得到了世界各国的广泛重视。

近年来，通过对两类文化遗产各自相对独立的研究与保护，人们越加清楚地认识到，虽然非物质与物质文化遗产两者在特征及价值主体方面具有很大区别，但无形的非物质文化遗产与有形的物质文化遗产，在历史发展进程中大多存在着不可分割的相互依存发展关系。这主要体现在：（a）无形的非物质文化遗产大都以某种物质形态为载体而存在和传承；（b）非物质文化遗产的形成与沿袭大都在某种物质环境中完成。从非物质与物质文化遗产保护的发展历程以及相关文献中可以看到，在文化遗产的保护利用方面，对非物质因素的关注程度逐渐加强，对"原真性"的关注越来越明确，"整体性"的保护趋势也正逐步显露。

以非物质与物质文化遗产相互支持的模式，探寻两者的保护利用方式，其方法与成果尚不多见。这种关注"整体性"，注重"原真性""过程性"的保护利用模式，更加符合当代文化遗产保护利用的总体趋势。

⬛ 四、研究内容及思路

本课题以研究非物质与物质文化遗产相互支持的保护利用模式为主体，研究主要集中于：（a）非物质文化遗产与其形成、沿袭的物质性建筑环境的关系；（b）建筑文化遗产实体与人及相关非物质文化因素的关系。

1. 研究内容

本书研究主要由理论研究与实践研究构成，具体内容如下。

1）理论研究

理论研究主要包括以下内容。

①非物质文化遗产、物质文化遗产在特征及价值主体方面的区别与关联。

②非物质与物质文化遗产的"原真性"问题。

③非物质文化遗产与物质文化遗产两者相结合的整体性保护。

2）实践研究

实践研究主要包括以下内容。

①研究米脂传统石雕技艺（非物质文化遗产）与传统建筑环境（物质文化遗产）。

米脂传统石雕技艺研究内容包括：（a）传统石雕打制工艺；（b）传统石雕的艺术特征；（c）传统石雕打制习俗；（d）传统石雕技艺保护现状。

米脂传统建筑环境研究内容包括：（a）传统村落、古城聚落空间环境；（b）传统院落、民居；（c）传统建筑环境的保护现状。

②探究米脂传统石雕技艺（非物质文化遗产）与传统建筑环境（物质文化遗产）的历史性依存发展关系。

③明确当代背景下米脂传统石雕技艺（非物质文化遗产）与传统建筑环境（物质文化遗产）在现实中的相互支持关系。

④建立非物质文化遗产与传统建筑环境（物质文化遗产）相互依存、相互补充的具有"整体性""原真性"特征的保护理论。

⑤确立米脂传统石雕技艺（非物质文化遗产）与传统建筑环境（物质文化遗产）相互依存、补充的保护方法、保护原则与利用模式。

2. 研究思路

首先，米脂传统石雕技艺与传统建筑环境的共生性保护研究，应在实地调研的基础上，明确其非物质与物质文化遗产的属性与特点，并对两者之间的历史性依存发展关系进行深入梳理，探究两者初始状态下的相互依存发展关系。

其次，共生性保护研究应在传承、保护、沿袭、发展的视野下，探寻非物质与物质文化遗产在当代背景下的相互支持发展关系。该研究是共生性保护的重点环节，是建立在两者历史依存发展关系基础之上，通过人为干涉将历史性的依存关系转化为当代支持关系的研究。在此基础之上，本书将提出共生性保护的相关原则、方法及措施。通过对以上理论与实践的研究，最终提出米脂传统石雕技艺与传统建筑环境相互支持的"整体性"保护利用模式与方法。

研究思路如图 1.1 所示。

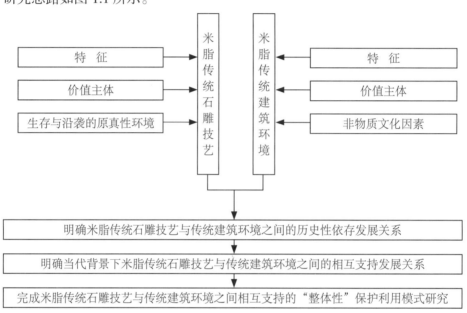

图 1.1　研究思路

五、研究方法及工作方案

本课题研究依循理论与实践相结合的方法，理论研究将从"整体性"的保护视角，对非物质文化遗产与物质文化遗产展开独立并行的研究，明确两者遗产特征及价值主体的区别与关联。以文化遗产保护的"原真性"为基础，对非物质文化遗产保护中的物质因素以及物质文化遗产保护中的非物质问题进行深入研究，提出两者相互支持的保护模式，为共生性文化遗产保护研究提供理论支持。

实践研究方面，本书以米脂传统石雕技艺与传统建筑环境为研究基础，在归纳、总结两者相互依存发展关系的基础上，提出两者相互支持的保护利用模式与方法。

1. 研究方法

文化遗产是人类共同的财富，涉及层次广泛，涵盖多个学科领域，因此本书在研究方法上采取了建筑学、美术学、文化人类学、民俗学相结合的跨学科研究方法与视野。具体研究方法如下：

①采取影像、访谈、录音、记录、测量等方式，对米脂传统石雕技艺与传统建筑环境研究进行田野考察，并获取翔实、准确、可信的基础性调研资料；

②通过文献阅读，对国内外相关文化遗产保护的理论、观念、经验进行归纳总结，为共生性保护寻求最基础的理论支持；

③采取多学科相交叉的研究方法，通过定性研究明确米脂传统石雕技艺与传统建筑环境的历史性相互依存关系和在当代的相互支持的发展关系；

④遵循理论联系实践的方法，在明确共生性保护的理论基础上，结合米脂传统石雕技艺与传统建筑环境的共生性保护进行实践研究，并制定相关保护方案。

2. 工作方案

工作方案如图 1.2 所示。

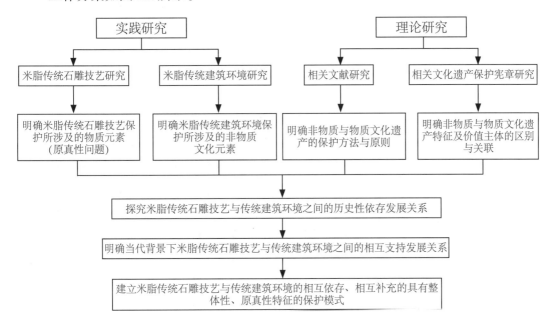

图 1.2 工作方案

第二章 米脂概况

❏ 一、区位、交通

米脂县位于陕西省北部东侧（图2.1），无定河中游，地理坐标为东经109°49'~110°29'，北纬37°29'~38°5'。北承榆阳区，南连绥德，东接佳县，西临横山、

子洲。东西长59千米，南北宽47千米，土地面积为1 212平方千米（图2.2）。由于米脂的地理位置特殊，在历史发展过程中这里曾是多民族、多元文化相交融的地区，并逐步成为黄土高原地域文化的核心区域。

长期以来，由于受交通、地域等方面影响，米脂的经济发展较为缓慢，对外交流受到了一定制约，但却避免了很多优秀传统建筑形态及传统民间文化的快速消亡。目前，米脂路网主要分布于无定河两岸，210国道、神延铁路、青银高速南北穿境而过，佳米、子米公路东西交会于县城。县内其他地区，则受复杂地理环境等影响，交通路网稀疏，公路状况较差。这种较为闭塞的地理与交通现状，虽然对保护本土地域文化起到了天然的屏障作用，但是对米脂优秀传统文化的保护与弘扬产生了很大的制约。

图2.1　米脂区位图　（来源：网络）

❏ 二、历史沿革与人文风貌

古时米脂县境宽广，是目前所辖区域的三倍，涵盖了今天榆林市以及横山、子洲、绥德县的部分地区。它的发展与无定河这条陕北的母亲河有着渊源关系。土地与水是人类生活的基本条件，早在远古时代这里便有原始人类繁衍生息。据光绪年间编纂的《米脂县志》记载，相传上古时期，这里由五龙氏部落统领，先秦为翟（狄）

地，春秋属于白翟，战国时期先后属于赵、魏、秦。秦汉时期，最初属上郡（今陕北）肤施县，后设独乐县。三国两晋时期被羌、羯、氐族占据。北魏时辖于化政郡，西魏属安政郡，北周保定三年（563年）归银州。因此后人又称米脂为古银州。金末蒙古人兴起，金兴定五年（1221年），成吉思汗铁木真派兵夺取金人所辖米脂寨，1226年设米脂县。此后元明两代，米脂又隶属于陕西行省绥德州，崇祯十六

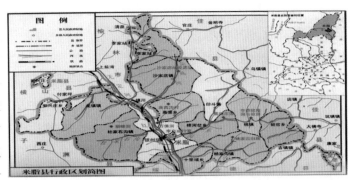

图2.2 米脂县行政地图（来源：网络）

年(1643年)，李自成建大顺政权时曾改称天保县,清初复名米脂，先后隶属于延安府、绥德直隶州。民国初年属榆林道管辖，后改为陕西省第一督察区。新中国成立以后，米脂又先后隶属于绥德专区和榆林专区（今榆林市）。

陕北文化有着典型的多元化特征。这里曾是中原文化与少数民族文化相互融合、渗透的地区，是黄土文化与草原文化的接合部、中原文化与边塞文化的过渡带。米脂历史文化积淀深厚，千百年来山川几经沧桑，百姓饱尝忧患。历代英豪各展雄图，八方移民共创基业，成就了多民族、多血缘相融合，传统习俗交相渗透的历史、人文风貌，素有"陕北文化县"之称。

据考证，早在四千多年前的新石器时代，米脂先民已掌握了在壁上描绘红色单线条图画、在陶瓿上雕刻长足水鸟图案的技巧；商周时期陶鬲、陶豆、陶鼎、陶钫器皿的制作，体现了当地手工艺技术的发展；汉代随着当地经济发展，传统文化形态也随之发展，建筑营造、石刻、绘画、歌舞、音乐都达到了较高的水平。民间艺术的大量出现与发展，与米脂地理区位有很大的关系，这里地处南北通衢要道，古为兵家必争的战略要地。秦朝的蒙恬、汉代的李广、唐代的郭子仪、宋代的沈括等均曾在此屯兵驻守。来自四面八方的军士、官员在不经意中把许多异地文化传入此地。另外，八方移民的迁入也在文化交流上起到了积极的促进作用。《米脂县志》曾记载：秦始皇三十六年（前211年）河北、余中数万移民到上郡；汉代元狩三年（前120年），嘉峪关以东灾民迁入境内；唐广德元年（763年），代宗诏令灵州、盐州、庆州党项羌部落迁入银州（今米脂）等[1]。

元代以来，米脂成为连接甘肃、太原、京津的交通要地。许多晋商频至米脂经商，极大地促进了当地商贸的发展。米脂许多富家子弟也开始前往京津求学，使京

---

1 米脂县志编纂委员会：《米脂县志》，97页，西安，陕西人民出版社，1993。

津文化开始逐渐向这里渗透。明代洪武、永乐年间，晋中、晋南、晋东南、河北移民大量迁入。据当地大户家谱记载：米脂高氏家族来自安徽庐州府；常氏家族来自安徽怀远；杜氏家族来自山西永宁州；吕氏家族一支来自陕西汉中，一支来自山西；艾氏家族一支来自四川，一支来自山西；李氏家族一支来自陇西，一支来自山西。由此可见这里一直是东西南北迁移的集中地，是多民族、多地区不同文化相交融的区域。

米脂真正意义上的文化兴盛是在明清至民国时期，从明代成化九年（1473年）以后，延绥镇治所由绥德迁至榆林，米脂百姓生产、生活逐渐趋于稳定。在外来治县的官吏和本地外出求学者将异地文化传入的同时，当地教育提倡儒学思想，逐渐形成了较为浓厚的文化氛围，可谓文人辈出。另外，当地富贾还较早觉悟到人才培养的重要性。米脂古城、杨家沟、高庙庄、刘家峁、桃镇等大村镇的地主，都十分重视教育，有的把子弟送到京津沪求学，有的将子弟送至国外留学，据统计仅杨家沟就先后有十多人赴日本、美国、德国学习。杨家沟马家新院的设计与建造就引入了异国建筑文化的新鲜血液，它最大限度地保持了窑洞的基本建筑形态，又融入异国建筑之特点，并充分考虑到采光、人居环境等各项因素，是陕北窑洞与外来文化相结合的杰出表现。

在文物古迹遗存方面，全县共发现古遗址150多处，现代史迹12处，县博物馆收藏文物2 000余件。李自成行宫，杨家沟毛泽东、周恩来旧居，姜氏庄园，常氏庄园等，都是中华民族窑洞建筑的瑰宝。在民间艺术方面，民歌、秧歌、吹打乐以及剪纸、石雕、泥塑、面塑、刺绣等民间艺术，都是米脂传统民间文化的重要组成部分，并具有浓厚的历史文化积淀和当地独有的地域文化特色。

三、自然、气候、地理环境

窑洞的产生与发展，与米脂自然、气候、地理环境密切相关，体现了人类合理利用自然条件的生存观念。砂岩的广泛使用以及石雕技艺的发展，同样与这一地区特殊的地质构造以及传统居住形态存在着必然的因果关系。

从陕北黄土高原的地貌特征来看，该地区海拔在900~1 500米，由长城以北的高平原地区、长城以南的塔梁沟壑地区、塬梁沟壑地区组成（图2.3）。该地区与关中盆地区、秦巴山地区分别代表三类不同地貌、气候特征的区域（图2.4），将陕西划分为陕北、关中、陕南三个地区，同时造就了三者在传统居住形态、传统生活方式、民间习俗等诸多方面的不同。米脂作为陕北黄土地域文化的核心地带，无论从传统建筑形态还是传统民间文化等方面，都最具有典型的代表性与独特性。

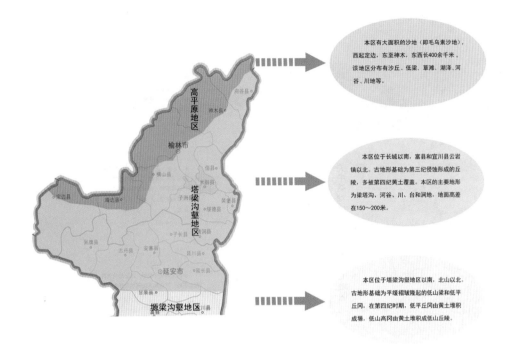

本区有大面积的沙地（即毛乌素沙地），西起定边，东至神木，东西长400余千米。该地区分布有沙丘、低梁、草滩、潮泽、河谷、川地等。

本区位于长城以南，富县和宜川县云岩镇以北。古地形基础为第三纪侵蚀形成的丘陵，多被第四纪黄土覆盖。本区的主要地形为梁塔沟、河谷、川、台和涧地，地面高差在150～200米。

本区位于塔梁沟壑地区以南，北山以北。古地形基础为平缓褶皱隆起的低山梁和低平丘冈。在第四纪时期，低平丘冈由黄土堆积成墚，低山高冈由黄土堆积成低山丘陵。

图 2.3　陕北地形地貌图（来源：网络，由作者改绘）

米脂属半干旱大陆性季风气候，雨量不足，气候干燥；冬长夏短，四季分明；日照充沛，春季多风。年平均气温为 8.3 ℃，无霜期有 165 天，年平均降雨量为 440.9 毫米。境内雹灾、洪涝、山体滑坡等现象频有发生。在地理环境方面，米脂地处横山山脉以东、黄河支流与无定河分水岭以西，属黄土高原腹地的塔梁沟壑地区。在历史发展过程中，随着人类活动的日益频繁、自然生态的破坏以及水土流失的加剧，境内形成了植被稀疏、沟壑纵横、梁峁起伏、支离破碎的自然生态环境。县内地形东西两头偏高，中间偏低，横剖面呈"凹"字形，地势总体西北高东南低，最高海拔为 1 252 米，最低海拔为 843.2 米，高差 409 米。全县平均海拔为 1 049 米，县城海拔为 872 米。地貌类型复杂（图 2.4），主要由峁、梁、川、沟等组成。峁，指馒头状圆形或椭圆形的山丘；梁，指呈条状或脉状的黄土高地，顶部略平，两侧为墹，呈马脊形状，顶宽数十米或上百米，长可达数千米；沟，指由流水侵蚀切割而成的地貌，分为干沟、水沟；川，指河川两旁的平地以及高台。

米脂特殊的地理环境是窑洞得以孕育、发展的重要因素。院落的布局与建筑结构等往往都与自然环境有着密切的共生关系。这种地域乡土建筑形式体现了当地百姓合理利用自然条件、与自然和谐相处的一种生存方式。传统石雕技艺从单纯的建筑石工技艺发展为一种石雕技艺文化，这其中所蕴含的精神文化价值，同样与米脂特殊的自然地理环境密不可分，是米脂百姓与恶劣自然环境进行抗争的精神体现。

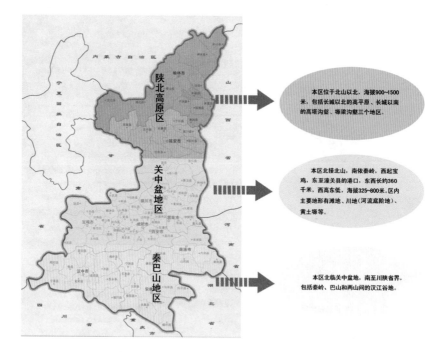

图 2.4 陕西省地形分布图（来源：网络，由作者改绘）

根据不同的地貌特征，可将米脂划分为梁峁丘陵区与川道沟壑区两种类型，三个区域。而受以上各类地理环境的影响，米脂窑洞在形态以及分布上，也呈现出很大的不同。

1）西北部轻沙壤质黄土梁峁丘陵区

该区域含无定河以东的李家站、沙家店乡全部及印斗乡一部分，无定河以西的龙镇、郭兴庄等地，共 157 个村，占地面积为 406.74 平方千米，占全县总面积的 33.56%。该地区位于黄土丘陵沟壑区边缘，与榆林风沙区相连。在地形上呈现出地面切割较浅、梁地较多、沟壑浅而宽的特点。并且风蚀强烈，土壤沙化明显，水土流失严重，生活环境更为恶劣。这一地区窑洞建造形式多以靠山式、沿沟式为主，村落构成较为松散，具有突出保护价值的传统建筑遗存以及石雕作品比较少见。

2）东南部轻壤质黄土峁状丘陵区

该区域含无定河东的高渠、桥河岔、杨家沟、桃镇、姬家岔及印头乡大部分和城郊、十里铺山区等地，共计 196 个村，占地面积为 711.2 平方千米，占全县总面积的 58.68%。该地区丘陵起伏，峁多梁少，坡陡沟深，植被稀少，受侵蚀严重。海拔在 1 050~1 227 米，地面相对高差为 150~200 米，坡度为 15°~35° 的坡地占 30.18% 左右，沟壑密度（每平方千米沟道总长度）为 2.5~3 千米，沟壑面积占区内总土地面积的 55%。该地区由于地理环境与区位优于上者，虽然窑洞建造形式同样以靠山式、沿沟式居多，但村落密集，传统建筑环境遗存丰富，并保留了大量石质雕刻品。

3）中部川道区

该区域含无定河沿岸的城关镇和城郊乡、十里铺、龙镇川区部分，共43个村，占地面积为94.03平方千米，占全县总面积的7.76%。沿河岸分布1~2千米宽的河谷地和阶地，海拔在843.2~865.8米，地势平坦，川地坡度小于5°，水土轻微流失。这一区域是米脂的政治、经济、文化中心与辐射区，在地理环境上具有很大的优势，虽然建筑形式多以窑洞为主，但院落布局以及选址方面则呈现出多样化选择，并遗存大量的石雕。

在地质构造方面，米脂境内主要可分为中统延长群永坪组岩层、中统延长群瓦窑堡组岩层、中统延长群胡家村组岩层三个区域。其中中统延长群胡家村组岩层和中统延长群永坪组岩层，都蕴含丰富的砂岩石，为米脂传统石雕技艺的发展提供了有利的条件。米脂地区的砂岩通常都出露于地表层以上，具有非常便利的开采条件，因此百姓多将窑洞建于深沟两侧，不仅是为了追求生产、生活方面的便利，而且体现了一种就地取材的建筑营造理念。砂岩石作为米脂传统建筑环境中重要的建筑施工材料，在建筑结构上具有独特之处，带动了米脂传统石雕技艺的发展。其中石拱窑、石质建筑构件、石质生产生活工具等的广泛使用，都说明了"石"文化与百姓日常生产、生活之间密不可分的关系以及传统石雕技艺在米脂传统地域文化中所具有的独特之处与重要价值。

⊙ 四、人口分布

米脂受区位、地理、自然环境等影响，古时人口较为稀疏。据《米脂县志》记载：元代皇庆年间（1312—1313年）人口密度为每平方千米1.2人；明代洪武十四年(1381年)人口密度为每平方千米2.3人，弘治九年（1496年）人口密度为每平方千米4.5人；清代康熙二十年(1681年)人口密度为每平方千米8.3人，道光三年（1823年）人口密度为每平方千米27.8人；民国元年（1912年）人口密度为每平方千米27.1人，此后人口逐步增长，民国26（1937年）增至每平方千米42.8人，民国29年（1940年）为每平方千米45人[1]。从明清传统建筑环境遗存来看，米脂古城与无定河两旁的川道区域以及桃镇、龙镇、杨家沟等地，都是这一时期人口较为集中的地区。它们或交通便利，或隐藏于沟壑之中，反映了不同人群宅基选址的观念以及百姓不同的生活状态，是古代市井生活与农耕生活的真实写照。

1　米脂县志编纂委员会：《米脂县志》，88~89页，西安，陕西人民出版社，1993。

新中国成立后，全县人口逐年增长。1964年人口普查时，每平方千米人口密度达到913.4人，人口最少的李家站乡为每平方千米80.68人；1982年人口普查时，全县平均人口密度为每平方千米107人，其中城关镇人口密度最大，为每平方千米1209.4人，最少处的李家站乡为每平方千米93.11人；1990年人口普查时，全县平均人口密度为每平方千米159.63人，其中米脂镇人口密度最大，达到了每平方千米1984.49人，李家站乡最少，为每平方千米107.13人[1]；截至2009年年底，米脂总人口27.9万人，其中城镇人口7万人，农村人口20.9万人[2]。从以上人口分布的情况来看，目前人口分布现状与米脂历史发展中人口的分布形态较为相似，基本延续了乡村多于城镇、东区多于西区的格局。人们对建筑形态的选择上，也大多以窑洞为主。

1　米脂县志编纂委员会：《米脂县志》，87~89页，西安，陕西人民出版社，1993。
2　由米脂县统计局提供，仅供参考。

第三章 米脂传统石雕技艺的保护价值与生存现状

我国传统石雕历史悠久、技艺精湛，具有很高的艺术、实用和装饰价值，与陶雕、木雕、铜雕、泥雕共同构成了中国古代传统雕塑的五大形式。

据资料记载，我国传统石雕工艺最早出现于新石器时代，商周时期石雕艺术已日趋成熟，并出现了大量优秀的作品，如河北武安磁山文化遗址出土的石雕人头像、石虎、石鸟等，都是这一时期的重要代表作品。西汉时期，随着社会的进步，传统石雕也取得了很大的成就。石家庄出土的一对西汉裸体石人，是我国迄今为止最早的大型石雕。著名的西汉霍去病陵墓石雕群则是汉代石雕艺术的典范。东汉时期佛教的传入使宗教石雕得到较快的发展，如云冈石窟、龙门石窟和莫高窟的石雕造像，都代表了这一时期石雕艺术的巅峰水平。六朝、唐、宋时期，石窟造像与陵墓石雕同样发展较快，达到了登峰造极的工艺水准。宋、元以后，石雕艺术向世俗化、多元化方向发展，民间石雕、工艺石雕、建筑石雕逐渐成为石雕艺术的主流。明清时期除广泛应用的建筑石雕外，小型佛像、陈设小品、印纽等观赏性作品也极为流行；石雕题材形式多样、工艺精湛，达到了很高的艺术水准。

一、米脂传统石雕技艺的发展概况

在距今一万年前的新石器时代，米脂先民便已掌握了磨制石器与用简单石质材料砌筑的工艺，并遗存有石质工具，诸如石刀（图3.1）、石斧（图3.2）、石纺轮（图3.3）、石刮器（图3.4）等，和古遗址可供考证。

米脂传统石雕技艺真正的发展，可追溯至两千多年以前。近年来县内出土的战国石狮等文物便是有力的见证。汉代随着当地社会经济的进步，在石刻、绘画，建筑营造等方面，都达到了较高水平。20世纪50年代，位于县城西南2.5千米处的官庄村先后出土汉代画像石100多块，发现汉墓26处。从大量出土的汉代画像石可以看到，题材突出反映了汉代官僚、贵族、地主、牧主等上层贵族的奢华生活和社会现状（图3.5）。其雕刻技法或工整细腻或粗犷大方，刀法简练而又娴熟，采用阳刻减地、阳刻加阴线、阴刻、阳刻加墨线或彩绘等方式进行表现，并将浮雕与

17

图 3.1　石刀

（来源：米脂县博物馆）

图 3.2　石斧

（来源：米脂县博物馆）

图 3.3　石纺轮

（来源：米脂县博物馆）

图 3.4　石刮器

（来源：米脂县博物馆）

线描有机融合（图 3.6）。

　　宋元时期由于佛教盛行，当地人民开始利用山形地势和自然洞穴，进行凿窟、雕像、建庙等活动，使米脂传统石雕技艺得到进一步发展。目前，县内保留较为完好的万佛洞，据记载就始建于这一时期，到明代万历年间（1573—1620 年）已具宏伟规模，其南北长近 200 米，由大小 27 处石窟组成，佛像共计万余尊，是陕北地区罕见的大型摩崖石刻之一。

图 3.5　汉代画像石拓片

（来源：《米脂县志》）

图 3.6　米脂出土汉画像石

（来源：自摄）

明清两代是米脂传统石雕技艺的鼎盛发展时期，也是本书的主体研究内容。这一时期，米脂在社会、经济等方面逐渐趋于稳定，并成为通商枢纽。伴随着当地人民生活水平的不断提高，百姓在生产劳动、衣食住行、人生礼仪、节日风俗、信仰禁忌等诸多方面，根据自身生活、社会生活需要进行了大量石雕创作。石雕艺术表现形式逐渐由早期画像石与石窟造像等形式向世俗化、民俗化转变，诸如炕头石狮、门墩石狮、石质建筑构件等石雕艺术作品。它们在造型上强调古朴、浑厚、生动的乡土气息，在表现手法上注重简拙、细致，意象与具象并存。雕刻技法以圆刀为主、平刀为辅，曲线为主、直线为辅等为主要形式。石雕作品具有较强的实用功能与装饰特征，多数石雕蕴含深刻的文化寓意价值，与人们的日常生活紧密相关，与传统建筑环境之间形成了密切的共生性发展关系。

综上所述，米脂传统石雕技艺虽经历了长期的历史传承发展，但依然保持着黄土高原的地域文化特色与独特艺术风格。这种传统民间工艺是中国农耕社会文化的产物，同时印证了中国农耕社会经济、文化、政治制度的发展。

二、明清米脂传统石雕遗存

非物质文化遗产在传承方式上通常以口传心授为主要形式，其中一些遗产，如戏曲、语言等，在传承过程中很难保留实物。因此对于部分濒临消亡的非物质文化遗产而言，影像、图片、录音等资料，都是对遗产进行整理、保留、研究的重要内容。而传统石雕技艺则大不相同，其过程虽然无法触摸，但保留下的"物质形态"[1]却可以成为人们对石雕技艺进行深入研究、考证的翔实物质资料。对米脂传统石雕技艺的保护，不仅要对无形的过程进行挖掘、整理，还应对石雕技艺的物质表现形态进行深入研究，往往造型、功能的不同，决定了各类石雕在打制工艺方法上的不同。因此，石雕遗存是人们深入了解石雕技艺过程、雕刻技法、文化内涵等相关因素的重要物质基础条件。

1. 门枕石

门枕石是用石质材料做成的建筑构件，在传统建筑中应用广泛，位于大门两侧的门轴下，主要功能是承托大门，起到转动门轴的作用。门枕石突出门外的部分，可加工为圆形的石鼓、长方形的书箱或石狮等造型，当然不同的造型所承载的文化内涵也各有侧重。

图3.7采集自米脂古城北大街17号民宅。抱鼓石为黄绿砂岩材质，长86厘米、宽18~23厘米、高84厘米，鼓面直径为55厘米。因年代久远、受人为破坏等原因，

---

1 指目前大量遗留下的米脂传统石雕。

石雕顶部突起造型与"披巾"受损严重，并有风化现象。石鼓造型庄重、稳健，装饰有"双龙戏珠""兽面衔环""鼓钉"等纹样，底座雕刻有浮雕装饰图案。

图 3.7　抱鼓石（来源：自摄）

图 3.8 采集自米脂县城李自成行宫。抱鼓石为黄绿砂岩材质，长 87 厘米、宽19~23 厘米、高 85 厘米，鼓面直径为 56 厘米。由于缺乏保护，石鼓上方"麒麟"造型已损坏，只留下"兽面衔环"浅浮雕及两行凸起的"鼓钉"。石鼓正面为"荷花"浮雕图案，寓意喜结姻缘、连生贵子，雕刻技法硬朗大方，以平刀为主、圆刀为辅。"披巾"处雕有"寿"字与"花草拐子"线刻纹饰，四角出露"吉祥花瓣"。底座处理较为简练，强调平整，以求上下部造型主次关系的层次对比。

图 3.8　抱鼓石（来源：自摄）

图 3.9 采集自米脂古城北大街 51 号民宅。抱鼓石为蓝绿砂岩材质，长 92 厘米、宽 21~23 厘米、高 83 厘米，鼓面直径为 56 厘米。鼓身正面雕有"二狮滚绣球"浅浮雕图案，并装饰有"兽面衔环"与"鼓钉"。"披巾"部分刻有"寿"字、"花草拐子"纹样，四角雕有探头"祥兽"造型。底座正前方刻"禄路顺达"浅浮雕，

空白处用短斜线条做平整处理。

图 3.9　抱鼓石（来源：自摄）

图 3.10 采集自米脂古城北大街 49 号民宅。抱鼓石为蓝绿砂岩材质，长 91 厘米、宽 21~24 厘米、高 88 厘米，鼓面直径为 53 厘米。由于历史久远以及保护不当等原因，造型已开始风化。石雕整体造型粗犷，雕有形象概括、造型生动的"二狮滚绣球""兽面衔环" 浮雕图案。石鼓下端"披巾"处，主要采用"如意纹"线刻处理，线条流畅、轻松自然。底座处雕有"禄路顺达"浮雕，寓意仕途通达、步步高升。

图 3.10　抱鼓石（来源：自摄）

图 3.11 采集自米脂县李自成行宫。抱鼓石为蓝绿砂岩材质，长 91 厘米、宽 21~23 厘米、高 95 厘米、鼓面直径为 52 厘米。石雕整体造型较为烦琐，圆形石鼓上方雕有"幼狮"一对，鼓身刻"麒麟戏耍"浮雕图案，动态自上而下、栩栩如生。石鼓下端"披巾"，造型方整硬朗、构图饱满，装饰有"寿"字、"花草拐子""蝙蝠"图案，转角处还雕有"幼狮"造型。底座为须弥座造型，基本未做任何装饰，与其他部分形成鲜明的层次对比。

图 3.11　抱鼓石（来源：自摄）

　　图 3.12 采集自米脂县杨家沟民居。抱鼓石为黄绿砂岩材质，长 91 厘米、宽 22~24 厘米、高 95 厘米，鼓面直径为 50 厘米。石雕整体造型厚重，装饰色彩浓郁。两个石鼓上方各雕有雌（雄）"幼狮"一只，两者遥遥相望，造型圆润、浑厚。鼓身雕有"二龙戏珠""兽面衔环"高浮雕造型，鼓面配有"鼓钉"纹样。下部"披巾"处理较为圆润、平滑，边缘处刻有"回纹"装饰。底座采取须弥座形式，并刻有"如意纹"进行装饰。

图 3.12　抱鼓石（来源：自摄）

　　图 3.13 采集自米脂县姜氏庄园底层宅院。抱鼓石为黄绿砂岩材质，长 90 厘米、宽 19~27 厘米、高 83 厘米，鼓面直径为 50 厘米。石雕刻工精细、造型烦琐，强调圆刀为主、平刀为辅的雕刻手法，并装饰有丰富纹样。鼓面采取减地凸起法突出"二龙戏珠"浮雕，鼓身刻有"兽面衔环"装饰。造型正侧面过渡平缓，在做较小幅度突起处理的同时，配以"鼓钉"进行装饰。石鼓下端"披巾"体量较小，采用"如意纹""回纹""蝙蝠"进行装饰，并在转角处雕有"神兽"。下端须弥座层次分明、起伏错落，并配有"如意纹"纹样与"石猴"造型。

图 3.13　抱鼓石（来源：自摄）

　　图 3.14 采集自米脂县常氏庄园。抱鼓石为黄绿砂岩材质，长 91 厘米、宽 22~24 厘米、高 95 厘米，鼓面直径为 49 厘米。石雕整体较为浑厚、饱满、圆润，造型上方雕刻有一对雌雄"幼狮"造型，两者相互戏耍，动态处理生动、自然。鼓面采用高浮雕手法突出"麒麟"造型，并配以环绕一周的"鼓钉"进行装饰。在"披巾"处理上，造型光滑圆润，雕刻有"蝙蝠""回纹""花草拐子"装饰图案，四角配有"祥兽"造型进行点缀。底座采取须弥座形式，雕有"石猴"造型与"花草拐子"纹样。

图 3.14　抱鼓石（来源：自摄）

　　图 3.15 采集自米脂县杨家沟镇王家湾村。抱鼓石为黄色砂岩材质，长 86 厘米、宽 30 厘米、高 102 厘米，鼓面直径为 53 厘米。石雕上半部保留较为完好，下部已开始风化，并且原有大门已倒塌。据当地住户讲述："最初造型并无上方的'石狮'，后因风水问题在'先生'的提议下才嵌入狮子造型，以完善、增强其抱鼓石的文化寓意。"从整体造型来看，该石鼓略显单薄并缺少体量感。顶部"幼狮"横卧于石鼓之上，手法强调突出面部，四肢处理缺少动态。另外，鼓身正前方雕有"兽面衔环"浮雕，正侧面转折关系处理较为圆润，鼓面未做任何装饰。在"披巾"的处理上，

造型的过渡较为平滑，边缘一周采用"回纹"装饰图案收边，四角雕"神兽"进行点缀。底座采用须弥座造型，刻有"寿桃"浮雕，其余部分因砂岩风化已难以辨认。

图 3.15　门墩石鼓（来源：自摄）

　　图 3.16 采集自米脂古城北大街 34 号民宅。书箱式门墩为黄绿砂岩材质，长 47 厘米、宽 22 厘米、高 52 厘米。顶部雕有突起浮雕造型，正侧两面也分别刻有深浮雕图案。但因年代久远，石雕受腐蚀严重，以上造型、图案均不能清晰分辨。

图 3.16　书箱式门墩（来源：自摄）

　　图 3.17 采集自米脂县杨家沟村民宅。书箱式门墩为黄绿砂岩材质，长 47 厘米、宽 22.5 厘米、高 51 厘米。雕刻方式主要采取减地凸起法，以圆刀、平刀相互结合的方式进行表现。门墩顶面为空白处理，正、侧面刻有"莲生贵子"图案，寓意早生贵子、连续生子。除此，边框处雕有凸起半圆线条收边，以丰富构图效果。侧面下端隐约可见装饰图案，但因石雕风化严重以及年代久远，内容已无法分辨。

　　图 3.18 采集自米脂县杨家沟村民宅。书箱式门墩为黄绿砂岩材质，长 47 厘米、宽 23 厘米、高 50 厘米。门墩雕刻效果细致大方，手法变化多样。顶面采用空白处理，正、侧面刻有"莲生贵子"图案，并在空白处做点状肌理效果。在边框处理上，造型采用凸起半圆线条收边，并用平行直线分组进行装饰，使构图丰富多变。另外，

石雕下端还配有"花卉"纹样，以提升造型的视觉审美。整体石雕以平刀为主、圆刀为辅的手法打制而成。

图 3.17　书箱式门墩（来源：自摄）

图 3.18　书箱式门墩（来源：自摄）

图 3.19 采集自米脂古城民居。书箱式门墩材质为黄绿砂岩，长 47 厘米、宽 22 厘米、高 22 厘米。造型呈方形，表现技法较为简练，基本以满足功能为主，只在正前方装饰有牡丹造型的浅浮雕图案。

图 3.20 采集自米脂古城民居。门墩为蓝绿砂岩材质，因"文革"期间受到人为破坏，已无法对其进行分析，只能略微看到颈部的项饰痕迹。

图 3.21 采集自米脂县姜氏庄园。门墩石狮为蓝色砂岩材质，长 81 厘米、宽 31 厘米、高 89 厘米。石雕整体造型浑厚、饱满、大气蓬勃，是目前县内保留比较完好的建筑雕刻艺术品。石狮动态呈侧面跪踞式，其中公狮脚踩绣球，母狮则脚踩幼狮与之戏耍。在石狮头部动态表现方面，造型略微向上抬起做怒吼状，眼睛硕大有神，牙齿外露，额头及鬃毛做团状处理，并加以螺旋式圆刀雕刻。石狮颈部雕有束带并挂铃铛，腹部则基本未做装饰。四肢造型粗短结实，前后爪及躯干局部用圆刀做局

部鬃毛装饰，与躯干主体形成疏密对比。在"披巾"装饰上，雕有"牡丹""花草""回纹"浅浮雕图案。另外，底部须弥座不仅层次具有变化，部分"披巾"未遮挡处还运用了镂空的表现手法。

图 3.19　门墩（来源：自摄）　　　　图 3.20　门墩石狮（来源：自摄）

图 3.21　门墩石狮（来源：自摄）

　　图 3.22 采集自米脂县后马家园则村，清末、民国时期著名石雕艺人马兰芬的住所。石雕材质为黄绿砂岩，长 55 厘米、宽 26 厘米、高 70 厘米。由于宅院已多年无人居住，门墩石狮遭人为破坏严重。石雕整体造型体积偏小，但造型圆润、浑厚，并强调突出鬃毛、项饰、铃铛、四肢等细节，尤其是对尾部鬃毛的装饰性表现。在雕刻手法上，造型主要以圆刀曲线为主要手法，并强调高浮雕的表现效果。整体造型呈现出写实、装饰并用的手法，在强调对比的同时体现出一种和谐之美。

　　图 3.23 采集自米脂县杨家沟镇王家湾村。门墩石狮为黄绿砂岩材质，长 68 厘米、宽 25 厘米、高 68 厘米。石雕整体造型保留比较完整，制作工艺较为精致，以曲线圆刀为主要雕刻技法，造型观念注重写实与装饰并用。石狮面部表情处理生动写实，四肢、尾部则借鉴了女性头饰的纹路特征。另外，圆形疙瘩状的头部与光滑的腹部，不仅形式美感强烈，虚实对比强烈，也使得造型更加生动、逼真。在底座处理方面，主要装饰有"花草拐子""富贵万代"等吉祥图案，"披巾"部分则基本采用圆刀、平刀线刻，并在空白区域采取"盘花錾"的手法进行修饰。此种以线刻为主要表现

方式的石雕底座，在米脂传统石雕中较为少见。

图 3.22　门墩石狮（来源：自摄）

图 3.23　门墩石狮（来源：自摄）

2. 柱础

柱础作为中国传统建筑构件的重要组成部分，不仅具有承重与防腐的实用功能，还具有一定的装饰意义。在我国封建社会，带有雕刻的柱础多用于宫殿与庙宇建筑，明清以来在富豪、商贾住宅中也多有使用。

图 3.24 采集自米脂县李自成行宫。柱础为黄绿砂岩材质，底部宽 35 厘米、上部宽 20 厘米、高 32 厘米。造型近似梯形，块面过渡分明，上下变化呈向内曲线走向，并在两侧开有向内凹进的深槽，以此丰富柱础的整体变化。在造型手法上，基本未做任何装饰处理，主要强调打磨平整，呈现出古朴、浑厚、大气的审美取向。

图 3.25 采集自米脂县李自成行宫。柱础为黄绿砂岩材质，底部宽 30 厘米、上部宽 20 厘米、高 30 厘米。造型类似梯形，并且棱角过渡平缓，上下呈向内曲线变化。雕刻方式主要采用减地凸起法对"如意纹"进行刻画，整体呈现出古朴、浑厚的审

美取向。

图 3.24 柱础（来源：自摄）　　图 3.25 柱础（来源：自摄）

图 3.26 采集自米脂古城东大街 24 号民宅。柱础为黄绿砂岩材质，上直径为 27 厘米，下直径为 40 厘米，高 34 厘米。由于保护不当等原因，石雕底部已风化，用水泥进行了"修补"。整体造型下粗上细，类似圆柱形，从保留较为完整处可清晰辨别出雕刻手法的细腻。

图 3.27 采集自米脂县杨家沟村民宅。柱础为黄绿砂岩材质，宽 40 厘米、高 34 厘米。由于缺乏保护等原因，相关装饰细节与表现手法已无法精确分辨。该造型由顶部"圆鼓"、中部"披巾"、下部底座三部分组成。其中，"鼓身"造型饱满，并且层次变化丰富；"披巾"造型则较为硬朗，下垂部呈倒三角形，除整体边缘采用"回纹"装饰图案收边外，其余部分只做空白处理；底座部分，造型采取了须弥座处理方式，层次变化较为丰富，并在与"披巾"接触的边角处，雕有"四角兽"造型。

图 3.26 柱础（来源：自摄）　　图 3.27 柱础（来源：自摄）

图 3.28 采集自米脂县姜氏庄园。柱础为黄绿砂岩材质，宽 40 厘米、高 35 厘米。

造型由顶部"圆鼓"、下部底座组成。其中"圆鼓"造型饱满，注重强调上下部分的"鼓钉"处理，中部突起处通过线条予以勾勒，以丰富柱础的层次变化。在底座处理上，采用多边形须弥座形式，上端刻有"花卉"浮雕图案，下端雕有"如意纹"线刻。

图 3.29 采集自米脂县后马家园则村中的戏台。柱础为蓝绿砂岩材质，宽 30 厘米、高 13 厘米。造型以"南瓜"为创作基础，寓意延年丰收，具有典型的农耕文化气息。

图 3.28 柱础（来源：自摄）　　图 3.29 柱础（来源：自摄）

3. 影壁

影壁是中国传统建筑环境中重要的物质构成要素，一般多设置于宅门的内侧或宅门外侧正对处，其实用性体现在风水、建筑装饰等诸多方面。通常影壁都由青砖砌筑完成，并以砖雕的形式进行装饰。而在米脂传统建筑环境中，以砂岩为主材以及砖石相结合的影壁却较为普遍，但由于长期以来对影壁墙缺乏保护，目前遗存并不多见。

图 3.30 采集自米脂县常氏庄园。由于"文革"时期受到破坏以及保护不当等原因，影壁部分造型已不完整。造型宽约 2.6 米、高约 3 米，墙面中心与底座部分采用黄绿砂岩砌筑完成，其余部分用青砖砌筑。墙面上采用"龟背纹"进行装饰，雕刻技法采用平刀与圆刀相结合的表现手法，并且影壁中央部位还镶有神龛。底座为须弥座造型，雕刻技法基本以平整处理为主，并在转角处雕刻有兽头造型。

图 3.31 采集自米脂古城北大街 45 号。影壁底座宽 1.8 米、顶部宽 2.6 米、高 2.9 米，上宽下窄，呈倒梯形，除檐口与脊饰采用青砖、青瓦外，其余部分均采用蓝绿砂岩雕刻而成。影壁在雕刻技法方面，注重圆刀为主、平刀为辅的表现手法，并充分发挥砂岩的材料特点，以高低浮雕为主要形式。在装饰题材方面，形式与内容丰富，影壁正面雕有"福禄寿星"图案，并将"八仙庆寿"与其穿插组合，两侧刻有对联，以及"四季平安""榴开百子"的吉祥图案，上部横梁雕"花瓣""狮子绣球"，造型生动，形态逼真；影壁背面为圆形"纳福迎祥"图案，四角雕刻有"草龙拐子"装饰，两侧为"禄路顺达""祥禽瑞兽"图案，上端雕刻有"花瓣""祥龙"组合。另外，影壁上部还安装有石质"斗拱"并设神龛，用以供奉土地老爷。在影壁底座

处理上，装饰纹样简单但层次变化丰富。

图 3.30　影壁（来源：自摄）

图 3.31　影壁（来源：自摄）

4. 挑石

石质挑石在陕北窑洞中比较常见，其造型通常比较简单，但装饰手法各异，具有鲜明的地域文化特色。挑石的主要功能是承载屋顶平面凸出墙体部分的挑檐，与斗拱的功能比较接近。挑石、挑檐、女儿墙组成的构成形式，与空白墙面形成了鲜明对比，又与门窗形成了有效呼应，具有较强的局部与整体装饰作用，丰富了窑洞立面的视觉美感。

图 3.32 采集自米脂县姜氏庄园。挑石为黄绿砂岩材质，外露部分长 65~70 厘米、高 48 厘米、宽 5 厘米。雕刻技法较为简单，无装饰纹样，只做平整与打磨处理。挑石外露部分自上而下，做向内斜砌，并在挑石上平面前端做向内凹进处理，以使木梁与石质挑檐有机结合，此种制作工艺属当地较为常见的挑石制作工艺。

　　图 3.33 采集自米脂古城西大街 26 号。挑石为黄绿砂岩材质，外露部分长 87~90 厘米、高 40 厘米、宽 6 厘米。由于住宅结构变更，原有挑檐已不存在。挑石外露部分前端刻有"祥云"图案，并在向内斜砌基础上分大小进行纵向排列，图案雕刻手法硬朗、层次分明，给人以螺旋状向内旋转的视觉感受。

图 3.32　挑石（来源：自摄）

图 3.33　挑石（来源：自摄）

　　图 3.34 采集自米脂县杨家沟马家新院。此种形式是马家新院中使用较多的挑石样式，材质为黄绿砂岩。挑石外露部分自上向下成倒 90° 斜角，并在挑檐上平面前端做向内凹进处理，以使木梁与石质挑石形成有机结合。在装饰纹样方面，挑石采用"回纹"作为主要装饰题材，并分组从大到小进行排列，打破了以往并列连续的构图形式。在雕刻技法方面，主要采取平刀为主、圆刀为辅的手法，强调突出石雕的硬朗与起伏关系。

　　图 3.35 采集自米脂县杨家沟马家新院。挑石为黄绿砂岩材质，用于建筑墙面内转角的挑檐下方。造型采用"祥云"图案进行装饰，外边缘则根据图案做较为圆润的曲线处理。在雕刻手法方面，强调突出高低起伏关系，艺术效果厚重大方。

　　图 3.36 采集自米脂县杨家沟马家新院。挑石为黄绿砂岩材质，用于建筑墙面外转角挑檐下方。装饰纹样由顶部"龙头"、底部"夔龙"两部分组成，顶部构图烦琐、雕刻精细、形象生动，雕刻手法以圆刀为主。底部装饰图案注重与顶部"龙头"

造型在构图与表现形式上的对比关系，并强调形体穿插组合，给人以强烈动感的视觉效果。此种挑石形式在米脂较为少见，属建筑石雕中的精品。

图 3.34　挑石（来源：自摄）　　　　　图 3.35　挑石（来源：自摄）

　　图 3.37 采集自米脂县镇子湾村民居。由于建筑年久失修，挑石上部石板已基本损坏，导致其基本裸露于自然环境之下。挑石为黄绿砂岩材质，露出墙体部分约长100 厘米、高 48 厘米、宽 5 厘米。装饰图案以"祥云"为雏形进行变化，呈现出形式各异的装饰效果。

　　图 3.37（a）挑石前端采用自上而下向内收进，并分三个层次做较为生动的波浪状"祥云头"处理，挑石两侧立面同样采取"祥云"纹样进行装饰，并呈斜线状从大到小进行渐变排列，装饰形式烦琐，手法写实，其余空白区域则采用"盘花錾"手法进行修饰。雕刻技法基本以减地凸起法及平刀曲线为主要手法。图 3.37（b）挑石前端做较为厚重的波浪状"祥云"图案处理，两侧立面装饰图案将不同大小"祥云"图式进行组合，并与挑石前端造型形成有机组合。雕刻技法为圆刀曲线手法，

图 3.36　挑石（来源：自摄）

并做向内凹进处理，其余空白部分为"盘花錾"装饰线条。图 3.37（c）挑石前端分三个层次做较为厚重的波浪状"祥云头"造型处理，中部出露 1 厘米宽凸起装饰线条，并雕"石猴"造型。挑石两侧立面则根据前端整体造型进行"祥云"图案填充，雕刻技法以曲线平刀为主，空白部分则采用"盘花錾"线条进行装饰。图 3.37（d）挑石造型厚重，层次变化多样。两侧"祥云"图案为逐层递减形式，雕刻技法采取

曲线平刀向内凹进处理，并且线条棱角较为分明。另外在挑石三分之一处下端，还隐约可见阳刻圆刀"祥云"纹样，与前端"祥云"在造型和表现手法上形成了鲜明对比。图 3.37（e）挑石前端"祥云头"造型方整，中部雕有凸起装饰线条。两侧"祥云"图案处理注重装饰表现，并在祥云末端做短曲线"蝌蚪"状造型延伸，雕刻技法以曲线圆刀为主。图 3.37（f）挑石前端"祥云头"处理浑厚圆润，并呈现出略微向前挑起的视觉感受，中部出露有 1 厘米宽凸起装饰线条，并雕"兽面衔环"造型。两侧"祥云"图案采取 S 形造型手法进行装饰，雕刻技法为圆刀阴刻技法。图 3.37（g）造型突出前端"祥云头"造型，但整体无任何装饰图案，主要以追求实用功能为主。

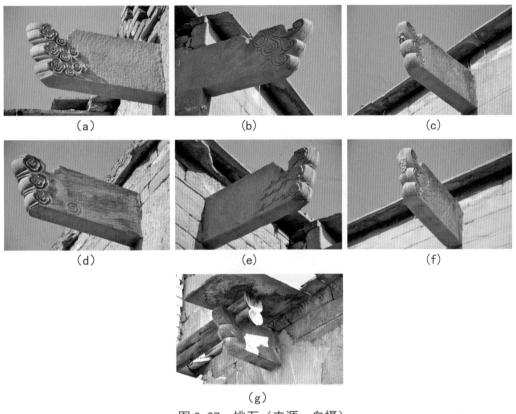

（a） （b） （c）

（d） （e） （f）

（g）

图 3.37　挑石（来源：自摄）

5. 排水管道

石质排水管道在米脂传统建筑环境中较为多见，具有较强实用功能。它虽然打制技法较为简单，却在造型方面形式多样、各有千秋，是传统建筑环境中重要的物质与功能构成元素。

图 3.38 采集自米脂古城西大街 23 号。排水管道为黄绿砂岩材质，外露部分长约 75 厘米、宽 30 厘米，造型为空心半圆柱形式，出水口处为 45°切角。雕刻技法

以平整处理为主。

图 3.39 采集自米脂古城西大街 26 号。排水管道为黄绿砂岩材质，外露部分长约 70 厘米、宽 28 厘米。造型方法以长方形石料为基础，自上而下做凹进处理，并在方形长盒前端下侧开有半圆形漏水口。在装饰手法方面，采取"盘花錾"线条进行装饰，以圆刀凹进为主要手法，有效地丰富了造型的形式美感。

图 3.38　排水管道（来源：自摄）

图 3.39　排水管道（来源：自摄）

图 3.40 采集自米脂县姜氏庄园。排水管道为黄绿砂岩材质，管道外露部分长约 70 厘米、宽 30 厘米。造型方法以长方形石料为基础，自上而下做向内凹进处理，并在排水管前端两侧开有方形出水口。另外，造型下端还配有长方形石板，以提升管道的受力强度。在装饰手法方面，以突出找平工序的垂直线条为主要手段，以此提升造型的形式美感。

6. 云墩

云墩多用于石质栏杆及石、木牌坊的下端，一般都雕刻有石鼓和其他装饰纹样，不仅装饰效果极强，在结构上还具有加固和稳定的作用。

图 3.40　排水管道（来源：自摄）

图 3.41 采集自米脂县李自成行宫。造型为黄绿砂岩材质，高 99 厘米、宽 66 厘米、厚 23 厘米。上端"祥云"部分采用阴刻圆刀的雕刻方法进行勾勒，局部做向内逐步凹进处理，空白处为短斜刀肌理条纹。下端"石鼓"部分则采用高浮雕进行装饰，内容以"龙""凤"为主要题材。云墩整体呈现出厚重、大气磅礴的视觉感受。

图 3.41　云墩（来源：自摄）

图 3.42 采集自米脂县李自成行宫。造型为黄绿砂岩材质，高 141 厘米、宽 83 厘米、厚 22 厘米，共计四个，分两组对称排列。主要用于木质结构牌坊下端，具有承载、加固结构的实用与装饰功能。云墩底部石鼓，雕刻有"暗八仙"图案，即中国古代神话中八位神仙手持的八种法宝。手法强调平刀雕刻，造型硬朗、结实。另外，造型其他部分还雕有随形体环绕的"祥云"浮雕图案，技法以曲线直刀为主。

7. 拴马石

米脂拴马石造型较为简洁，通常利用院落中的墙体将其有规则地嵌入，具有很强的实用性价值，同时也对单调的墙面起到很强的装饰作用。它与陕西关中地区的拴马桩，在形制大小、造型特征、装饰手法等方面，都具有很大的不同之处。

图 3.42　云墩（来源：自摄）

图 3.43 采集自米脂县姜氏庄园。拴马石为黄绿砂岩材质，长 32 厘米、宽 25 厘米。在制作工艺方面，造型在平整处理基础上，做双半圆形向内凹进连接处理，并且表面雕刻有较为规则的线条装饰。

图 3.43　拴马石（来源：自摄）

图 3.44 采集自米脂古城东大街安巷则 1 号。拴马石为黄绿砂岩材质，长 34 厘米、宽 22 厘米。制作工艺在强调平整处理的基础上，向内做凹进连接处理，并加以双圆线进行装饰。

图 3.45 采集自米脂县姜氏庄园。拴马石为黄绿砂岩材质，长 40 厘米、宽 22 厘米。其原理是借助大门两侧向外突出的墙体镶入石块，在转角处做半圆形掏孔处理。在装饰手法上，采用斜线进行表现，并追求与整体墙面的协调一致。

图 3.46 采集自米脂县后马家园则村。拴马石为黄绿砂岩材质，长 34 厘米、宽 25 厘米。制作工艺追求简单实用，在对石料做平整处理的基础上，做上下半圆双孔向内凹进连接处理，整体无任何装饰纹样，表面留有石錾敲打痕迹，具有粗犷、原始、天然的气息。

图 3.44　拴马石（来源：自摄）

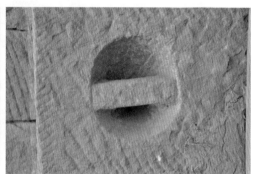

图 3.45　拴马石　（来源：自摄）　　　　图 3.46　拴马石　（来源：自摄）

8. 生产生活用具

早在新石器时代，米脂先民就已掌握了磨制石器的基本工艺。传统生产生活用具既是传统生产生活方式的体现，同样也代表着一种传统的生存观念。即使是在社会高速发展的今天，传统石质生产生活用具依然在民众心中占据着重要的地位。

图 3.47 采集自米脂县杨家沟村马家新院。粮仓为蓝绿砂岩材质。粮仓是当地经济富裕的大户储存粮食的常用容器，一般设置于较为通风的侧窑之中。在结构上一般设置为上下两层，可利用石质凹槽插板的原理，通过木质构件进行连接，具有实用、方便的特点。粮仓所选石板厚约 5 厘米、总高 184 厘米，其中底部高 127 厘米、上部高 57 厘米、下部宽 132 厘米、上部宽 76 厘米、长 140 厘米。并可根据储藏间大小在此基础上进行横向或竖向等方式的组合。由于其具有较强的实用价值，在造型装饰方面则以平行浅凹槽线条予以装饰，具有简练、古朴的特征。

图 3.48 采集自米脂县姜氏庄园。石鱼保护状况比较完好，为蓝绿砂岩材质。石鱼主要功能是通过其穿过墙体，从室外向室内水缸中注水。其中，鱼身为室外部分，上部镶有木质盖子，以保证不注水时内部的清洁，在造型上重点突出鱼鳞及其尾部纹路，雕刻手法采取圆刀曲线；鱼头为室内部分，嘴部与墙外鱼身相通形成出水口，

并做较为平滑的打磨处理，仅用阴刻手法突出眼睛、嘴巴等部位，使面部表情自然生动。

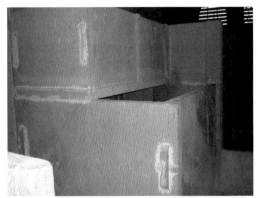

图 3.47　粮仓（来源：自摄）

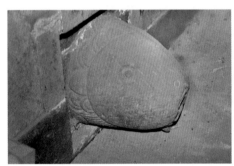

图 3.48　石鱼（来源：自摄）

图 3.49 采集自米脂县后马家园则村。石碾保护状况比较完好，为蓝绿砂岩材质。石碾结构由上下两部分构成，上为碾子，下为台面及底座。碾子宽 46 厘米，直径为 69 厘米，中部开有直径为 12 厘米的圆孔，可将木棒穿入其中起到推动石碾的作用。在装饰方面，石碾外侧雕有"盘长"装饰纹样，一周做凸起装饰线条处理，其他部分均无装饰。底部台面直径为 170 厘米，厚 15 厘米，底座由 4 块高约 30 厘米的方石组成。

图 3.50 采集自米脂县后马家园则村石匠马兰芬故居。石碾保护状况比较完好，为蓝绿砂岩材质。石碾结构分为上下两部分，碾子宽 48 厘米，直径为 72 厘米，中部开有直径为 10 厘米的圆孔，可将木棒穿入。石碾外侧雕有"梅花"造型图案，线条硬朗，层次分明。底部台面直径为 160 厘米，厚 12 厘米，底座由 4 块高约 30 厘米的方石组成。

图 3.49 石碾（来源：自摄）

图 3.50 石碾（来源：自摄）

图 3.51 采集自米脂县杜家石沟村。石碾保护状况较好，为蓝绿砂岩材质。石碾造型为前窄后宽形，前部直径为 66 厘米，后部直径为 72 厘米，中部开有直径为 10 厘米的圆孔。在结构上采取了较为省力的杠杆原理，以提升劳动效率。石碾外侧还装饰有线条优美的"牡丹"图案，整体构图饱满并具一定浮雕效果。石碾底部台面为直径 170 厘米、厚 12 厘米的砂石，下部底座由多块碎石组成。

图 3.52 采集自米脂县后马家园则村。石磨为蓝绿砂岩材质。石磨结构分为上下两部分，上部磨盘直径为 65 厘米，厚度分两层，总高度为 28 厘米。底部台面直径为 140 厘米，厚 10 厘米，局部装饰有简洁明快的"盘花錾"纹样。

图 3.51 石碾（来源：自摄）

图 3.52　石磨 （来源：自摄）

　　图 3.53 采集自米脂县姜氏庄园。石槽放置于院落当中，主要用于清洗衣物。石槽为蓝绿砂岩材质，长 57 厘米、宽 41 厘米、高 19 厘米，石板厚 4 厘米。石槽内部底端为斜坡状以便排水，并采用圆刀深刻的方法雕有"鱼骨"纹路，以增强摩擦，提高洗净程度。石槽外部强调棱角，只在石槽前端雕有"龙头"出水口，造型追求形似，装饰手法大胆。目前，"龙头"造型部位已破损，石槽内部已开裂。

　　图 3.54 采集自米脂县后马家园则村，是当地常见的夯土工具，取名石夯。石夯为黄绿砂岩材质，高 30 厘米，直径为 24 厘米，呈圆柱体形态。石夯上部钻有洞孔，可将绳子穿入进行牵引。另外，一周隐约可见装饰槽与线条，具有粗犷、古朴之风。

图 3.53　石槽（来源：自摄）

　　图 3.55 采集自米脂县高庙乡。这是一种用来轧谷物的农具，俗称石碌碡、石磙。石碌碡为黄绿砂岩材质，其形体近似"腰鼓"，总长 80 厘米，直径最大处为 35 厘米，最小处为 20 厘米。造型采用凹进圆手法雕刻纵向条纹，有效提升了碾轧谷物的工作效率。

　　图 3.56 采集自米脂县姜氏庄园。马槽为蓝绿砂岩材质，长 240 厘米、宽 60 厘米、总高 79 厘米。造型整体结构分为上部槽体与下部基石底座。上部采用整块石料做向内凹进处理，并且充分考虑到牲畜的生理机能，将棱角处理得较为光滑圆润，同时增加了槽体容积。底座部分采用三层石条砌筑，并在横向石条接缝处进行向内挖孔处理，形成可拴牲口的洞口。在细节装饰方面，"底座"采用竖直线条对石材进

行装饰，上部则用平行凸起装饰带进行分割，并在空白处采用"盘花錾"手法丰富石材肌理效果。

图3.54 石夯 （来源：自摄）　　图3.55 石碌碡 （来源：自摄）

图3.56 马槽 （来源：自摄）

图3.57采集自米脂县镇子湾村。这是米脂当地广为流传的"跳方"的棋盘[1]。"跳方"有着广泛的群众基础，是人们茶余饭后较为常见的娱乐方式。棋盘雕刻在长50厘米、宽30厘米、厚5厘米的蓝细砂岩之上，雕刻技法以圆刀向内凹进处理为主。

图3.58采集自米脂县姜氏庄园。这是富户家中用来放置肉类食物的暗藏式储藏间，俗称肉仓。其面部造型同"窑脸"一致，宽145厘米、高195厘米，内部深约60厘米。在结构上分为上下两层，上层为木质材料，下层则采用黄绿砂岩，并开镂空装饰孔，镶木质小门。

图3.59采集自米脂县杨家沟村民宅。该物品俗称"石墩"，是院落当中晾晒衣物的底部支架。通常成对使用，上端凿有圆形深孔，可将木棍直接插入，再用绳子连接后便可进行晾晒。造型长20厘米、宽20厘米、高40厘米，采用蓝绿砂岩材质。由于强调实用功能，基本未做装饰处理。

9. 石狮

建筑是人类赖以生存的物质空间环境。在自然环境恶劣的黄土高原，受各种因

---

1 郭庆丰：《纸人记：黄河流域民间艺术考察手记》，105页，上海，上海三联书店，2006。

陕北米脂传统石雕技艺与传统建筑环境的共生性保护、利用研究

素的影响，在百姓日常生产、生活中形成了在不同空间环境中摆放石狮的习俗。石狮不仅是传统建筑环境中的重要物质构成要素，而且是人们心灵深处的重要精神要素。

图 3.57　棋盘　　　　　　　图 3.58　肉仓　　　　　　　图 3.59　石墩
（来源：自摄）　　　　　　（来源：自摄）　　　　　　（来源：自摄）

　　图3.60采集自米脂县李自成行宫。造型为蓝绿砂岩材质，长87厘米、高205厘米、宽60厘米。石狮动态作半蹲守卫状，面部呈向内45°角处理，由于保护不当目前石狮面部已损，只能清晰分辨头顶部的螺旋状高浮雕发髻。石狮腹部与前胸部分，在雕刻手法上强调平整处理，并针对颈饰、项圈、鬣毛等细节进行突出表现。在背部造型处理方面，重点突出鬣毛，并将其划分为脊椎与尾部两个层次，前端雕有半圆形装饰及"火焰"形图案，尾部采用象生式装饰手法对鬣毛进行盘旋式处理，并以吉祥图案收尾，有效丰富了石狮背部的视觉审美。在底座处理上，采取须弥座造型，上下层雕"花瓣"纹样，正前方刻"福"字，侧面中部为浮雕"花卉"图案，局部配以线刻装饰。

图 3.60　石狮（来源：自摄）

　　图3.61采集自米脂县前家河村。镇桥石狮为蓝绿砂岩材质，长110厘米、宽60厘米、高120厘米。石狮头部造型圆润、烦琐，顶部采用鬣毛直梳处理，其余则

为凸起疙瘩状形态。面部刻意强调口、鼻、眼、胡须等的表现，牙齿、舌头等也清晰可见。在颈部处理上，重点突出项饰、铃铛，并且层次较为丰富。背部造型采取沿石狮脊椎做凸起"山脊"状处理，两侧做多层"火焰"状纹路，并以斜平行线条进行填充。尾部造型及装饰同样强调象生式表现，手法大胆、夸张。

图 3.62 采集自米脂县杨家沟村。巡山狮摆放于窑前的空场之上，具有辟邪之作用。造型为黄绿砂岩材质，长 80 厘米、宽 45 厘米、高 110 厘米。石狮头部略微倾斜，张口怒视前方，由于完全露天摆放，面部已开始风化。在整体塑造方面，巡山狮造型凶悍，肢体动态呈后腿半蹲姿势，肌肉体块转折关系圆润、饱满而不失硬朗。在细节处理上，石雕基本采取圆刀为主、平刀为辅的雕刻技法，重点突出了石狮胸前颈饰串铃与鬣毛。底座基本只做平整处理，无任何装饰纹样。

图 3.61　镇桥石狮（来源：自摄）

图 3.62　巡山狮（来源：自摄）

图 3.63 采集自米脂县杨家沟。巡山狮为黄绿砂岩材质，长 53 厘米、宽 30 厘米、高 90 厘米，保护情况良好。造型动态突出后腿半蹲守护状，造型强调饱满、厚重。头部口噙绶带向一侧倾斜，鬣毛、眼睛等细节则做凸起圆形疙瘩状处理。石狮胸部造型圆润，有效突出了颈饰及圆形串铃等细节。四肢雕刻手法强调体块塑造，块面关系硬朗，并配以直线、半圆线进行装饰。

图 3.64 采集自米脂县对岔村。该图片为 2006 年冬季一次夜间走访中偶然拍摄

所得,后期做进一步调研时得知该巡山狮已被出售。造型为蓝绿砂岩材质,长40厘米、宽22厘米、高60厘米,在尺度上略显矮小,但整体造型结实、饱满、厚重。雕刻方法主要采取减地凸起法对形体进行块面塑造,基本无装饰纹样处理。

图3.65采集自米脂县朱兴庄村农户家中窑洞顶部平台。镇宅石狮为黄绿砂岩材质,长66厘米、宽30厘米、高76厘米。动态呈后蹲前立,做向前仰视守卫状。头部造型较为烦琐,顶部采用圆形凸起疙瘩状造型,并施以螺旋状线刻描绘,五官刻画采取圆刀线刻对眼、嘴、牙齿等进行重点描绘。颈部重点突出颈饰,以增强虚实对比。石狮背部与尾部处理,强调线刻表现手法,四肢部分则只对脚部进行了简单处理。

图3.63　巡山狮（来源：自摄）　　　　图3.64　巡山狮（来源：自摄）

图3.65　镇宅石狮（来源：自摄）

图3.66采集自米脂县田家沟村农户家中。墙头狮为黄绿砂岩材质,长29厘米、宽20厘米、高56厘米,保护比较完好。石狮动态后蹲前立,脚踩绣球,并做向前怒视状。手法注重头部表现,突出眼、鼻、嘴等,毛发处理采用略微凸起波浪状形式,雕刻技法以平刀曲线为主。颈部表现手法主要突出铃铛与鬣毛,四肢强调体积表现,只做平整处理,尾部做阴刻线条装饰,底座部为须弥座形式。

图 3.66 墙头狮（来源：自摄）

图 3.67 采集自米脂地区。炕头石狮保护状况良好，为黄绿砂岩材质，长 18 厘米、宽 6 厘米、高 13 厘米。石雕动态为侧面蹲踞式，并作守卫状。石狮顶部为直平状，双眼大睁，口鼻微微向外凸起，前肢斜立并镂空，右爪踩一绣球。侧面整体呈方形，后肢采用线刻手法表现，呈回环蹲伏状，尾巴向外凸出。整体造型具有原始浑沌、重神轻形的艺术表现特征 [1]。

图 3.67 炕头石狮（来源：朱尽晖·西安美术学院）

图 3.68 采集自米脂地区。炕头石狮保护状况良好，为蓝绿砂岩材质，长 19 厘米、宽 11 厘米、高 23 厘米。整体造型呈侧面蹲踞式，作守卫状。石狮面部上扬并怒视，头顶部呈圆形并向上隆起，鬃毛呈疙瘩形状，眉骨与鼻形成怒视状。胸前挂有串铃，前肢粗壮呈棒槌状并斜立，左右爪详细地刻有圆圈、矩形。侧面造型呈三角形，后肢呈趴伏状，背部鬃毛以螺旋式进行排列，尾巴作象生式。整体造型具有夸张、狞厉、神异的艺术表现特征 [2]。

图 3.69 采集自米脂地区。炕头石狮保护状况良好，为黄绿砂岩材质，长 13 厘米、宽 11 厘米、高 21 厘米。动态为侧面蹲踞式，整体呈圆拱形，人面狮身。头顶部呈圆形并向上隆起，双眼圆睁并作瞪视状，鼻子呈方块状，嘴宽厚且有大凹凿獠牙，

1　朱尽晖：《陕西炕头石狮艺术研究》，61 页，西安，西安美术学院，2006。

2　朱尽晖：《陕西炕头石狮艺术研究》，64 页，西安，西安美术学院，2006。

脖子上挂项圈并且坠有串铃，下颌向前伸，前肢斜撑，左爪踩踏绣球。侧面造型呈三角形。尾巴为棒槌式，具有生殖繁衍的意蕴，底座四四方方，表面肌理自然质朴。整体造型具有概括简练、拟人夸张的艺术表现特征[1]。

图 3.68　炕头石狮（来源：朱尽晖·西安美术学院）

图 3.69　炕头石狮（来源：朱尽晖·西安美术学院）

图 3.70 采集自米脂地区。炕头石狮保护状况良好，为蓝绿砂岩材质，石雕长17 厘米、宽 8 厘米、高 18 厘米。动态为侧面蹲踞式。头顶部为直平状，双眼大睁，口鼻微微向外凸起并塑造成块状，嘴方阔镂空有獠牙突显并内含石球，绶带由口一直飘至后肢，颈部鬣毛恣张并饰项圈、璎珞且坠有串铃，前肢斜立并镂空，右爪踩一绣球，略有脚趾显现，且全身敷有绿颜色。侧面造型呈三角形，且后肢与台座融为一体。背面由线刻条纹装饰，鬣毛与尾呈螺旋式。整体造型具有虚实相间、写意有度的艺术表现特征[2]。

10. 庙宇石雕

图 3.71 采集自米脂县后马家园则村的庙宇大殿前。香炉为黄绿砂岩材质，总高度为 107 厘米，圆底座直径为 80 厘米，柱体高 63 厘米、宽 25 厘米，上部香炉整

1　朱尽晖：《陕西炕头石狮艺术研究》，67 页，西安，西安美术学院，2006。

2　朱尽晖：《陕西炕头石狮艺术研究》，68~69 页，西安，西安美术学院，2006。

体厚度约 32 厘米，其中外延伸出的兽头部分长 20 厘米、宽 30 厘米、厚 20 厘米。香炉整体造型以上部烦琐，中、下部简练的形式呈现。上部采用直线圆刀雕刻有"花瓣"及收边，并在纹样空白处以直、斜线圆刀进行填充。外延"兽头"部分作为整个香炉的点睛之处，采用写意的表现手法，利用曲线圆刀进行刻画。在底部的处理上，造型强调突出主次关系，基本采取了打磨平整的手法，并在中部六棱柱体雕刻有文字。

图 3.70　炕头石狮（来源：朱尽晖·西安美术学院）

图 3.72 采集自米脂县后马家园则村中的庙宇。香炉为黄粗砂岩材质，直径 46 厘米、高 27 厘米，底座宽 20 厘米、厚 10 厘米。该造型整体厚重，装饰纹样丰富，底端采用"花瓣"纹路进行点缀，上端收口处做双线凸起浮雕处理，并在凸起线条局部用多条斜线进行装饰。空白部分，则采用直线纹路进行填充。

图 3.71　兽头香炉（来源：自摄）　　　　图 3.72　香炉（来源：自摄）

图 3.73 采集自米脂县后马家园则村农户家中。香炉为黄粗砂岩材质，直径为 30 厘米、高 28 厘米，底座宽 35 厘米、厚 9 厘米。整体造型简洁、厚重，装饰纹样采用直线变形"花瓣"纹路，上端收口处做双线凸起浮雕处理，并在凸起线条局部用多条斜线进行点缀，较好地丰富了香炉顶部收口的视觉效果。其余空白部分，则采用直线纹路进行装饰。

图 3.74 采集自米脂县田家沟村旁的庙宇。香炉为黄色砂岩材质，总高度约为

110厘米，顶部直径为80厘米，中间柱体最窄处长、宽均为27厘米，最宽处长、宽均为30厘米，底座长、宽均为50厘米。保护状况完好，未发现损坏。香炉虽造型不够精细，却具很强整体性。顶部底端采用变形"莲花瓣"纹路装饰，收口处做双线凸起处理，并雕刻有"兽头"造型。中间柱体则以两个层次进行表现。上端为长方体造型并在转角处做倒角处理，下端与底座连接处做正方体造型处理，并雕以"披巾""石猴"等造型。在底座的处理上，仅对棱角转折处做圆滑处理，使造型与整体香炉有机融合。

图3.73　香炉（来源：自摄）　　　　　图3.74　香炉（来源：自摄）

　　图3.75采集自米脂县后马家园则村的庙宇大殿前。旗杆为黄粗砂岩材质，总高度约为780厘米，造型主体结构由底座与柱体构成，其中底座高78厘米、宽64厘米，柱体直径自下而上为20~26厘米。底座为近似须弥座造型，并雕有"花瓣"纹样，柱体分为上、中、下三个层次，并在接口处采用倒梯形进行连接，局部雕有吉祥图案与文字。

图3.75　旗杆（来源：自摄）

11. 石窟及造像

万佛洞石窟位于米脂县城北约 8 千米处，在无定河东岸的悬崖上，由 27 个石窟组成，分别为伽蓝护法殿、九天圣母殿、无量寿佛殿、观音殿等。宋代以来，当地人民利用山形地势和自然洞穴凿窟、雕像、建庙，至明代万历年间（1573—1620 年）已具宏伟规模。主殿伽蓝护法殿为最大石窟，高踞离地 30 米的悬崖之上，进深 12 米、宽 9 米、高 4.7 米。殿内正中供有释迦牟尼佛像，左石壁造像 20 层，右石壁造像 15 层，共计造像 5 800 余尊；后石壁造像 10 余层，约 1 200 尊；殿中两根方柱（正面、侧面）造像 19 层，有 1 300 余尊；窟顶周边有小佛像 100 余尊；加其他洞窟，共计佛像万余尊。（图 3.76）

五龙洞石窟位于米脂县城北饮马河西侧。建于明万历年间，洞窟宽 6.3 米、深 8 米、高 3.4 米。旧时曾有石雕造像，但因历史原因已损。目前，只保留有摩崖提记以及窟顶石刻浮雕等遗迹。

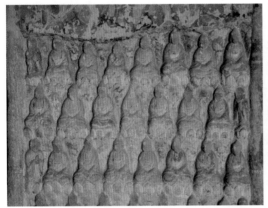

图 3.76 万佛洞石窟（来源：自摄）

12. 石碑

碑刻在米脂较为多见，文庙、华严寺、灵应殿等庙宇都曾保留有碑刻，目前全县存有价值较高的石碑 4 座。其中 2 座为龙山启祥殿的重修真武庙碑，分别为乾隆五十二年（1787 年）、光绪二十一年（1895 年）建造。前者碑文高 2.22 米、宽 2.1 米，为清初翰林院编修张秉愚所撰；后者碑文为米脂县举人高照煦所撰。另外 2 座保存在米脂古城东街小学，一为康熙四十一年（1702 年）雕刻的"训学"碑，高 1.7 米、宽 0.8 米，平雕篆书；二为乾隆二十年（1755 年）雕刻的"御制平定准噶尔碑"，记录了 18 世纪中叶蒙古族准噶尔反清叛乱情况和清政府平叛史实。另外，在广大农村还保留有庙记碑、记事碑、墓志碑。

陕北米脂传统石雕技艺与传统建筑环境的共生性保护、利用研究

13. 石碑坊

米脂盛产石材，因此石坊较多，但因人为破坏，目前已保留不多，现有盘龙山"治世玄岳"坊、"猯卧梁"石碑坊、常新庄"鱼塔"石牌坊等少量遗迹[1]。

"治世玄岳"坊建于清乾隆五十六年（1791年），高5.3米、宽3.9米，石柱楹联为"灵区直拟蓬壶景，福地还开兜率天"。

"猯卧梁"石碑坊位于高氏家族墓地，高4.4米、宽3.8米，阴、阳两面均有楹联、额题。阳面雕"奕进华充光旧业，九天紫诰待新广""风诏欣承"；阴面刻有"近挹溪光供几案，远邀山翠映松楸""山岳拱秀"。该坊为晚清风格，单檐四斗拱顶、方柱、鼓础支持。上额雕有"八仙过海"故事，石鼓面部刻有山水、花草图案。

"鱼塔"石牌坊坐落于常兴庄村西北0.5千米处常氏墓地，建于清代，檐下为镂空网格，外形朴实，浮雕楹联皆备。

三、米脂传统石雕打制工艺

我国传统石雕工艺源远流长，具有独特的民族风格与地域特点。一般来讲，传统石雕打制多以当地取材为主要途径，如青石、沙石、花岗岩、大理石等，都是传统石雕打制的常用材料。传统民间石雕因石料产地不同，所以艺术风格也截然不同。

因此，传统石雕的产生和发展与当地自然、地理环境具有密切关联，同时石材在质地、强度等各方面的差异也使得各地石雕作品在雕刻技法方面各有千秋，从而造就了如曲阳石雕、徽州石雕、惠安青石雕、青田石雕、陕北石雕等一系列具有突出特点的传统石雕流派。

1. 材料选取

米脂在地质构造上属鄂尔多斯台向陕北台凹东翼，虽然其地貌由黄土覆盖，境内沟壑纵横、植被稀疏，但砂岩石资源却较为丰富，并且岩层构造简单，为石料的开采提供了便利的基础条件。

1）选材

米脂传统石雕选材多以当地蓝（绿）（图3.77）或黄（绿）砂岩为主，一立方米质量为2吨左右。在材料整体特性上，砂岩质地较为松软，结晶颗粒粗而均匀，非常便于雕刻。缺点在于整体石材强度较低，不耐腐蚀，面层粗糙不易做抛光处理。另外，其常见缺陷还有裂缝、斑痕、隐残（即内部有裂缝）等。受以上各方面综合因素的影响，米脂传统石雕通常体量偏小，寿命在200年左右。

1 米脂县志编纂委员会：《米脂县志》，569页，西安，陕西人民出版社，1993。

图 3.77　蓝细砂岩（来源：自摄）

（a）块状蓝细砂岩　（b）开采后的条状蓝细砂岩

2）取材

据民间石雕艺人讲述，米脂明清石雕所用砂岩多产自前家河石场（图 3.78），该石场位于今米脂与绥德的交界区，现属绥德县境。传说前家河石场早在宋代便已进行开采，它紧靠河沟，较河岸高出 3 至 4 米，整体厚度一般达 10 余米。其内部构造为多层，单层最厚处达 2 米，最薄处不少于 7 厘米，宽度可达几十米。

从相关考古资料来看，米脂先民对石料的开采可追溯至新石器时代。进入新石器时代，人们逐渐对采石技术有所掌握，"火烧法"成为这一时期较常见的采石工艺。人们先用火将石头烧热，再用凉水冷却，利用岩石热胀冷缩的特性使其崩裂，最后用木头等工具沿断裂缝隙将石块撬起。

在这之后，石料的开采工艺伴随着人类生产力的提高，得到不断改善。工匠们开始利用铁（钢）凿、锤、钎等工具对所要开采的石料进行打眼，再利用撬杠将砂石移动。近代以来，火药使用的普及很大程度上提高了石料的开采效率，工匠们根据所需石料的尺寸在确定范围后，用大锤加铁（钢）钎在石料周围打凿一定数量的炮眼并装入炸药，利用引爆后的震动效应，使砂岩开裂。

图 3.78　前家河石场　（来源：自摄）

米脂地区是典型的丘陵沟壑区，古时由于道路条件较差，石料运输通常只能在冬天借助冰雪和枕木通过人力来完成。因此，采石场通常只在夏季开采，冬季运输。这种传统的运输方法一直延续至清末，伴随着乡村道路的拓宽和交通的改善，石料的运输才慢慢摆脱人力，改用牲畜进行。

2. 工具使用

传统石雕打制工具以锤、錾等为主。锤头以大锤、中锤、手锤较为常见。大锤、中锤一般用于开石或通过石錾进行基础造型的打制。手锤的使用则较为灵活多变，例如对细节的处理都是由它通过击打石錾来完成。石錾以圆头錾、平头錾、歇头錾、尖头錾为主，尺寸大小不一，具有对造型进行塑造与处理细节的功能。石錾是雕刻过程中直接作用于造型的工具，因此在石雕打制过程中保持錾头的锋利显得格外重要，在生产力与科技较为落后的古代，石雕艺人每日开工前锻造錾头是必不可少的工作流程。随着科技的发展，合金錾头的出现，极大地提高了打制石雕的效率。

另外，在米脂传统石雕打制工具中，方尺、墨斗、砂岩石、撬杠、楔子等，也都是打制环节必不可少的工具（表3.1）。

表 3.1　米脂传统石雕打制工具（来源：自绘）

序号	工具	基本形态	用途	规格
1	大锤		开石、加工大型石料	质量在 3.5 千克以上，手柄长度在 80 厘米以上
2	中锤		开石、加工造型偏小的石料	质量为 2.2 千克左右，手柄长度在 60 厘米以上
3	手锤		配合錾头加工细节，需要时也可直接击打石料	质量为 0.5~1 千克，手柄长度为 30 厘米左右
4	平头錾		可配合锤头进行找平、造型工作，并可对文字、浮雕等进行细节处理	錾身长度不等，一般为 20~30 厘米，錾面宽度为 0.5~2 厘米，可根据实际情况变化尺度

序号	工具	基本形态	用途	规格
5	圆头錾		配合锤头进行造型工作，一般在打制过程的后期使用，或针对一些造型比较圆润的石雕	錾身长度不等，一般为20~30厘米，錾面宽度为0.5~2厘米，并可根据实际情况加大尺度
6	歇头錾		配合锤头进行造型工作，可处理石雕中比较难于操作的部位或死角	錾身长度不等，一般为20~30厘米，錾面宽度基本保持在1~2厘米
7	尖头錾		配合锤头进行造型工作，用来处理石雕中较深或比较细致的区域，例如线条、棱角等	錾身长度不等，一般为20~30厘米
8	墨斗		对石料进行画线，以保证造型的准确性	墨斗通常长17厘米左右，高5~6厘米，宽3~4厘米
9	砂岩		打制结束后，对石雕进行打磨	可根据不同形体定制造型

3. 打制工序

米脂传统石雕的打制工序基本由画线、开大面、打大样、细节塑造、打磨等组成（图3.79）。但在实际打制过程中往往也会根据石雕造型以及材质的具体情况，做出相应的调整。

1）画线

画线是石雕打制前，针对所要塑造的形体进行的构思与空间想象，并通过墨汁、錾头在石料上加以勾勒，如遇较大的造型还须用墨斗进行放线，以此保证打制环节的顺利实施。

图 3.79　打制工序　（来源：自摄）

（a）准备基本材料、工具　（b）去除石料周边散石　（c）画线　（d）用石錾确定造型轮廓
（e）开大面　（f）打大样　（g）处理细节　（h）完成品

2）开大面

开大面是工匠在已画好线的石料上进行的第一道雕凿工序，通过去除大块面的石料，使形体的基本轮廓得以显现。此环节的主要任务是对造型基本形态和动势进行准确把握，是石雕打制过程中的基础环节。

3）打大样

打大样是在开大面基础上对石料进行的深加工，如对造型中不需要的部分进行剔除，对造型图案中不同的深浅程度进行深入处理，对一些细节的造型进行基本的雕凿、塑造，使造型具有基本的感官效果。

4）细节塑造

细节塑造是石雕打制工序的收尾工作，也是整体石雕打制过程中"画龙点睛"的一道工序。这一环节要求工匠具有高超的细节处理经验和耐心、细致的工作精神，以使石雕造型达到预期的效果。

5）打磨

打磨环节在米脂传统石雕技艺中一般较少采用，主要针对一些造型要求比较细致的石雕。通常采用砂石蘸水进行打磨，但通常受砂岩材料所限无法进行抛光。

4. 雕刻技艺与打制技艺分类

1）雕刻技艺

在雕刻技法方面，米脂传统石雕技艺以圆雕、浮雕、镂雕、线刻并用为常见方式。在整体塑造和细节纹路处理上，注重简拙与细致并存的表现手法，并根据石料较软的特性逐步形成了以圆刀为主、平刀为辅，曲线为主、直线为辅，阴阳刻相间的雕刻技法。另外部分作品还强调高浮雕的石雕艺术表现效果。

（1）线刻

线刻是一种古老的雕刻技艺，不仅在石质材料雕刻中广泛使用，在木、金属、贝壳、陶瓷等材质上的使用也十分广泛，表现形式主要分为阴刻、阳刻两种。

①阴刻。阴刻是石雕技法中最为基本的表现手法，指在石面上直接用阴刻线条勾勒出图像，其最大特点是表现手法较为直接、简练，因所用石料与錾头的不同也会呈现出不同的阴刻线条效果。

②阳刻。阳刻是指在石料上按照所描绘图案，将图案以外的石料做向内凹进处理，以此更好地体现所保留下的图形。阳刻表现手法具有装饰性强、图案清晰的特点。

（2）浮雕

浮雕又称为"沉雕"或"突雕"，指在石料平面上雕刻出凸凹起伏的形象，是介于线雕和圆雕之间的一种雕刻技艺，可划分为浅浮雕和高浮雕两类。虽然这种方法较为复杂，但视觉效果极佳，具有半立体化的特征。

①高浮雕。高浮雕须采用比较厚重的石料，因而形体压缩程度较小，空间建构与塑造特征都具有圆雕的特点，甚至很多局部在处理方式上完全采用圆雕的表现方法。另外，高浮雕还往往利用三维立体的空间起伏，形成浓缩的空间深度，从而形成丰富的视觉冲击效果。

②浅浮雕。浅浮雕是单层次或层次比较简单的雕刻方式，适用于雕刻内容比较单一、平面性强的图案造型。它的主要原理是依靠、利用绘画的描绘手法进行表现，利用透视等原理来营造抽象的压缩空间，这与高浮雕依靠实体性空间进行营造的手法具有很大不同之处。

（3）圆雕

圆雕又称立体雕，在《营造法式》中将其称为"混作"，它与浮雕相比是一种未经压缩的三维立体雕刻方式，具有很强的独立性。在观赏性方面，它具有从多方位不同角度对形体进行欣赏的特点，并具有强烈的空间感、体积感、轮廓感。在雕刻方法上，它具有从不同角度结合各类雕刻方法进行塑造的特点。

（4）镂雕

镂雕又称为"透雕"，是在浮雕基础之上进一步加工而产生的一种特殊雕刻形式。即在浮雕画面上保留有形象的凸起部分，而挖去衬底部分的底石。镂空雕刻的特点是具有虚实相间的形式感以及多层次表现的特效。这种方式较圆雕、浮雕等效果更为灵活多变，空间的流通、光影的变化也使形象更为清晰、丰富。另外受材料所限，一般透雕的面积较小，因此，雕刻工艺相对复杂，要求技艺水平较高。

2）打制技艺

米脂传统石雕在打制风格上，造型总体呈现出粗犷、浑厚、古朴、端庄的审美价值取向。作品在塑造与装饰表现技法方面，注重简拙与细致并存的表现手法。根据以上特征，可将打制技艺划分为以下两类。

（1）以材取形

注重块面造型，强调局部装饰，造型手法浑厚、简拙，艺术特征古朴大方、乡土气息浓郁，以镇宅石狮、炕头石狮等造型为主。此类石雕在塑造手法上以减地凸起法为主要手段，大量运用凹进圆刀法（线刻）进行纹路的深入表现，以此强调细节与形式之美感，使其造型浑然一体。此类造型基本不做打磨处理，通常以彩绘的形式提升艺术效果与文化寓意。

"以材取形"的传统技艺方式，通常以手锤及圆、平錾头等为主要打制工具。工具使用较为简单，但较为注重打制过程中工匠情感的抒发，以此突显表现手法的写意性。

（2）以形取材

针对以形取材的表现形式，可将其划分为两类。

第一类，注重细节刻画，装饰图案、纹样丰富，造型生动、浑厚大方，如建筑构件、门墩石狮、门墩石鼓等。表现手法具有一定的程序性，首先通过减地凸起法进行大关系处理，其次根据需要在石雕局部营造高、低浮雕的艺术效果。在细节与纹路处理上，主要以圆刀为主、平刀为辅，曲线为主、直线为辅，阴阳刻相间的手法为主。最后还可根据需要对石材进行打磨，但不做抛光处理。

第二类，注重实用功能需求，与百姓生活密切相关。此类作品以石质建筑构件、石仓、石铺地、石锅台、石水槽、石马槽为代表，表现技法简练、粗放，纹饰较少，通常只做平整处理。

以上两种"以形取材"的传统技艺方式，其打制工序较为烦琐，由画线、开孔、镶楔子、开大块、开大面、打大轮廓、打细节、打磨等工序组成。另外，打制工具类型比较复杂多样。

5. 技艺传承方式

路秉杰先生在为《中国传统建筑形制与工艺》撰写的序言中，曾这样写道：工艺是将原材料或半成品加工成产品的工作、方法、技术等，它涉及工匠（即具体操作者）、加工工具、细部技术、操作流程等相关内容[1]。因此，可以认为传承人（工匠）不仅是这些技术、工艺的持有者和拥有者，是促使传统民间技艺传播、发展的推动者，而且是非物质文化遗产保护中涉及的重要因素之一。

米脂传统石雕技艺是米脂当地广泛流传的传统手工艺技术，它与百姓生产、生活紧密相关，具有广泛的民众基础。在历史发展过程中一般具有较高声望的石雕艺人，是百姓茶余饭后谈论、称赞的对象，社会地位很高。米脂传统石雕技艺的传承方式，通常以拜师学艺或子承父业为主。从对传承人的调查以及相关文献来看，明清时期米脂石雕工匠多分布于以杨家沟为中心的周边区域，这一地区居民组成结构多以地主、富农、中农为主，较好的经济状况为传统石雕技艺的生存、发展提供了良好的生存土壤。工匠们大多散布于各个村落，具有较强的独立性，其中后马家园则村在从业人数上居多，并具有深厚的石雕文化传承历史。米脂著名石雕艺人马兰芬便生活于此，他是近世陕北传统石雕技艺传承人中的典范，曾领工修建姜氏庄园、延安革命纪念堂等优秀建筑，在当地百姓中具有很高的威望。

在石雕技艺的传承中，一般师父所收徒弟不超过4人，传授方式与我国多数民

---

1 李浈：《中国传统建筑形制与工艺》，2版，序言1页，上海，同济大学出版社，2010。

间技艺的传承方式大致相同，师徒同吃同住，通过口传心授与技能实践的方式进行传承。但对于一些"绝活"，师父们通常采取"传内不传外"的方式，以此来确保自身以及家族在本行业的权威性。对于每一个学艺者而言，在学习过程中都要经历初期对基本石工技术的学习和后期对造型技术的学习。这种循序渐进的传授过程同时具有选拔人才的意义，很多具有一定天赋的匠人很快便掌握石雕打制的技巧，天赋较差的工匠则不能进入造型技术阶段的学习。

通常技艺高超的工匠不仅手工艺高超，还在其他相关领域表现出过人的才智。这主要体现在：（a）通常优秀的石雕艺人都在建筑施工中担当领工或工程负责人的角色，他们的知识与技能结构不仅涉及石雕打制，还涉及建筑设计、建筑结构等相关领域；（b）大多石雕艺人都具有一定美术基础和对造型、图案的独立设计能力。图3.80为当代米脂传统石雕技艺的代表人物罗佳贵所绘制的吉祥图案。

图3.80　吉祥图案（来源：自摄）

四、米脂传统石雕的功能意义、造型特征与装饰纹样

千百年来，中国农耕社会经济文化的发展与传统民间文化的繁荣与兴盛密切相关。明清米脂传统石雕不仅与建筑环境密切结合，大多数石雕还具有各自相对独立的表现方式，呈现出当地居民在生产、生活以及相关人文环境的各方面特征，它们是地域传统建筑艺术的缩影和地域民俗风情的展现。

1. 功能意义

明清米脂传统石雕具有典型的民俗文化艺术特点，不仅是满足百姓日常生产、生活的物质要素，而且是承载大众精神生活的重要物质载体。同样它们也是对民众审美活动与情趣的一种精确表达。

1）建筑环境功能意义

人类从穴居到建造不同功能的建筑物，经历了漫长的发展过程。传统建筑环境作为人类生产、生活的场所，其内部的各项功能以及各种建筑结构、部件等，都与满足人们的基本生活需要和提高生活质量有着必然的联系。通常人们对于传统建筑环境中石雕的研究仅停留在艺术表现形式或艺术创作层面，这种对于石雕属性的不准确认识，导致人们忽略了对很多与传统建筑环境密切结合的石质构件造型的研究。它们当中部分具有一定的装饰效果，而更多的是强调其在建筑环境中所产生的功能意义。

比如在米脂传统建筑环境中，独立式的窑洞庄园或院落都砌有石质寨墙，从美学角度来看，其外表无论从质感还是从石料的砌筑方式上都具有很强的形式美感，而从建筑环境功能来讲又起到了一定的对外防御能力，是建筑环境最外围的安全保障设施。又如很多院落中为提升建筑环境的品质，方便人们的日常活动，采用砂岩进行铺装，这些都是石雕技艺在建筑环境中的具体运用。另外，挑石、门墩石鼓等构件，虽然其装饰功能格外引人瞩目，但它们建筑环境功能也同样不可忽视。

2）实用功能意义

民间造型艺术是人类日常生产、生活的实践性产物，不仅在造型艺术方面具有独特的民俗文化审美特征，而且具有突出的实用功能意义。

从原始艺术的产生与发展来看，由于这一时期社会分工与阶级的不明确，造型艺术的产生基本建立在实用功能的基础上，伴随着社会经济的不断发展，人们才逐步形成了对"审美"的初级认识。因此可以认为，在人类传统的审美观念中，艺术造型与实用审美价值具有相辅相成的关系，艺术造型源自人类对器物实用功能的需求，米脂传统石雕中很多缺少装饰但具有实用功能的器物，也应纳入保护与研究范围。

例如粮仓、马槽、储藏柜、肉仓、石碾、石磨等设施，都是米脂传统建筑环境中常见的石质器物，不仅具有典型的实用功能特点，而且承载着黄土高原百姓地域性的传统生产、生活方式。从这些器物的内部结构来看，它们体现出工匠对砂岩材质特性的合理运用，功能方面则突出了其实用的合理性，并在造型方面形成了自身的独特形式语言。

3）装饰功能意义

明清米脂传统石雕装饰与黄土民俗文化有机融合，具有独特的地域民俗文化风格与特征。而传统石雕与建筑环境的密切结合，不仅表现在两者风格的协调与统一，还表现在石雕对建筑环境所具有的装饰功能，它们共同构筑起了富有个性的局部环境和具有强烈表现力的建筑风格，是对传统地域建筑文化思想内涵的深入表达。

米脂传统石雕的装饰意义主要体现在：（a）其材质色彩与建筑环境的协调与统一；（b）石雕造型与建筑环境的和谐共生；（c）装饰纹样与表现手法在建筑环境中的合理运用。

4）精神寄托意义

传统民间艺术中的很多造型在具有实用功能与装饰功能的同时，还承载着明确的文化寓意，这与当地百姓的生活环境、民俗习惯等密切相关。

米脂地处自然地理环境恶劣的大西北，旧社会百姓长期生活于穷乡僻壤，被封建社会统治阶级奴役与剥削，过着苦难与贫困的生活，天灾、疾病等因素常常困扰他们。百姓渴望风调雨顺、丰衣足食、子孙满堂、家庭和睦、生活幸福，这些朴素的美好愿望化身为米脂石雕艺术中吉祥如意、辟邪纳福等各种造型与题材，表达了广大民众的精神渴望与追求。如炕头石狮，除具有实用功能外，还具有扶正祛邪、保佑儿童平安成长的文化寓意，体现了当地百姓在恶劣的生态居住环境下，对家族人丁兴旺的美好精神寄托。

2. 造型特征

在艺术表现风格方面，米脂传统石雕呈现出与黄土风情相一致的浑厚之风，具有造型大胆、变形夸张、形体饱满、装饰色彩对比强烈等特点，是民间造型艺术的精髓所在。它们洋溢着浓郁的乡土气息，是黄土高原人民审美需求和理想情趣的真实体现。

米脂传统石雕表现风格可分为以下三类。

1）粗犷

作品以石质建筑构件、石仓、石铺地、石锅台、石肉仓、石水槽、石马槽、石驴槽等为代表，是满足百姓生产、生活的基本用品。此类石雕造型简练、粗放，几乎不做任何装饰纹样处理。

粗犷与粗糙不能相提并论，粗糙是由于工艺缺陷、选材不细、加工不到位等原因造成的，而粗犷则更多地体现了审美高度的价值与意义，它表现在石雕选材与造型的粗粝与厚重，并与自然景色相协调，与沟壑断层间显露出的岩石交相呼应。粗犷构成了广大民众的一种特殊审美情趣，同时也是黄土文化最为基本的构成要素之一。

2）生动

作品以门墩石狮、石鼓、门额石刻、石质挑石、柱础等为主要代表。此类石雕与上述石雕的不同之处在于其自身既是建筑环境中的石质构件，又对建筑环境具有重要的装饰功能及意义。它们中多数造型生动、大方，表现手法深入严谨、精工细作，是一种恰到好处的表现方式。并且很多造型强调高、低浮雕，阴、阳线刻等表现手法，注重对装饰图案、纹样的使用。整体呈现出圆润厚重的审美视觉感受，并在细腻中蕴含着黄土文化的淳朴。

这种生动的表现风格，虽然与粗犷的造型风格具有不同之处，但却在生动与细腻中体现着一种大方的态度，是民间上层阶级审美价值观的表达，是明清世俗文化与黄土地域文化相结合的产物。

3）古朴

作品以巡山石狮、石牛、石马、炕头石狮等为主要代表，它们在现实生活中虽然具有一定的装饰功能，但其真正的价值主体是它们所承载的文化寓意。它们是当地普通百姓精神生活的重要组成部分，是承载和寄托人们传统思想、观念、追求的物质形态，并具有辟邪、祈求家人安康幸福等功能。

此类石雕在造型特征上，浑厚质朴、刚健清新、形象各异，给人以强有力的阳刚之美。在不改变物象基本特征的前提下，强调对物象进行更为夸张的处理，有时甚至还会对某些具体特征进行深入刻画与强化。这种具有古朴气息的造型风格，在雕刻技法方面注重大的块面塑造，细节表现较少，刀法则更显狂放，部分作品还施以彩绘，世俗工匠气息全无。

3. 装饰纹样

中国民间艺术是民间大众为满足自身生产、生活需要而创造的艺术形式。与宫廷、文人士大夫、职业艺术家的艺术大不相同，民间艺术是广大劳动人民所创造的大众艺术，是生产者的艺术。

米脂传统石雕在装饰纹样上，体现出较强的装饰性、形式性语言，充满了浓郁的地域风格特点。其主体与祖先崇拜、图腾崇拜、生殖崇拜等原始文化紧密相关，并且在很大程度上受到了世俗观念与文化的影响。

米脂传统石雕的装饰纹样可划分为以下三类。

1）物象类

借鉴自然物象，采取"以物寄情"的创作模式与理念，是米脂石雕艺人根据真实物象的自然形态所进行的再次创作，也是民间美术喜闻乐见的主题，是世俗观念下的产物。

如"加官晋爵""子孙满堂""富贵永年""吉庆有余""龙凤呈祥""麒麟献瑞""松鹤延年""麟凤呈祥""一路连科""狮子绣球""封侯挂印""太师少师"等，都是明清米脂传统石雕中常见的装饰题材，反映了民间百姓对多福、添子、增寿、升官等文化含义的心理诉求。其创作母体多取自花卉、植物、现实生活以及花鸟、辟邪纳福的吉祥物与祥瑞的动物，如牡丹、石榴、狮子、麒麟、鹿、蝙蝠等都是比较常见的装饰素材。

（1）牡丹

牡丹在中国传统吉祥图案中的使用非常广泛，其花色艳丽、姿态华贵，素有"花王"之美誉，象征着幸福美满、繁荣昌盛，这与民众对美好生活的企盼与愿望一致，因此在民间被广泛采用。(图 3.81)

图 3.81　牡丹（来源：网络）

（2）石榴

石榴自汉代开始传入我国，在民间具有深厚的民众基础，其花色红艳似火，象征着繁荣昌盛与和睦相处。石榴作为吉祥物，主要体现在它多子多孙、多福多寿的文化寓意与象征，表达了民间对繁衍观念的崇尚与表达。（图 3.82）

图 3.82　石榴（来源：网络）

（3）狮子

狮子形象由西域传入，在我国自汉代开始便有狮子造型与纹样的出现。在中国传统文化中，狮子更多地是作为一种神话中的"灵兽"出现，而不是现实生活中的动物。它是百姓心中守护吉祥与平安的象征，也是对美好前景的一种展望。（图 3.83）

（4）麒麟

麒麟是中国传统思维方式下的产物，雄性称麒，雌性称麟。麒麟是对许多真实存在的动物所进行的复合构思，体现了中国传统美学中的"集美"思想。它集人们所珍爱的动物的优点于一身，是中国传统文化中的"仁兽""瑞兽"，与凤、龟、龙共称为"四灵"。（图 3.84）

（5）鹿

早在人类文明史的渔猎时代，便已有对鹿角的崇拜。进入农业社会后，这种观念同样影响着人类的民俗生活，在我国上古时期的出土文物中，鹿角作为辟邪、吉祥之物，用作墓室镇物。在民间鹿还被看作春天的祥瑞之物，常用来象征吉祥与福寿，具有深厚的民众基础。（图 3.85）

图 3.83　狮子（来源：网络）

图 3.84　麒麟（来源：网络）

图 3.85　鹿（来源：自摄）

（6）蝙蝠

蝙蝠在中国人眼中属于瑞兽，按我国吉祥寓意的习俗，"蝠"与"福"同音，因此蝙蝠是象征福、如意等的吉祥物。在民间将两只蝙蝠组合在一起，表示能得到双倍的好运气，五只蝙蝠画在一起，表示五种天赐之福，即长寿、富裕、健康、好善和寿终正寝。(图3.86)

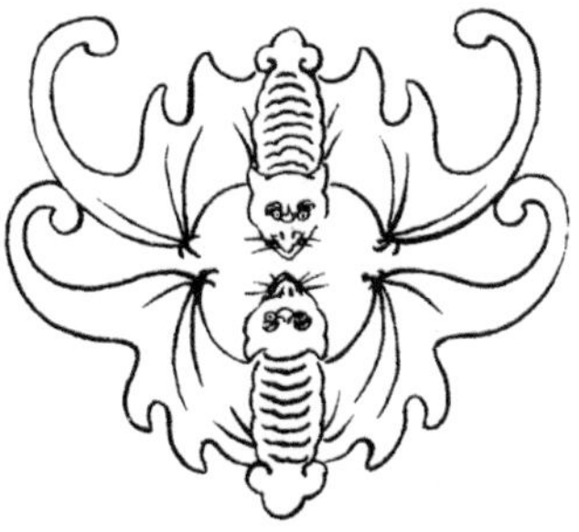

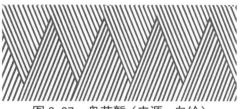

图3.86 蝙蝠（来源：网络）

2）图形装饰类

米脂传统石雕中图形装饰类纹样主要以"盘花錾""字纹""回纹"等较为常见，装饰手法具有鲜明的程式化特征，形成了自身独特的风格。

（1）盘花錾

盘花錾是米脂传统石雕中较为常见的装饰纹样，其最初使用源自将石料加工平整，最后逐步转化为一种大众化、普及化的程式化装饰纹样，具有吉祥、繁荣昌盛的完美寓意，深得民众的喜爱。(图3.87)

图3.87 盘花錾（来源：自绘）

（2）字纹

字纹原为古代印度的符咒、护符，是太阳或火的象征。在佛教中被视为佛祖胸前的断字纹，也是佛教中的吉祥符号。另外，作为吉祥图案，它还广泛运用于民间，具有延绵不断、好事不断的美好寓意。(图3.88)

图3.88 字纹（来源：网络）

（3）回纹

回纹在米脂传统石雕中形式、内容多样，它是植物茎叶的变形体，是一种图案化的表现方式。古人将其视为长久不断的象征，寓意连绵不断。(图3.89)

图3.89 回纹（来源：网络）

3）文字

文字的表达方式在民间较为常见，其题材多为民间通俗语句或地名等，其中很多蕴含生存经验、人生哲理等，表达了民众对美好生活的理解与认识。(图3.90)

此外，这种表达方式还具有一定的观赏性，体现了书法的艺术价值。它以石头为表现载体，采取以刀代笔的镌刻方式进行表达，并且追求雕刻手法的娴熟与流畅。

图3.90 文字
（来源：自摄）

◉ 五、米脂传统石雕技艺习俗

在我国古文献中，与"民俗"相近的词有"习俗""风气""风俗""民风"等等。如《礼记·缁衣》中有"故君民者，章好以示民俗，慎恶以御民之淫，则民不惑矣"，其中的"民俗"一词，意指民间习俗；《汉书·平帝纪》记载"遣太仆王恽等八人置副，假节，分行天下，览观风俗"，这里的"风俗"是指一个地方长期形成的社会风尚和民众习惯[1]。民俗文化是与人类永恒伴生的文化现象，它形成于长期以来人类不断消化吸收各种文化因素的过程，并通过不断筛选与沉淀，从而凝聚于民众的心理结构和集体无意识之中。中国社会科学院民族研究所所长刘魁立认为：民俗学是研究人民群众的生活和文化的传承现象，和探求这些传承现象的本质及其发生、发展、变化、消亡规律的一门学科。

习俗产生于人类征服自然、发展自我的过程之中，政治、经济、宗教、地域等因素都是决定和影响其产生、传承和变异的重要条件。传统习俗是当地百姓在日常生活中采取的某种习惯行为，这种习惯行为是由某种既有心理结构所规定和驱动的。从物质生活来看，米脂传统石雕打制习俗离不开物质而独立存在，而从精神领域来看它则体现出人们在日常行为中所表现出的一种风尚与精神气质，虽然不能直接展示于石雕之上，但却承载着典型的地域民俗文化特征，是将其作为非物质文化遗产保护的重要环节。

从目前大量保留的米脂传统石雕遗存及其相关资料中，可以看到米脂传统石雕打制习俗主要体现于物质生活、精神生活、社会生活、口承语言等四方面。

1. 物质生活

民俗中的物质生活，是人类根据自身特定环境，在长期生产、生活中所积累的经验与生存策略，包括村落、建筑、劳动工具、民间技术等方面，是人类社会得以生存发展的重要保障。

米脂传统石雕打制技艺的产生和发展与当地自然环境及百姓的生产、生活密切相关。据考古证实，早在四千多年前的仰韶文化时期，这里的先民便有了利用当地石料打制石质生产工具的历史，石刀、石斧、石锛、石刮、石镞、石纺轮等，都是这一时期当地出土的主要劳作器具。随着时代的变迁和生产力的不断发展，直至今日石磨、石碾、石碌碡、石钵等工具的使用，在乡间还比比皆是。而在居住环境方面，石窑洞、石质铺地、石质挑檐、石台阶、石窗台、石灶台、石炕围、石橱柜等大批宅居石雕与生产生活工具，都是明清时期当地百姓居住环境中的重要构成要素，从取材、制作、造型等方面，无不体现出当地百姓在追求物质生活方面所取得的成就。

1　仲富兰：《中国民俗文化学导论》，修订本，33页，上海，上海辞书出版社，2007。

由此可以认为，米脂传统石雕技艺虽产生久远，但却能够随时代的变迁而不断发展。它是满足当地百姓日常生活的一种技能，同时又作为当地百姓满足日常生活的一种方式而存在，充分体现了人们利用自然、征服自然的创造才能。

2. 精神生活

精神生活指认识与观念、祭祀礼仪、巫术与宗教、伦理道德等方面。对于米脂传统石雕打制习俗而言，其在精神生活方面更多地体现了当地百姓对美好生活的精神向往与寄托，并在历史发展的进程中，逐步形成了与石雕打制技艺相关的传统观念与认识、祭祀礼仪等习俗。它们世世代代流传，已成为当地百姓精神生活中重要的组成部分。

例如崇"狮"观念，便在米脂及周边地区具有广泛的民众基础。米脂传统石雕中以"狮"为题材的石雕艺术作品，形式多样、内容丰富，如拴娃娃魂的炕头狮、把守门户的镇宅狮、桌案上的来财狮、盘卧在灯树上的灯台狮等。它们虽然在美学上各自具有其独特的审美倾向与造型特点，但是在精神领域却更多地体现出百姓在恶劣自然环境下对美好生活的精神寄托与向往。人们通过赋予不同形式石狮艺术作品以不同的文化寓意，来表达他们心中的美好期盼。而这种期盼则主要体现为民众对人丁兴旺、安居乐业、财源广进等方面的心理诉求，并逐渐成为百姓精神生活中的重要组成部分，成为当地重要的传统习俗。

以米脂乡村家舍里长期供奉的财神为例，同样采用狮子的形象作为化身，当地也称"财神狮子""来财狮子""招财狮子"，其体型大小基本上等同于炕头石狮，它的产生与发展也同炕头石狮具有密切联系，但在造型上却有别于炕头石狮，讲究成双成对，并绘制有浓烈的色彩。作为"善神"与"喜神"的狮子，一般放置在香案供桌上，或者红门、箱、立柜和案桌上，财神狮子和上香的香炉正放在中央，案桌上还摆放着古时的插花瓶与穿衣镜子。也有人家把成对的小狮子放置在祖辈遗像的两侧，作为守财、守祖宗的忠实捍卫者。还有以狮子为题材的香炉，也都是财神狮子的变相形式。陕北人靠天吃饭，通过供奉天地以求风调雨顺，常见的造型有狮子"背"香炉、狮子"顶"香炉、双狮"抬"香炉、双狮"站"香炉等。

不同于当代社会，古人对于具有文化寓意的石雕一般不采用购买形式，而是根据自身经济实力聘请等级不同的工匠上门打制，并在打制过程中举行比较规范的仪式，强化石雕的寓意与作用。黄土高原，沟壑纵横，从风水角度来讲"沟壑"会形成"煞气"，故百姓在家中或大门旁摆放石狮以辟煞气。以打制门墩石狮为例，户主多聘请威望较高的工匠上门打制，择黄道吉日以八抬大轿恭请匠人上门，并进行点香、烧纸、磕头、打醋（打醋是指将铁器于火中烧红取出，将醋浇于铁器之上，以祭神灵。匠人中传说姜子牙在封神榜中最末被封神位，称醋神，由此形成以打醋方式祭拜众神的习俗）等仪式，在石狮打制完成后还须将石雕用红布包裹，举行专门的安放仪式，用朱砂开光点眼，在指定的位置安放。随后，向工匠发放红布，送喜钱、喜酒，充分体现了户主及工匠对石狮文化寓意的美好期望。

另外，炕头石狮的打制同样具有浓郁的地域特点，同样是以极高待遇聘请匠人到家中打制。将石料用红布包裹请入窑洞后，摆放于灶君（灶王爷）前进行供奉，仪式结束后将石料放置于幼儿使用的棉褥之上开始打制，一般两到三日就可完成，在整个过程中只有直系亲属可以观看，每到工匠休息停工时还要用红布将其遮盖，以保持其文化寓意的不外露，待完工后须在"灶君"前举行供奉方可启用。

中国本土不产狮子，"狮"文化在中国的产生与发展，是西方狮子传入中国后与我国民族传统文化在漫长历史发展过程之中不断演变的结果。封建社会初期，诸侯争雄，社会制度激烈变更，石雕艺术崇尚形象威猛、动态激昂、体型巨大的造型，诸如石虎、石麒麟等。在注重写实塑造各种动物的同时，石雕艺术必然受到中国正统的民族传统文化影响，如对"青龙、白虎、朱雀、玄武"等原始图腾的崇拜。另外，受佛教、道教、儒学各种教义学说中的神瑞化装饰影响，各种兽类逐渐在造型上开始变异，成为人们心中实现美好愿望的精神寄托。汉代张骞通西域后，中西文化进一步交流、发展。据《后汉书·西域传》记载，东汉章和元年（公元87年）大月氏与安息国各遣使来贡狮子。这是史料记载中狮子最早在中国出现的年代。公元57—75年，东汉明帝永平年间佛教传入，"以像设教"的理念开始广泛传播。佛经中记述了佛与狮子的种种密不可分的关系，"狮"文化被逐渐深化。在各种佛教活动中，狮子的形象不断在佛旁出现。东汉时期山东、河南等地出现有翅的守墓狮。随着朝代的变迁、社会的兴衰，石狮的形象和用途也在不断变化，它们由陵墓石兽中的一员、佛的护法等，逐步成为宫苑、庙宇的守护狮，富贵人家的门前卫士[1]。

通过对文献的查阅，研究认为米脂乃至陕北民众崇尚"狮"文化的这种风尚，与传统宗教具有很大的关系，其形成主要有以下两个方面原因。（a）受到我国古老宗教文化的影响。从米脂当地出土的汉代画像石中，可看到狮子与伏羲、女娲以及青龙、白虎、朱雀、玄武"四神"并用的造型。（b）受到佛教文化的影响。陕北过去比邻西域，历经少数民族与汉民族的融合，使佛教得到较早传播，而且秦以后这一地区长期是边陲重地，历代封建统治者尤其重视在此"交兵之处"广建寺刹，推行禅道，更使佛教在此地不断扩大影响。佛教中，狮子代表"神通广大、能伏一切"的威猛形象。另外，佛教又将狮子作为宣法形象仪式的开路"神兽"，每当佛像出行日，都由"辟邪、狮子导引其前"。受以上佛教观念的影响，米脂民间崇狮之风盛行。

---

1 尤广熙：《中国石狮造型艺术》，1~4页，北京，中国建筑工业出版社，2003。

3. 社会生活

社会生活包括人生礼仪、岁时风俗、吉庆娱乐等活动，具有促进文化交流、保持社会生活稳定等功能。米脂传统石雕打制习俗是百姓精神生活的重要载体，体现在当地百姓的家族亲族、人生礼仪、吉庆娱乐等重要社会生活的方方面面，成为当地民俗生活的重要组成部分。

打制炕头石狮是当地百姓祈求家族人丁兴旺的传统习俗，与家庭安慰、生命存亡紧密相关。古时陕北地区自然环境恶劣，医学不发达，多数幼童出生后体弱多病、难于抚养，故当地百姓形成用炕头石狮将幼儿"拴"起的习俗。从石狮头部系一条红绳，在幼儿只会爬行期间白天拴腰间、晚上拴脚腕，以免在大人不在时发生危险。在小孩年满12周岁以后的每个生日当中，还需举行加红绳、拴红绳仪式，并邀请打制炕头石狮的工匠前来为小孩带锁（红绳＋铜钱＝锁），以强化炕头石狮的文化寓意。小孩长大成人后还将携带炕头石狮与红绳，完成婚姻大事。炕头石狮被当地百姓视为镇家之宝一代代保留下来，他们不是拿它们做摆设，供人观赏，而是将它们视为一种能消灾免难的神圣物品。百姓对炕头石狮诚挚的敬与爱在炕头石狮中被外化和显现，使它们具有了独特的灵魂、气质。

而以石狮灯台为造型基础的民间石狮灯座则是在继承汉代传统古灯式样之上，沿民俗发展的轨迹，逐步演变为具有浓郁乡俗的民间生活用具。其结构由灯柱、灯座、灯盘组成，在当地俗称为"灯树圪堵""灯树狮子"。灯树是点油灯用的带杆底座，而当地百姓对"灯台"的理解则具有自身文化寓意，高高节生的台桌上躺卧着盘踞其间的狮子，而灯树狮子发出的光芒无限地向四方传播并终其能而为之，其"连续而有制"的"轮回而不息"意味着生命的延续。家中没有了灯就会一片黑暗，家中没有了子嗣和男人，用陕北方言讲叫"黑门"了。而造型中的"灯树"好比家或家族中的顶梁柱，而插在石狮子脊背上的灯则象征着家族的光明与繁荣昌盛，灯下盘卧的石狮子则是保佑家族平安的神兽。通常，在陕北的婚俗礼仪中，都要进行"拜灯杜"的仪式，新人们双双跪倒，对着灯柱行"成丁礼"，因为狮子灯台具有圣灵之光，是生命之源和永福的象征。

以上诸多以石狮为载体的艺术表达形式，是人类生命意志的外化表现，是人类企图干预自然环境及其必然性、调整和扭转人类命运的精神斗争媒介，展示了向客观外在世界索取人类自由的可歌可泣的努力。

4. 口承语言

口承语言指神话、传说、故事、民谣、叙事诗、谚语等民间艺术形式。米脂传统石雕打制习俗不仅体现在物质生活、精神生活、社会生活方面，还体现在当地百姓的生活语言上。"财东房上有兽头，罗门石狮大张口，官家挂匾载旗杆，百姓石狮搁炕头"等，便是当地广为流传的与狮文化相关的民谣。

在许多民俗礼仪活动中，百姓用象征、谐音、寓意等手法，表达对完美生活的追求和审美情趣的向往。如"狮"与"事"谐音，一雌一雄的组合便代表了"事事如意"。又如"狮子驮瓶"，表示"事事平安"；狮与钱的组合，表示"财源茂盛"；狮子配绶带，表示"好事不断头"；狮子滚绣球，表示"好事在后头"。此外，"狮上背狮""足底踩狮"，表示"子嗣昌盛""统一寰宇"等。

六、米脂传统石雕技艺的生存与保护现状

陕西作为全国传统民间文化大省，孕育和发展了多种优秀的传统民间技艺。米脂传统石雕技艺作为陕北传统石雕艺术中不可或缺的重要组成部分，体现了当地劳动人民在设计、工程技术、艺术创造等诸多方面的成就，反映了具有独特民族风格与地域特点的陕北黄土高原文化的审美情趣和特征，展现了具有黄土高原地域特色的石雕技艺打制文化与习俗，具有重要的非物质文化遗产保护价值和学术研究意义。

21世纪，随着全球化和现代化的高速发展，传统民间技艺的生存环境日益恶化，米脂传统石雕技艺作为陕北传统石雕艺术中重要的组成部分，其传承与发展也不例外地面临着消亡和变异。据调查，目前米脂县内传统石雕打制匠人已为数不多，并且多数年事较高，无法继续从事传统石雕的打制工作。在石雕技艺传承方面，由于中青年民间艺人对传统石雕技艺缺乏正确的认识和深入的了解，因此难免受到外界因素的干扰，使传统石雕技艺很难得到传承和发展。

还有一个重要的现象尤其值得关注。随着我国西部地区经济建设的全面开展，当地石雕打制企业大量出现，使石雕打制模式发生了重大的变化，受产值、效益等因素影响，米脂传统石雕技艺中一些优秀的民间文化开始发生变异，使其逐渐丧失了作为传统非物质文化遗产自身的"生命密码"。

从大量的调查中可以看到，米脂传统石雕技艺变异、消亡主要表现在选材、打制工具、造型、技艺等方面。

1）传统材料

传统米脂石雕打制选材以当地蓝（绿）或黄（绿）砂岩为主，其质地较为松软，质感粗犷。用该材料打制的石雕在历史发展过程中逐步形成了特有的黄土高原审美特点与情趣。随着社会经济的发展，米脂石雕选材已基本丢弃了传统材料，多以青石、汉白玉等石料（图3.91）为主材，这些材料质感细腻，与传统米脂石雕材料形成了非常鲜明的对比，使米脂传统石雕完全丧失了最基本的材料审美特征。

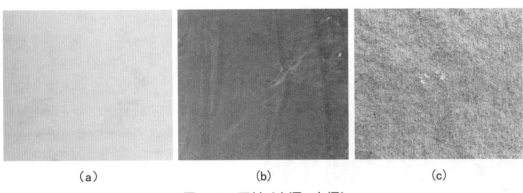

| （a） | （b） | （c） |

图3.91　石材（来源：自摄）

（a）汉白玉　　（b）青石　　（c）砂岩

纵观我国各类传统民间技艺的传承与发展，其材料的使用通常以就地取材为主要特征，并在此基础之上逐步形成其最基本的特点，也就是说，选材是维系传统民间手工艺传承基因的最基本要素。目前米脂石雕打制对材料的滥用，将会使其丧失作为非物质文化遗产存在的价值。

2）打制工具

传统民间工艺通常以全手工或半手工的形式来完成，米脂传统石雕技艺的发展也不例外。现代工业文明的迅速发展，使电动打制工具得到广泛运用，虽然先进工具的出现对于提高生产力具有重要意义，但却使得原有的传统工艺受到冲击，同样也对米脂石雕在打制工艺方面产生了很大的负面影响。图3.92为米脂一石雕工厂中即将完成的石狮艺术作品，从打制手法来看，手法娴熟、工艺精湛，但从打制工艺等方面来讲，它却丧失了米脂传统石雕基本的打制工艺，更加接近于宫廷艺术。

因此，当代人面对米脂传统石雕技艺的保护与传承，必须正确应对现代工具对传统技艺带来的冲击，协调两者之间的关系，使现代工具与传统石雕工艺在不失传统的前提下有机结合，以此确保传统石雕打制工艺得到更好的传承和发展。

图3.92　石狮（来源：自摄）

3）造型

米脂传统石雕具有悠久的发展历史，并在造型上形成了古朴、大方的艺术风格，具有典型的黄土高原审美特征。

近年来，受商业竞争所带来的过度开发的影响，石雕技艺在取材、打制工艺等方面都发生着巨大的变化，并开始逐步影响到人们对传统造型观念的正确理解。目前，米脂石雕在造型上，多以模仿其他流派风格为主，这种对流行风格的"学习"与"借鉴"，对保持米脂传统石雕技艺的基本造型特征带来了巨大的冲击，并使其丧失了作为传统民间技艺最为基本的特征。图3.93为米脂现代石雕工艺作品，在造型方面

多取自一些目前较为流行的风格，加之材料、制作工艺的变化，传统石雕的审美趋向已无法看到，而更多地流露出一种大众化、商品化、模式化的当代特征。

传统民间造型艺术，体现了一个国家或地区民众的审美意识，同时又体现了它作为非物质文化遗产而存在的独特之处。因此，对于米脂传统石雕技艺的保护，其造型观念与审美风格便显得格

图3.93 米脂现代石雕工艺作品（来源：自摄）外重要，因为任何原因所带来的造型变异，都将会对米脂传统石雕技艺的保护造成不可估量的破坏。

4）传统习俗

传统习俗是某一地区百姓在日常生活中所保持的某种习惯。米脂传统石雕技艺与当地百姓的物质生活、精神生活、社会生活、口承语言紧密相关，具有深厚的群众基础。在社会不断发展、生活环境不断改善的今天，传统石雕打制技艺正面临着消亡与变异，作为米脂传统石雕技艺重要的组成部分，传统习俗也开始逐步从人们的视野中淡化。

图3.94为深受当地百姓崇尚的炕头石狮，它集实用功能与文化寓意于一体，是米脂乃至陕北地区最为常见的石雕打制形式。虽然在今天的乡村依然保留着用炕头石狮拴小孩子的做法，但与过去相比不同之处便是传统文化寓意不断丧失，所带来的传统习俗逐渐消亡。

非物质文化遗产体现了世界文化的多样性，是一个国家、一个民族或族群的密码，是人类生命创造力的表现，也是维护其独立于世界文化之林的"文化身份与文化主权"的基本依据。当前全球经济的一体化，导致一切具有可开发价值的东西商品化、批量化、大众化、速效化。

因此，对于我国这样的发展中国家，尤其是很多

图3.94　炕头石狮
（来源：朱尽晖·西安美术学院）

经济欠发达地区，开展对非物质文化遗产的保护，是保持社会的可持续性、文化的多样性，追寻和守护一个国家、地区、民族精神家园的重要举措。

在米脂传统石雕技艺的研究与保护方面，目前学术界还缺乏关注，尚未见到相关研究成果，学者们更多是将焦点集中于对陕北绥德石雕的研究。在传统石雕技艺的保护措施与方法方面，当地政府虽然也有所关注，但只是停留在以博物馆等形式对传统石雕实物进行保护和利用影像进行记录的层面。这些措施对保护米脂传统石雕技艺虽然起到了重要的推动作用，但还远远不够，缺乏对传统技艺过程、生存空间环境及打制场地、民间风俗等环节的关注与保护，使传统民间技艺丧失了它们所生存的土壤，很难得到"整体性"和"原真性"的保护。

第四章 米脂传统建筑环境的保护价值与生存现状

◘ 一、窑洞民居的历史发展

我国幅员辽阔，民族众多，地理环境与文化背景也各有差异。从传统居住形式来看，主要以源出巢居的干栏式、源出穴居的窑洞式、源出庐居的帐幕式为主要人居形式。

窑洞的出现与人类祖先的演化过程密切相关，《易·系辞传》云"上古穴居而野处"；《博物志》云"南越巢居，北朔穴居，避寒暑也"[1]。这些记载表明窑洞从原始穴居而来，它经历了上百万年的人类进化过程，具有深厚的历史、文化积淀，是人类居住形态变迁的缩影。古人类早在100万年以前便开始定居于地面，第四季冰川期酷寒的气候条件迫使古猿人放弃树巢而栖居于地面，这是人类发展史上一个重要的飞跃。人类居住形态从最初利用天然洞穴，来保证不受野兽、毒虫等侵害的"原始穴居"时期，到旧石器时代晚期人类能够掌握石器工具使用的"人工穴居"时期，再到新石器时代晚期生产力得到进一步提升的"人工半穴居"时期，人类居住形态发生了巨大的变化，居住形式也得到了不断丰富与扩展。

在新石器时代晋陕峡谷两岸的黄土高原地区，这里的先民已普遍居住在竖型洞穴之中，另外依靠黄土陡崖、沟崖挖掘的横向洞穴这一时期也逐步出现。古籍《孔颖达疏（礼记）》中便有以下记载："地高则穴于地，地下则窟于地……"[2]"考古工作者发掘出的这一时期穴居遗址已发展到具有内外两室套间，呈'吕'字形的建筑平面结构，并且室内装饰采取石板铺地，料礓石粉抹墙，还建有我国最早的壁炉。"[3]夏、商、周时期，人类从原始社会进入奴隶制社会，木质框架结构建筑虽大量出现，但却多被上层人士使用，底层奴隶们仍多为穴居。秦汉以后砖、瓦的出现使建筑材料及建筑施工技术、工艺得到长足发展，特别是拱券砌筑技术工艺的不断改进，为

1　郭冰庐：《窑洞风俗文化》，序一，西安，西安地图出版社，2004。

2　侯继尧，王军：《中国窑洞》，14页，郑州，河南科学技术出版社，1999。

3　郭冰庐：《窑洞风俗文化》，58页，西安，西安地图出版社，2004。

以后窑洞民居拱券技术的发展打下了基础。魏晋南北朝时期，佛教盛行，石窟逐渐兴起，石工技艺达到了很高的水准。隋唐时期是我国封建社会发展的高峰，也是我国古代建筑发展的成熟期，人们已对窑洞的建筑特点具有了一定的认识，黄土窑已成为官府储备粮食的仓库。元代，已出现半圆形拱券门和整体用砖券砌筑而成的窑洞。陕西宝鸡的张三丰窑洞遗址，便是迄今为止发现的最早具有文字记载的窑洞。明清时期，砖、瓦的使用得到普及，窑洞民居在形制、布局、材料等方面都得到了进一步的发展。

二、窑洞分布特征及功能、特点

1. 分布特征

我国窑洞民居主要分布于我国西北部、黄河中上游的黄土高原等地区，集中于甘肃、陕西、山西、河南和宁夏五省区，河北中西部、新疆、内蒙古中部也有少量分布。窑洞的产生及发展与黄土高原地质、地貌、气候等自然条件具有密切关联，是劳动人民在长期生活实践中改造、利用自然，并与其和谐相处的智慧结晶。

黄土是距今 120 万年左右在地球上形成的土状堆积物，地球上黄土的分布多集中于地球中纬度地带，我国黄土则主要分布在北纬 33°~47° 的北方地区。黄河中游是黄土层发育最为成熟的地区，它东起太行山，西至乌鞘岭，南起秦岭，北至古长城，平均海拔在 1 000 米以上，面积为 53 万平方千米，构成了极为广阔的黄土高原，约占世界黄土面积的一半、我国总面积的 1/18。黄土高原土质均匀，连续延展分布，地表覆盖层完整统一，并且具有良好的垂直结构。陕北地区，黄土厚度为 100~200 米；甘肃境内，黄土厚度为 200~300 米；山西及陕西关中地区、河南的豫西地区，黄土厚度为 30~100 米；其余地区，黄土厚度多在 50 米以下[1]。

2. 功能、特点

我国窑洞是在黄土高原黄土层下孕育生长的地域性建筑，它依山靠崖、妙居沟壑、深潜土原，凿土挖洞，取之自然、融于自然，是中华民族"天人合一"环境观的典范之作。

窑洞通常指在原状土中挖凿的洞穴或利用生土、沙石掩覆的各类建筑物，它属于生土建筑 (earth architecture) 的范畴。窑洞始于石器时代的穴居、半穴居，具有悠久的发展历史。在营造理念上窑洞具有利于生态平衡、冬暖夏凉、节约能源、节约土地的功能特点，并具有就地取材、施工便利、利于再生、造价低廉等建筑营造特点。

---

1 侯继尧，王军：《中国窑洞》，2~3 页，郑州，河南科学技术出版社，1999。

●三、米脂传统建筑环境的历史发展概况

　　米脂地处黄土高原腹地，境内地理环境多为黄土丘陵沟壑区，自古以来窑洞一直是当地百姓最为主要的居住形式。近代随着社会生产力的提升，建筑营造技术得到了快速发展，然而窑洞依然凭借其修建便捷、取材方便、造价低廉、经久耐用的特点，焕发着夺人的光彩。目前米脂仍有 80% ~ 90% 的人口以窑洞为家，窑洞仍然是当地最为常见的居住形式。

　　从米脂大量保留的传统建筑环境遗存可以看到，它们与风光秀美的江南水乡文化、徽州文化不同，更多地体现出一种朴实的民间乡土文化，同时又映射出黄土高原文化那古朴、沧桑、厚重的底蕴，反映了当地百姓合理利用自然、与自然和谐相处的生存理念。另外，从很多传统聚落环境空间的形成与发展状况来看，它们也映射出当地政治、经济、文化的发展以及古代生产、生活方式与社会组织关系。传统建筑环境作为人类物质文化遗产中重要的组成部分，不仅是人类社会发展的历史见证，其所蕴含的独特价值也是构成人类物质与精神文明的重要因素。

　　据《米脂县志》记载："至少 4 000 多年前，境内先民已懂得选择背风向阳的山坡挖掘长方形地穴或半圆形土洞藏身。如《诗经·大雅·绵》中所记：'陶（yao）复陶穴，未有家室。'这种原始居穴即陕北窑洞的雏形，粗陋简单，仅可御寒冷、避风雨，防备野兽突然袭击。"[1]春秋战国时期，华夏族与游牧民族活动于此，土窑洞、草棚和皮帐等居住形式并存；秦汉时期，游牧民族退往北方草原，居帐篷者减少，人们开始使用石料以及少量砖瓦，使建筑形式得到较大改观；西汉元封五年（前106 年），境内设独乐县，出现最早的城区；东汉，境内经济发展，凿石砌筑等技术逐步提高，出现了精致的石窑洞和阁楼；东晋和南北朝时期，群雄征战，境内多处汉代优秀建筑遭到破坏；唐宋时期，和平持久则户增村兴，动荡纷乱则民洞村敝；金末元初，设米脂县后，县城经历了长期发展。窑洞从建筑形式、格局上逐步由低级向高级演变，成为米脂当地主要的建筑类型。元以来，宗教建筑也开始兴盛，庙宇寺观随处可见，并有大量石质造像出现；明清两代，由于商贸、文化交流，县内建筑风格受到山西、河北等地影响，出现了以石窑、砖窑为主的四合院，并配以单脊双坡房屋作为辅助建筑，同时石质建筑构件也开始在建筑环境中广泛应用。因不同阶级经济、政治地位的差异，形成了贫富悬殊的建筑差异。

　　在传统村落方面，境内龙镇、桃镇、桃花峁、苗镇等集镇人口较为稠密，建筑优于其他一般村镇，但受地理环境影响，村落布局较为分散，建筑形式主要为石质窑洞。百姓为了生存，既要追寻土地、建筑材料、水源，又要力求居住的便利，多

1　米脂县志编纂委员会：《米脂县志》，241 页，西安，陕西人民出版社，1993。

数村庄分布于山沟、川道地段，少数村落半靠山半布于平地。村落中除了石拱桥和用石料砌筑的水井、水窖外，较为多见的还有庙宇、祠堂等。在城镇居住形态方面，县内遗存有保留较为完整的米脂古城，其建筑形式、布局根据地形不断变化，是陕北地区罕见的窑洞聚落古城。

另外，米脂古遗址遗存也较为丰富（图4.1），涉及新石器时代、秦汉时期、宋代、元代。这些丰富的遗存充分展示了当地历史变迁、社会发展和人文历史，同时也为我们研究、探索米脂传统石雕技艺与古代传统聚落环境的发展提供了重要依据。

1）新石器时代遗址

（1）土木寨遗址

该遗址属龙山文化遗址，位于米脂县北部李家站乡土木寨村旁的西边小山之上，西南临河。由小寨墕、土门寨梁、草垛山组成，东西长180米，南北宽90米，垂直高度约为70米，面积为1.62万平方米。遗址平面呈"申"字形。东北高西南低，北与山梁相接，西、东靠深沟；半坡有住户，大多为耕地。遗址内文物遗存丰富，黄土断面文化层堆积达1.5米厚，出土磨制石斧、石铲、石锛等石质生产生活工具以

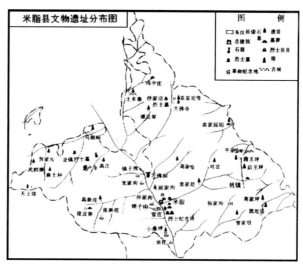

图 4.1　米脂县文物遗址分布图
（来源：《米脂县志》）

及灰陶、夹砂红陶、黑陶等陶器，陶器种类涉及陶尊、陶罐、陶豆等，装饰纹样多为绳纹、方格纹、附加堆纹等。

（2）麻木坪遗址

该遗址属龙山文化遗址，位于米脂县郭家砭乡麻木坪村。1981年发现寨了梁遗址，1987年又发现玄梁遗址、场峁子遗址两处。寨子梁遗址位于村西南山之上，北边、西边临河，长300米，宽250米。发现白灰层5处（1号点长3米，2号点4.4米×1.6米，3、4、5号露于沟畔）和石筑壁窑2处。出土文物有石刀、石斧、木炭块以及红、灰、黑陶片。玄梁遗址位于村东北750米处沟崖，南面临小沟流水。断崖边发现白灰面2处（1号点长2.4米，进深0.33米，残窑壁高0.89米；2号点长1.76米，进深0.4米，压在4米厚土层下）。遗址内出土残存石器及碳化小米等。场峁子遗址位于村西北，东南临沟，长125米，宽115米；有被黄土覆盖的白灰层（约2.2米×0.22米×0.13米）。出土粗、细绳纹黑陶片、兽骨及木炭块。

（3）武郁渠遗址

该遗址属龙山文化遗址，位于米脂县西北郭兴庄武郁渠村西北200米处大树疙瘩，南临背后沟，北连高原，东临杨条渠，西靠背后湾沟。发现白灰居住面3处，另有石斧、单耳罐等文物出土。

（4）高新庄遗址

该遗址属龙山文化遗址，位于米脂县西杜家石沟乡高新庄石寨子山阳面，两翼深壑，北与山梁相连，居高临下。南北长350米，东西宽120米，面积为4.2万平方米。遗址内文化层清晰，地面有较多泥质灰陶、黑陶，发现残破石刀、石碓等石器。

2）秦汉时期遗址

（1）龙凤山遗址

该遗址位于米脂县北部沙家店乡高家圪崂与折家圪崂村以西的和尚峁和龙凤山，南北约长1千米，曾有陶片、古钱、铁器等出土。

（2）班家沟遗址

该遗址位于米脂县城北2.5千米处的班家沟村东边台地之上，距村子20~50米。南北长190米，东西宽70米，陶片密集度较高，以泥质黑陶、灰陶为主。此外，当地还曾有战国青铜器、汉代铁器出土。

另外，还在杜家石沟乡摩天岭军寨、高新庄石寨山、党坪村跑牛圪塔、杜家石沟村寨子山，印斗镇高家坬村寨峁等处发现秦汉陶片及其他文物。

3）宋代遗址

（1）银川寨遗址

银川寨又名永乐城，是宋代永乐战役发生地。位于米脂县龙镇马湖峪村大庙梁山上，东西长300米，南北宽250米。东临无定河，南对马湖峪河，北为张家沟，西临井沟，曾出土直径约30厘米、重约百余斤的守城滚石。

（2）温泉寨遗址

该遗址位于米脂县桃镇刘岔及周边村落对面古寨山上，建于1099年（北宋元符二年），占地约300亩。现存留少量残垣，遗址文化层堆积厚度为0.5米，有较多灰坑，曾多次出土宋代铁钱以及耀州、定州的瓷器残片。

（3）土门寨遗址

该遗址位于米脂县北李家站乡土木寨村土门寨梁，叠压该处新石器时代遗址。原名独门寨，为北宋时党项首领赵保忠所建。为土石结构寨墙，土墙夯迹明显，夯层厚0.15米，夯窝直径0.04米。

4）元代遗址

贺家寨遗址位于县城东7.5千米贺家寨子村中一小山峁上，两侧临沟，有破损寨门。康熙米脂县志记载，此地为元末农民领袖贺弘（宏、洪）的出生地和占据地。遗址残存瓦片乱石，未作任何保护与勘察[1]。

四、明清米脂窑洞的类型与村落分布特征

村落、民居的形式与一个地区的地理环境密切相关，黄土高原地理环境的变化，塬地、山地、沟川以及湿度、日照、风力等自然环境都对窑洞的结构形式、建筑布局产生一定的影响，同时在村落环境、布局等方面也形成了很大差异。诸如在沟壑纵横的丘陵地带窑洞形式以靠山式为主，村落形式则以线形村落和散射形村落为主，各户则较为分散地分布；在沟壑区较为平坦的地区，则以下沉式四合院为主要民居形式，村落形式不受地形限制，各户之间相隔一定距离，进行散点式或成排式布局；在由河水冲刷的河滩或较为平整的地带，窑洞则多以独立式为主要形式，并组成相应的城镇聚落环境。

1. 窑洞建造方式与分类

窑洞是黄土高原人民在生产、生活实践中的产物，是在恶劣生态环境下人类智慧的结晶。这种建筑形态不仅具有保温、减灾、经久耐用、就地取材等特点，在结构以及选材上也具有自身独特之处。

1）建造方式

窑洞从建造工艺上可划分为四类：土窑、石窑、砖窑、接口窑。土窑是靠山挖掘的黄土窑洞，是一种较为原始的建造方式；石窑和砖窑是在平地上用石块和砖块砌成的窑洞，具有结构合理、实用功能强等特点；接口窑则是以土窑洞为基础，再利用石块接出的一种窑洞建造方式。

在大量保留的米脂传统建筑环境中，石拱窑（图4.2）、接口窑是当地较为常见的窑洞建筑方式，它们以砂岩石为建筑主材，采用拱券结构，利用石料之间的侧压力进行砌筑，与我国传统建筑营造理念中所强调的木结构形式具有截然不同之处。因此，在窑洞的建造过程中，通常石匠是最为重要的工种，在窑洞的整体建造过程中担当着设计者与工程负责人的角色。在广大农村，几乎家家都备有锤头、石錾，多数人都掌握最基本的石头打制技能，米脂流传有

图 4.2　石拱窑（来源：自摄）

1　米脂县志编纂委员会：《米脂县志》，563~565 页，西安，陕西人民出版社，1993。

"石半县"[1]之称，可见砂岩石在百姓生产、生活中所具有的重要意义。以石拱窑的建造为例，拱圆分为单心圆弧、双心圆弧、三心圆弧，其中以三心圆弧较为常见。三心圆弧用同半径不同圆心的两个1/4圆弧相交，再内切小圆而成。圆心距被俗称为"交口"，通常"交口"长则拱券较高，"交口"短则拱券较低，拱顶较为平缓。米脂当地单孔窑洞的参数多为宽10~11尺（3.3~3.6米）、进深22~24尺（7.3~7.9米）、高11~11.5尺（3.6~3.8米）、平桩高5.5~6尺（1.8~2米）、拱部矢高5~5.5尺（1.7~1.8米）、交口1~1.2尺（0.33~0.4米）。在石拱窑的施工程序上，首先，需按照窑洞的负荷来决定地基的深度，之后进行画线、挖掘，再逐层砌筑地槽石至地平面，并将砂岩石一直垒砌至窑腿打弯处。此项工作结束后，还需借助粗细木料，如梁、檩、椽等搭建拱模，再填土拍打抹光，自下而上沿弧形拱模镶嵌石块，同时还需向两拱之间的腰腿填土并夯实，并逐层从两个方向砌至窑顶中线。其次，窑顶还砌有女儿墙、石挑檐、石水槽等设施，并覆盖有100~150厘米厚的黄土，这在陕北窑洞中被称为"上脑畔"或"垫脑畔"，此举不仅能够对窑洞的拱形结构形成一定压力，使窑洞在结构上保持稳定，还可保证窑洞的"冬暖夏凉"。最后，箍窑的整体制作工艺，在选材上最好以黄绿砂岩为主，石料砌筑过程中，内侧必须砌整齐，外侧最好留有缝隙，以方便用石片楔子夯实。并且整个施工过程需以黄土或石灰灌浆配合完成。

2）形态分类

米脂地理环境以沟壑丘陵为主要特征，其窑洞民居类型从建筑布局上可划分为靠山式、沿沟式、独立式、混合式四种。

（1）靠山式

靠山式窑洞建于山坡、土原的边缘地区，一般借助山体或靠崖随山就势向内进行挖掘建造，并且窑洞前方一般都留有较为开阔的川地，作为生活、劳动的室外空间，格局类似于靠背椅子的形状。靠山式窑洞的结构排列，体现节约空间、节省耕地、随山就势的建筑营造理念，根据山坡的面积与高度，分层次自下而上做向内梯田状处理，按水平等高线分层进行窑洞排列、建造。在乡间靠山式窑洞多为石窑或土窑。为避免较大负重，一般底层屋顶便是上层的前院，针对一些土质比较稳定的地方，在结构形式上也可做上下基本重叠处理。（图4.3）

图4.3　靠山式窑洞（来源：自摄）

1　郭冰庐：《窑洞风俗文化》，86页，西安，西安地图出版社，2004。

（2）沿沟式

沿沟式窑洞通常选择沿"V"字形冲沟基岩上的黄土层，通过向内挖掘和利用就地采集的砂岩石向外箍石拱窑进行建造，用这种方式建造的窑洞在当地被称为"接口窑"。其优点是避风向阳、汲水便利、耕作方便。沟壑区多数居民选择这种窑洞建造方式。从结构上看，窑脸和前部腰身用石料砌成，不仅美观大方，还可起到较强的装饰作用，后部则利用了原始黄土层进行建造。在室内装饰方面，沿沟式窑洞内壁采取用黄土抹平的方式，并且窗户较大，整体更为美观、牢固。（图4.4）

图4.4 沿沟式窑洞（来源：自摄）

（3）独立式

独立式窑洞在建造方式上与靠山式窑洞具有本质区别，它没有"靠山"，不能直接利用黄土层进行建造，在陕北地区被称为"四名头窑"，指前、后、左、右四个面都不利用自然土体，而暴露于明处，是一种在拱形建筑上掩土或覆土的形式。此类建筑在选材用料方面涉及多种材料，施工工艺比较复杂，其结构一般采用石拱、砖拱进行承重，可利用窑顶建造房屋或建窑上窑。在布局上具有可以灵活布置的特点，如三合院、四合院的院落以及窑洞与房屋混合的院落。（图4.5）

（4）混合式

混合式窑洞可以说是以上几种窑洞建造形式的复合体，例如很多乡间大户中的正窑以及两侧的偏窑通常都靠山做向内挖进处理，属靠崖式窑洞。而厢房等建筑则

图4.5 独立式窑洞（来源：自摄）

采取独立式窑洞或青瓦双坡或单坡硬山式木构建筑形式。这种建筑形式空间造型层次变化丰富、多样，但施工较为复杂，材料多以砂岩石、砖、木等为主，建造成本很高。例如米脂古城中的很多窑洞院落（图4.6）以及姜氏庄园、常氏庄园都是此类形式的集中地。

图 4.6　混合式窑洞（来源：自摄）

2. 村落布局

由于米脂地理环境复杂，多为丘陵沟壑区，村落布局以平行发展的线形村落与立体发展的散射形村落为主要形式。由于传统村落环境的布局通常经自然发展而形成，因此经常可以看到两类形式在村落中并存，只是占比重大小有所不同。

1）平行发展的线形村落

受丘陵沟壑区地形影响，米脂当地村落形态多在"V"字形冲沟中纵向展开，形成线形布局结构。此类村落布局与宗族的繁衍生息密切相关，从村落最早的祖先第一户开始，以血缘为纽带，子孙繁衍，分家另立门户，自然地向两头延伸。这样形成的邻里关系，相互之间可以彼此照顾，可以防贼防盗，相互支援。线形村落背靠山梁，面向开阔地带，在建造过程中对石质材料的采集也较为便利，因此村落中道路的不平坦处和断裂带，人们多采用石料进行垒砌，以满足生产生活需要。（图 4.7）

图 4.7　线形村落局部（来源：自摄）

2）立体发展的散射形村落

散射形村落同样是米脂村落布局中常见的一种形态，它是村落立体发展的一种表现形式。这些村落避开岩石层和泥石流及其他山体的滑坡地段，立体延伸，横向发展，在纵向上，村落则延伸至各山峁，上下发展，高低参差，院落分别布置在山腰和沟底，并通过不同宽度的路网进行连接，以不规则状架构村落布局。这种村落住户较为分散，除单体建筑大多为石拱窑或接口窑外，一些道路、排水设施以及水井窑大多由砂岩石砌筑而成。（图 4.8）

3. 相关石质构件与设施

米脂传统建筑环境以砂岩石为主材，这种特征不仅影响到窑洞的结构与形态，还体现在建筑装饰、功能等诸多方面。相关石质构件及设施与传统建筑环境完美结合，相互影响，并充分体现出米脂窑洞兼具实用功能与艺术审美的双重价值。

1）窑脸

窑脸指窑洞的外立面部分，又称为窑面。米脂窑洞多满开大窗，为开放式满拱大窗窑脸，即窑拱上方沿拱形线开始至地面为门、窗。这种装饰手法具有对称、大气的视觉感受，并具有一定的审美价值。在窑面部分的石质材料处理上，要求石料整齐，凹凸有序，錾痕讲究匀称、细腻、精巧，

图 4.8 立体发展的散射形村落（来源：自摄）

一般以一寸三线，或一寸四线者居多。此外，在很多传统建筑环境当中，利用土坯对窑洞墙面进行找平处理的做法也较为常见。（图 4.9）

图 4.9 窑脸（来源：自绘）

2）女儿墙

女儿墙是窑洞顶部高出屋面的墙体，其功能以防护为主，并可起到对窑洞立面进行装饰的作用。米脂传统建筑环境中的女儿墙多由砂石或砖头砌筑而成，而用砂石垒砌的女儿墙多为实心墙体。（图 4.10）

3）窑檐

窑檐是接口窑、石拱窑普遍采用的一种用于防止雨水冲刷窑脸的建筑设施，它主要由挑石、挑檐等构件组成。多数挑石雕有装饰纹样，具有很高的审美价值。（图 4.11）

在米脂传统建筑环境中，较为常见的做法多为石托挑檐，即将伸出的长一米左右的数根挑石压窑

图 4.10 石质女儿墙（来源：自摄）

图 4.11 窑檐（来源：自摄）

洞顶部，中间横搭木椽，并在上部铺以石板或瓦片。另外，石板挑檐、叠石檐、挑檐回廊，也是米脂传统建筑环境当中常有的形式。石板挑檐，即在挑石上覆盖石板，一部分覆盖于女儿墙之下，凌空部分即为挑檐。此种做法中石板既代替了横木，又代替了瓦片，以非常简洁、朴实的方式呈现出美感，一般多用于侧窑、储物窑；叠石檐，也称封檐，是在窑脸上部收顶前，以叠加方式，层层突出，构成窑檐，具有厚重立体的视觉感受。挑檐回廊（图4.12），是指在突出挑檐的同时，用木柱进行支撑，并配以柱础等装饰构件及石质构件，形成回廊与厦檐可为人们提供避雨、劳作、纳凉的空间，丰富了窑脸的空间层次变化。

图 4.12 挑檐回廊（来源：自摄）

4）墙

墙是围绕建筑一周的屏障，它作为传统建筑环境的构成要素之一，同样具有其自身变化的多样性特征。米脂古城中的院落墙体多由砖来砌筑，但在农村采用石质材料砌筑的院墙形式却各不相同，石质的院墙、寨墙多不胜数。石墙可采用大块石料砌筑，在略加斫削的情况下将石头表面錾以斜线条纹再进行砌筑，具有古朴、厚重之美；还可采用片状石料或杂石，用平垒（图4.13）或竖插的方式进行施工，此种方式一般不用泥或灰进行黏合，形式粗犷、豪放。

图 4.13 平垒石墙（来源：自摄）

5）大门

大门是建筑环境的重要组成部分，在米脂具有一定经济能力的百姓人家，通常都会花费很多精力修建自家大门。因为，院门具有交通和遮蔽的双重功能，并且被人们赋予了特定的精神文化含义。

石头具有结实、耐用、防腐、防潮等特点，加之可被再加工，因此其雕刻质量直接反映了户主的身份地位。在米脂传统建筑环境中，大门石质构件多以门墩石、拴马石、护角板、石台阶为主。门墩作为承托门枢（即门轴）的构件，通常前端都雕刻有造型，以起到装饰、美化的作用。其中门墩雕有石狮造型的人家，多为社会地位较高者；雕有石鼓的人家，多为家境富裕、生活水平较高者；书箱门墩则多被文人墨客们所使用。另外，拴马石也是大门两侧非常重要的石

护角板
抱鼓石
柱础
拴马石
石质阶梯

图 4.14　大门示意图（来源：自摄）

质构件，受米脂地理环境所限，通常百姓院落门前都缺少宽敞的空地，因此当地形成了将拴马石嵌入墙体的建造工艺，这种做法既注重了实用功能，又合理地利用了院落前狭窄的空间，可谓一举两得。还有大门两侧的转角石，充分考虑到人体工程学特点，将砂岩嵌入墙面，不仅具有一定的美学价值，而且有效丰富了大门的视觉线条变化。（图 4.14）

另外，在一些偏远的农村还发现了大量石拱砌筑的宅院大门，它们造型简朴而厚重，古朴而大方，并配以雕刻简洁的门墩，具有典型的农耕文化气息。（图 4.15）

6）铺地、道路、涵洞

图 4.15　石拱大门（来源：自摄）

在米脂传统建筑环境中，院落大都采用石料进行铺装（图 4.16）。一般情况下采用 5 厘米厚石板，进行 90° 直角与 45° 斜角方式铺设。村落道路铺装则更为多样，有的采取片石竖插地面，有的采取整石或整石与碎石相结合的铺装方式，以提高道路使用功能。另外，很多村落或地主庄园中还采用石拱结构砌筑涵洞，以此争取更多的生产、生活用地。

例如米脂县姜氏庄园涵洞中铺设的道路便是典型的实例（图 4.17），该道路整体结构分为两旁整石砌筑的石台阶以及中部用碎石铺设的道路，这种铺装形式不仅可供行人以及牲畜通过，还充分考虑到利用道路进行排洪，具有多种实用价值。

7）水井、水窖

水是保证人类日常生产、生活的重要条件。由于米脂属于缺水地区，因此水井大多位于地势低洼处。一般水井多由石板搭建而成，井口用石錾掏有圆洞。大孔用于向上提水，小孔用于下空桶与绳索。井口之上还配有石质井架、顿索石、井窑（图4.18）等。百姓家中有时也设有可供储水的水井窖（图4.19）或其他盛水容器。

图4.16　院落铺地（来源：自摄）

图4.17　道路及涵洞（来源：自摄）

图4.18　井窑（来源：自摄）

图4.19　水井窖（来源：自摄）

8）火炕、灶台

窑洞的内部空间主要由两大部分构成。（a）火炕，多用砂石砌筑，可划分为两种布局形式：掌炕，即把火炕设在窑洞最后与窑掌相连；前炕或窗前炕，即将炕头放置于紧靠窗台的位置；（b）灶台，一般而言，锅灶相连，灶台形制多为方形，并用上好的砂石打制，炉灶之火经过炕底从烟囱排出，在冬季具有很好的保暖效果。（图4.20）

图4.20　石炕、石灶（来源：自摄）

五、窑洞民俗文化

1）建筑布局与装饰

传统建筑环境在历史发展过程中，因民俗心理、传统审美等相关因素在建筑布局、环境装饰等方面形成了很多约定俗成的做法，它们是我们正确了解、认识窑洞传统建筑文化的重要途径，也是米脂传统建筑环境的重要非物质文化构成因素。

在米脂无论是规划有致的民居院落，还是散落于沟壑间的普通窑洞，其建筑环境中的正窑都以三孔或五孔为主要形式，四孔、六孔则较为少见，意在回避"四六不成材"的俗语，并在窑腿上建有小窑，用以祭祀天地神祇。对于经济状况较好者，在窑院整体布局上"明五暗四六厢窑"是最为理想的窑院建设模式，即院落由五孔正窑、四孔侧窑、六孔厢窑构成。窑洞顶部一般用于打晒粮食，俗称"脑畔"；窑洞前方空地多用来种植蔬菜，俗称"硷畔"。院落中通常还设置有石碾子、石磨等生产、生活工具。

窑洞的门窗多用柳木、杨木、榆木等木材制作，上部为两扇天窗，下部为门以及窗扇。门多从中部或一侧开设，中部开设以双扇门较常见，单侧门则以单扇门为主要形式。窗棂样式丰富、曲直交错，长短相间，古朴典雅，美观大方。木质窗格采用麻纸裱糊，显得干净明亮而又散气保暖。（图4.21）

图4.21 窑洞门窗（来源：自摄）

在窑洞内部环境方面，门帘、剪纸等，包括被褥的叠放形式都具有一定特点，它们与院落布局结构以及其他装饰造型共同构成了别具一格的地域建筑文化特点，是当地百姓与本土自然地理环境相互融合、共同生存的一种观念，也是一种生产、生活的实践经验。

2）民间风俗

通过对米脂窑洞具体深入的阐释，可以看到窑洞的文化特色与米脂当地的风俗习惯紧密相连。在百姓心目中，窑洞的兴建与家族兴衰、子孙繁衍具有密切联系。在长期历史发展过程中有关"兴土动木"的民间习俗在百姓中格外盛行。百姓对相宅、择地的认识，体现在凡背靠山梁大塬者可谓"靠山厚实"，并流传有"背靠金山面朝南，祖祖辈辈出大官"的谚语。而宅后临沟无依靠者可谓"背山空"，则缺少依靠。因而看地势、定方位、择良辰吉时，都是窑洞兴建中必不可少的环节。

另外，在修建过程中须择吉日合龙口，正式居住前还要安窗、安土神、暖窑，放置石狮等镇宅之物，这些习俗都与对天地的崇拜和对幸福生活的向往有着直接的联系。这种民间习俗的形成，与当地百姓泛神论的信仰直接相关，"举头三尺有神灵"则生动地体现了"神灵"对于百姓精神与物质生活的重要性。即使是院落中的石碾子，百姓也赋予其"神"的灵性，百姓中流传"石碾由青龙所变，青龙有克夫之嫌"的谚语，百姓遇红白喜事，总要用红布将其遮盖，每逢春节户主都要在石碾上粘贴"青龙大吉"以避邪消灾。

米脂窑洞民俗文化对神灵的崇拜，具有广泛性、普及性的特点，同时这一观念也影响到相关的传统民俗活动。如大秧歌中的四人场子，相传便由古代巫师的跳神演变而来；秧歌队沿门子拜年，据说就是为每家每户祈福禳灾。

3）邻里关系

从历史上来看，米脂曾是对外相对封闭而内部结构相对紧密的区域，这里北连鄂尔多斯草原，南接八百里秦川，东为人口稠密的晋中平原，西为人烟稀少的少数民族地区。这里是关中、晋中、草原、河套几个大的地理构架的中心，受多种文化影响，其中草原游牧文化在百姓邻里关系上表现得格外突出。散落于沟壑间的窑洞如同草原上的蒙古包，根据地理环境自由排列，基本未受到宗族法制等因素的影响。虽然明清米脂传统建筑环境中窑洞院落隐约可见受到了内地宗族观念的影响，但其固有的游牧民族文化依然清晰可见。除米脂古城与姜氏庄园以外，多数传统建筑环境与草原上的居住模式一脉相承，为百姓间的相互交流增添了便利，是形成淳朴民风的基础条件。

4）传统民间艺术

传统建筑环境与传统民间艺术之间有着千丝万缕的联系，诸如石雕、剪纸是其中比较突出的传统民间工艺。它们不仅具有技艺本体的独立存在价值，制作过程又多在传统建筑环境当中完成，而且物质表现形态还依附于传统建筑环境而存在。

这些淳朴的民间创作形式，具有民俗文化的艺术生命力，而且表达了百姓对美好生活的不断追求。它们在长期历史发展过程中，相互影响、相互促进，不断发展与成熟，共同构成了传统建筑环境的物质与精神之美，体现了当地民众对艺术形式的不断挖掘与创造。

○ 六、米脂古城聚落

1. 古城历史沿革

米脂古城地处南北通衢要道，战国时由雕阴（今延安市甘泉县一带）至肤施（今榆林市榆阳区鱼河镇）的古道便通过今米脂县境内的无定河谷。秦代，成为驰道；汉代，出于军事、经济需要，这一南北要道得以不断开拓；隋代，成为驿道；宋代，米脂寨（城）成为西夏与宋王朝长期拉锯战争之地，军旅往来也多用此道；战事平息之时，这里又是商贸往来之路；明清时期，榆林成为"九边重镇"之一，米脂古城又成为贯通南北的"咸榆"官道的必经之地。

历史上境内曾有独乐、抚宁等县治和长期辖治本土的银州，很多遗存已随岁月流逝淹没，只留下残垣断壁。多数遗存的原本面貌以及兴衰始末，也极少有史料记载。

米脂古城已具有900年的发展历史，作为县治所在地，历经700年的历史，至今仍以古老、簇新参半的面貌屹立于黄土高原之上。古城最初的雏形源自北宋初期已出现的村落，宋太宗时期在半山腰平坦处已建有毕家寨，并构筑简易土寨墙。在历史发展过程中，毕家寨曾被宋、夏军队多番轮流占据，公元1039年（宋宝元二年）更名为米脂寨，公元1105年（宋崇宁四年）改称米脂城。公元1326年（元泰定三年），对米脂城进行修葺，夯土加宽、加高城墙，局部砌石垒门，包括现在的马号圪台、城隍庙湾等处。公元1373（明洪武六年）绥德卫驻米脂守御千户修上城，公元1469（明成化五年），米脂知县大兴土木拓城，将上城扩大至东城圪崂。当时随着人口的不断增多，山下已出现许多民宅商铺，沿流金河北岸形成背靠城郭的居民区，但常有鞑靼铁骑犯境烧杀抢掠。从公元1516（明正德十一年）开始，当地便开始筹划兴建东西关城，但因故未能修建，直至公元1544年（明嘉靖二十三年），榆林兵备使方远宜巡视米脂，深感此处为咽喉地带但防御却过于简陋，从次年开始将东、西关至华严寺湾等全部围在城郭之内。城墙建造方式采用内壁用黄土层夯筑，外部用整块砂岩石砌筑，只有在高出1丈（3.3米）时才掺用杂石。公元1573年，知县张仁覆进一步整治城郭，将上下城连为一体，从流金河、饮马河畔一直延续到凤凰岭，全长2500米，在东、南、北城墙建有拱极门（迎旭门）、化中门（捍卫门）、柔远门3座城门，附设瓮城、城楼。为防水患未设置西门，在西角城上方修方亭一个，形成了东北依托大鱼山，西临无定河和川区，并有流金河（银河）、饮马河绕城而过的城市布局[1]。

清末至民国时期，老城人口不断增多，住户越加密集，不断向流金河两岸发展。"建房舍，列市肆，商贾云集，居附日多"[2]。公元1934年（民国23年），国民党86师师长高双城以加强防备为由，提议修建南关城垣，但因经费不足，在城墙内部建石拱窑洞进行出售，以弥补经费不足。这种城防、民用一体的城郭建筑方式在当地可谓创举。在新城布局上城垣东靠文平山，北段沿流金河畔，西临无定河，南对小石砭，设城门4个，周长1.5千米（图4.22）。至此，南关成为米脂新城，与旧城区隔河相对，形成了新旧两城、三水环抱、两山俯瞰的城市格局和历史风貌（图4.23）。

1 米脂县志编纂委员会：《米脂县志》，242~243页，西安，陕西人民出版社，1993。
2 贺建国：《昊天厚土：米脂人文探微》，27页，西安，陕西人民出版社，2005。

直至今日，米脂古城仍保留有以下城十字街为中心的东大街、西大街、北大街老城区，并遗存有高将军宅（明延绥镇镇边将军），杜家、冯家、常家、艾家宅园等。这是一批保留较为完整的明清窑洞四合院落、套院及优秀公共建筑。

图 4.22　1930 年米脂古城旧照
（来源：《米脂县志》）

图 4.23　1930 年米脂古城鸟瞰
（来源：《米脂县志》）

2. 古城选址

本书中对米脂古城的论述，主要针对由上城与下城组成的老城部分，而对于兴建较晚的新城部分将不做过多评述。

传统民居聚落环境，是古人通过长期生产、生活实践所积累的生存、居住经验的展现。纵观我国各地具有代表性的传统聚落环境遗址，从选址、布局、形式、结构、空间以及建筑装饰和材料等的运用，无不体现出中国古代建筑活动中"天人合一"的营造思想和建筑环境设计理念。

米脂古城兴建于无定河、饮马河、银河的交汇区（图 4.24），是无定河东岸与盘龙山和文屏山及东沟之间所形成的由平地到缓坡的 2 级阶地及高台（图 4.25），这里地势较为平缓，自西向东逐步升高，古城背依盘龙山、文屏山和东沟，前有无定河水自西北向东南流经县城西侧，饮马河、银河由东向西穿过城内注入无定河。古城选址可谓依山傍水、临川枕埠、负阴抱阳，在黄土高原这样地理环境比较恶劣的地区实属不易。

图 4.24　米脂县平面示意图（来源：《米脂县志》）

中国古代建筑理论中重要的组成部分——"风水"，是我国传统建筑文化的主要构成之一。"历史上最先给风水下定义的是晋代的郭璞，他在《葬》中云：'葬者，乘生气也。气乘风则散，界水则止。古人聚之使不散，行之使有止，故谓之风水。'清人范宜宾为《葬书》作注云：'无水则风到而气散，有水则气止而风无，故风水二字为地学之最，而其中以得水之地为上等，以藏风之地为次等。'"[1] 中国古代哲学家、思想家老子用"人法地，地法天，天法道，道法自然"阐明了人类生存的大道与规律，即取

图4.25 米脂古城卫星图（来源：网络）

法于大地自然。中国古代重要的政治家、军事家、思想家管仲又认为："凡立国都，非于大山之下，必于广川之上。高毋近旱而水用足，下毋近水而沟防省……"

由此可见，风水理论的宗旨是勘察自然，顺应自然，有节制地利用和改造自然，选择和创造出适合人的身心健康及其行为需求的最佳建筑环境。它与自然知识、传统伦理观、传统美学以及人生哲理等方面密切相关。风水理论在景观方面，注重人文景观与自然景观的和谐统一；在环境方面，又格外重视人工自然环境与天然自然环境的和谐统一[2]。探求建筑环境在选地、择位、方向、布局方面与天道自然等的协调关系，排斥人类对自然环境的破坏，推崇"天人合一"的原则，强调人与自然的有机融合。风水是一种传统文化现象，是一种择吉避凶的术数，是有关人类居住环境的一门学问，是人类长期生活实践经验的积淀。风水学通过长期实践发展，历史上形成了多种流派。其中最基本的两种体系为：（a）形式宗，注重空间形象的天人合一，推崇形峦，又称为形法、三合、峦头；（b）理气宗，注重时间序列上的天人合一，又称为三元、理法。"形法"注重选址、选形，"理法"则偏重室内外方位格局的确定。风水学选址的基本方法"形式法"主要由龙、砂、水、穴、向等五大要素组成。"龙"即龙脉，指山脉的走向及起伏变化，选址要靠山，以连绵起伏的山势作为依托，无论从自然景观还是从生态环境来看，都是选址的最佳选择。"砂"指龙的环护山丘，在主山脉的前后要有环护山。风水学中"四灵"或者"五行"便是对理想砂石方位的隐喻，也是选址实践中的重要指导原则。左青龙为木，右白虎为金，前朱雀为火，后玄武为水，中央穴为土。在砂山形态选择方面，以端庄秀丽者为首选，破碎、奇形怪状者则次之。

1 慧缘：《慧缘风水学》，1页，南昌，百花洲文艺出版社，2009。
2 亢亮，亢羽：《风水与建筑》，3版，7页，天津，百花文艺出版社，1999。

"水"即水流与水源，观水主要是对地上、地下水源进行考察。风水学理论认为：山不能无水，无水则气散，万物则无法生存。水被视为"地之血脉，穴之外气"，通常水的品质与水的形态，是选址的主要评价环节。"穴"指具体的基址，点穴是指定建筑基址。"向"即方向、朝向，指与建筑基址垂直相对的方向。

米脂古城是在一定自然、地理条件下，受人文历史发展等影响逐步形成的聚落空间形态。从城市选址以及建筑形式不难发现，米脂虽地处多民族交汇地区受多种文化影响，但在建筑环境布局、选址等方面却受到了中国古代传统建筑理论及传统建筑文化的影响。根据风水学"形式法"选址的主要技术手段，我们通过觅龙、察砂、观水等，对米脂古城聚落环境进行考察，发现古城选址背依盘龙山，山岭起伏、形神厚重，不仅具有良好的自然景观，而且使米脂古城选址达到了负阴抱阳的效果，具有"真龙"之势。而主山与文屏山则形成较好的主次关系，主次关系的结合起到了"聚气藏气""守风挡气"的目的，形成了良好的"砂山"之势。在观水方面，无定河作为主水系从古城前方穿过，饮马河、银河两条支流则从古城两侧穿过注入无定河，形成了良好的水系关系，在风水学上具有"载气纳气"之作用[1]。

因此，从整体来看，米脂古城选址基本遵循了风水学中顺应自然、因地制宜、就地取材、节约土地、利用自然等基本原则，达到了"穴不虚立，必有所倚""以龙证穴""以砂证穴""以水证穴""因形拟穴"等要求，较大程度上顺应了我国传统风水理论对于聚落环境建筑的选址要求。

另外，从建筑学、规划学、园林学、环境学等学科角度来看，米脂古城选址还具备以下特点：（a）古城负阴抱阳的选址，不仅使城市得到良好的日照，而且对抵御边塞恶劣自然环境起到了良好的自然屏障作用；（b）米脂虽地处黄土高原丘陵沟壑区，但古城选址交通便利，必要时还可选择水路作为辅助出行方式；（c）古城选址自高向低的结构与形式，为排水、防洪带来方便，也为城市规划建设发展指引出清晰的脉络；（d）大小河流水系对改善古城小区域气候、周边植被生长、营造区域自然生态环境与水景观的效果起到重要作用；（e）河流、滩地，对当地居民生产、生活起到重要的保障作用。

从以上对米脂古城布局特点的分析，可以认为古城选址充分考虑了当地自然、地理环境等诸多因素，代表了米脂人民在城市建设、规划、居住等方面的成就。

---

1 李建勇：《陕北米脂窑洞古城民居聚落形态研究》，16~17页，西安，西安美术学院，2007。

3. 古城布局与路网

1) 布局

米脂古城建于无定河岸至盘龙山的二级阶地高台之上，地形整体呈平缓上升趋势，古城布局及其发展形成了自上而下的自然排列顺序。从今城隍庙湾处的"上城"开始，随时间的推移，逐渐向下延伸，直至今日形成新旧两城共存的面貌。（图4.26）

（1）发展初期

从北宋初期出现村落，至宋太宗时期在半山腰平坦处兴建毕家寨，这一时期米脂城成为重要的军事重镇，也是兵家必争之地。

（2）成长期

随着人口的不断增多，山下出现了民宅商铺，公元1545年（明嘉靖二十四年）开始修建东、西城郭，米脂古城成为连接南北的要道以及商贸集散地。

（3）成熟期

从公元1573年开始，将上下城基本连为一体，东北依托大鱼山，西临无定河和川区，并有银河、饮马河绕城而过。

古城总体布局来看，上城较为零乱，下城与新城较为整齐，布局呈现出"因地制宜，随山就势"的特点。处于发展初期的"上城"区域缺少"整体性"规划，布局具有偶然与自发性，

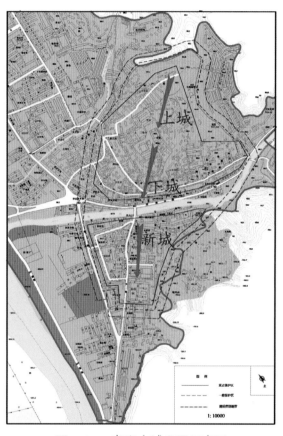

图4.26 米脂古城发展示意图
（来源：米脂县文化局，由作者改绘）

更多体现了以"个体"为中心的住宅选址、布局观念。后期随着古城人口的扩张及商业的发展，古城中部地区逐步形成了以东大街、西大街、北大街为中心的商业街区与主干街道。由于功能的需求以及受传统美学、风水理念和宗法制度的影响，古城东、西、北大街两旁的民居院落形成了较好的秩序感。从盘龙山山腰处延续至山脚下缓坡地，街巷除连接上下通道之外，多沿山体的等高线排列，而民居院落则分布于街巷两侧，呈现出梯田状布局形态。建筑之间也形成了较大差异，民居院落或建于坡地之上，或建于沟壑之中，地势较高处多建靠山式窑洞院落，而地势较低处

则以独立式窑洞院落为主，形成了不同形态民居院落共存的建筑形式。

2）路网

米脂古城路网经历了漫长的历史发展过程，据史料记载元代上城范围较小，旧有上城巷（原魁星楼下）、城隍庙路、古西门街（今北街小学南）、小城畔路，道路形式多为因地设路，因而坡度较大、街巷比较狭窄。1546年（明嘉靖二十五年）后，下城逐步形成以东大街、西大街、北大街、南门街四条主要街道为中心的"十字街"区。东大街商铺较多，比较繁华，从十字口至东门长约480米，宽4~12米，街南多为商铺，民居则紧靠城墙，街北自东向西排列有枣园巷、儒学巷、安巷则等横斜小巷。西大街自十字口向西至杨秃子湾并折向北门结束，分为官井滩、杨秃子湾两段，全长约500米，宽4~12米，周边无街巷。十字口向西北至北门为北大街，全长约340米，宽2.5~7.8米，其东侧平行有市口巷，北端沿北城墙有北城巷，沿西城墙有西城巷。十字口至南门为南门街，是连接新城的必经之路，长度仅33米。另外，上城、下城之间还有石板路相连，取名"石坡"，是古城居民上下的主要通道。民国年间北端还形成东上巷、西下巷。在道路铺装方面，除石坡外，其余道路及其街巷在1924年（民国13年）以前，基本未作铺设，后经当地商户、居民集资铺设为沙石路面[1]。直至今日，米脂古城基本保留了原有街巷的路网格局，并对街巷的石质路面进行过道路的整修与维护。

综上所述，东大街、北大街、西大街、南门街和连接上城的石坡巷道组成了米脂古城的主干路网，形成了"四大一小"的主干道路格局，它们与其他巷道相互辅助，共同交织出了古城的交通路网。从古城平面布局来看（图4.27），主干路网中心交会点位于下城南门街向北33米处，并形成放射状交叉路口。西大街经杨秃子湾斜插向上与北大街交会于老城北门遗址，道路较其他大街相比转折幅度较大；东大街与银河及原城墙平行而建；北大街则形成于西大街与石坡的夹角区域中；南门街则南临银河，另一端穿过中心交会点与石坡形成直线形对接；石坡则是通往上城较为直接、快捷的巷道，但道路蜿蜒曲折、坡度较大。就古城整体道路而言，修建受到坡地影响，主干路网基本位于古城的下城部分，整体布局、规划具有一定随意性，部分道路宽窄不一，并且受地形、地势变化的影响街道平整度一般。在其他街巷、巷道的排列上，大多沿主干路网两侧进行分布，道路整体布局"底密高疏"，呈现出下城较为规则、上城比较零乱的街巷排列形式。在整体道路铺装方面，道路较宽处多采用石板进行平铺或竖铺；道路较窄处则采取碎石进行铺设。

1　米脂县志编纂委员会：《米脂县志》，243页，西安，陕西人民出版社，1993。

图 4.27　米脂古城平面图（来源：米脂县文化局，由作者改绘）

4. 古城供水与排洪

由于米脂古城建于无定河冲刷的缓坡之上，因此古城居民用水得到了较大的保障。元代受社会生产力的影响，古城居民主要以泉水、河水为饮用水。明代开始，上城城隍庙旁已打有深井，下城西街挖有官井，枣园巷也开有水井，基本满足了古城居民就地取水的需求。清代，西街官井开始缺水，并被废弃、填埋，为缓解城内百姓的用水压力，人们又在古城内多处打井，用水问题得到进一步改善。另外，一些人也开始在自家院落寻找水源，如东街小巷子马家、安巷子常家、西街张家院内都挖有水井，并用石料砌筑。

在街道排水方面，旧时古城无完善的排污、排洪系统，生活废水随处泼洒，雨水则随街道与巷道走向向外排出，上城雨水从石坡、古西门街流入下城，东城雨水则通过巷道排向大街。大雨时，东大街、北大街、石坡所汇集的雨水，均经南门洞排入河流。西大街因地势偏低，修建有石砌排洪沟，可沿城墙下端洞口流出。

5. 古城风貌

米脂古城在建筑风貌上整体协调一致，其建筑材料多采用砖、石，在建筑色彩上形成了以灰色为主的色调，这种沉稳而又古朴庄重的色彩，与黄土高原地理、地貌形成了和谐之美。在密集的古城中石板街巷若隐若现，石窑、砖窑的平顶与其他房屋上的坡顶相互交错，加之点缀于其中的烟囱、山墙等，给古城空间格局带来了丰富的变化。置身于街巷之中，两侧高耸的石质或砖质院墙，古朴而又厚重的宅门，雕刻精美的门枕石、影壁，加之凹凸不平的石阶与石铺地，使古城更具古朴、沧桑、神秘、幽静之美。

在街巷与道路的空间构成方面，变化时宽时窄、时高时低，给人以曲折通幽、古朴幽静的视觉感受。主干路网与其他街巷与巷道，都呈现出不同程度的弯曲，使人在行进过程中不时感受到丰富的视觉变化。街巷宽窄的突变，在视觉上也带来了建筑物的凹进凸出，呈现出一紧一收、松紧相间的效果。在古城的街巷景观中，无论在建筑风格还是历史风貌上，东大街是其中最具代表性的街道。在靠近古城中心点的街道两旁多为商铺，其中部分建筑还采用硬山式木构架瓦房的形式。东大街 8 号老字号"万泰昌"的双层双檐阁楼，12 号"复恒昌"的歇山顶二层阁楼则在其中显得格外突出[1]。

另外，一些较为别致的门楼、拱门将街道划分为多个层次，不仅为街巷的空间排序增添了亮点，而且使其更加富有"生命"的活力。

6. 公共建筑

公共建筑作为传统聚落环境中的组成部分，承载着重要的历史信息。米脂古城传统聚落环境中公共建筑主要以衙署、学宫（书院）、庙宇、牌坊等形式为主，但由于历史原因很多已不存在，只在《米脂县志》及一些相关文献中保留有文字记载与图像。

1）衙署

建于上城，今马家圪台旁。始建于 1327 年（元泰定四年），明洪武年间重建，明末毁于战乱。1652 年（清顺治九年）重修大堂、大门、仪门、左右角门、狱吏舍、鼓楼等。1681 年（康熙二十年）开始修建二堂、寅兵官、官廨和小城畔鼓楼。之后又陆续增加一些附属建筑，直至清末形成了比较完整的衙式建筑。

整体建筑坐北朝南，沿中轴线由南向北建有照壁、大门、仪门、圣旨牌坊、大堂、二堂、上房，大门外建有乐楼、土地祠。大门内东侧自南向北建有班院房、户房、承发房、仓房、刑房、礼房、门房、账房、典史署。西侧自南向北排列有监狱、工房、承发房、兵房、门房。整体建筑中石雕装饰造型以及石质建筑构件内容丰富，形式多样。

1 李建勇：《陕北米脂窑洞古城民居聚落形态研究》，24 页，西安，西安美术学院，2007。

2）学宫（书院）

米脂古城学宫始建于 1273 年（元至元十年），选址于上城。1496 年（明弘治九年）将学宫迁至下城东街，建明伦堂、东西斋房、射圃、教谕宅及孔庙大成殿，建筑形式包括厅房、窑洞、殿庑、厢房等。

清康熙年间，在文庙西侧修建"德书院"，经历代不断修缮，后成为学堂、东街小学。其建筑布局为四合院落形式，自南向北沿中轴线建有照壁、大门、先生室、讲堂、斋舍，东西两侧厢房则用作听事所、斋舍，建筑仍然以砖、石窑洞与房舍混杂搭配为主[1]。

3）庙宇、神阁及其他建筑

庙宇、神阁是古城聚落中重要的建筑组成部分，据统计总数不下 30 余处。较有特色的是盘龙山古建筑群、西角楼、文昌阁、华严寺、文阁、魁星楼、玉皇阁、八仙洞等，它们是古城历史发展的风韵所在，是历史文化信息的重要物质载体。

（1）文庙

古城文庙始建于 1313 年（元皇庆二年），选址于上城。1496 年（明弘治九年）迁至下城东街。1966 年受到严重毁坏，后虽有维修，但仍未完全恢复原貌。

由南向北沿轴线依次排列影壁、围墙、棂星门、戟门、大殿、崇圣祠，东西有义路、礼门、神厨、神库、忠孝祠、名宦祠、节妇祠、乡贤祠等廊庑厢房。大成殿作为文庙的主体建筑，歇山顶四阿殿庑式建筑，底部为石台基，殿面阔 5 间（10 米）、进深 2 间（5.5 米），7 步架大木梁柱，柱高 2.4 米，单昂三踩斗拱举折，青瓦兽脊覆面，猫头滴水护檐。殿前为石质月台，四围有石雕护栏，两台阶正中嵌有龙纹石刻[2]。

（2）华严寺

元代至正年间修建，位于老城凤凰岭下、北城墙内侧。初期建筑规模较小，有正殿、无量佛殿、地藏王殿、西庑共 18 间。明嘉靖三年（1524 年），后殿右侧修筑高 8 米的 3 层六角塔 1 座，每层供奉石佛 3 尊。明末，寺院年久失修，殿庑日趋零落凋敝。明天启年间至清康熙二十四年（1685 年），寺内比丘性圮（俗姓高）和弟子海春、海经等化募重修。目前寺院遗留后殿 5 间，其中两侧石质窑洞阁楼已成为民居[3]。

（3）八仙洞

八仙洞是城南无定河畔岩壁上的石窟建筑（图 4.28），明嘉靖二十五年（1546 年）隐士艾希仁（云庄）主持凿窟。后人增建二艾祠、戏楼、关帝庙。悬崖峭壁岩峥

1　米脂县志编纂委员会：《米脂县志》，245 页，西安，陕西人民出版社，1993。
2　米脂县志编纂委员会：《米脂县志》，245~246 页，西安，陕西人民出版社，1993。
3　米脂县志编纂委员会：《米脂县志》，246 页，西安，陕西人民出版社，1993。

图4.28 八仙洞（来源：《米脂县志》）

路陡，窟庙相映，颇为壮观。抗战时期，祠庙渐渐毁败，多数建筑在修筑公路中被拆除。20世纪70—80年代，岩壁石窟则遭人为炸毁[1]。

（4）盘龙山古建筑群

盘龙山古建筑群是旧真武庙（俗称祖师庙）址（图4.29），始建于明朝成化年间，位于盘龙山山腰，曾因李自成在此驻扎，又被后人称为"李自成行宫"。整体建筑坐北朝南，总占地面积3 333平方米，建筑面积1 760平方米。山下建有乐楼、梅花亭、捧圣楼、吕祖祠、娘娘庙、石坊，拾阶而上有二天门、前楼，顶层建有玉皇阁、牌坊、启祥殿、兆庆宫，并沿中轴线由前至后排列，东西两侧布置钟鼓楼、前厢殿、后厢殿等建筑物。建筑环境内遗存有砂岩石浮雕、抱鼓石、石狮、石云墩、石栏杆等多处。

清初，米脂百姓以真武庙名义对它加以保护，使其免遭清军破坏。乾隆四十三至五十六年（1778—1791年），高九逵等集资数万钱将其扩建。光绪十五至二十一年（1889—1895年），冯云城等耗钱5 000串对其进行修复。1927年，盘龙山古建筑群被改为米脂中学校舍，并在"文化大革命"中局部遭到了破坏。1978年，各级政府开始密切关注李自成行宫，并相继划拨资金对建筑群进行了彩绘修复与局部修缮、整治[2]。

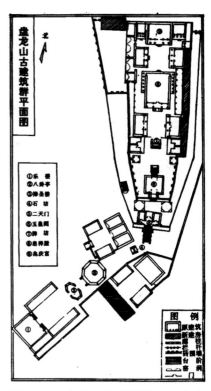

图4.29 盘龙山古建筑群——李自成行宫（来源：《米脂县志》）

7.古城民居

米脂古城位于地势较为平缓的河滩坡地之上，在民居布局与结构上具有形式各异的特点，力求达到对土地的合理利用。虽然建造窑洞的材料呈现出砖多石少的特点，但在大量民居中却蕴含着丰富的石质建筑构件、石质装饰品、石质生产生活用具，为米脂传统石雕研究提供了大量的实证。由于本章针对传统建筑环境进行深入探讨，

---

1 米脂县志编纂委员会：《米脂县志》，246~247页，西安，陕西人民出版社，1993。

2 米脂县志编纂委员会：《米脂县志》，247~249页，西安，陕西人民出版社，1993。

因而此节中对石雕造型艺术将不做过多的阐述与分析，相关内容可参见第三章中的"明清米脂传统石雕遗存"部分。

1）西大街 43 号高家大院

高家大院坐落于古城西大街 43 号，建筑形式以砖拱窑、厢窑为主。院落布局由两组不同的走向院落组成，即前院与后院（图 4.30）。从单体院落来看布局比较严谨、规整，两组院落通过围合各自形成独立院落空间，整体落差 2.3 米，并各自修建有进出通道、大门（图 4.31），并在内部设有暗道相连。

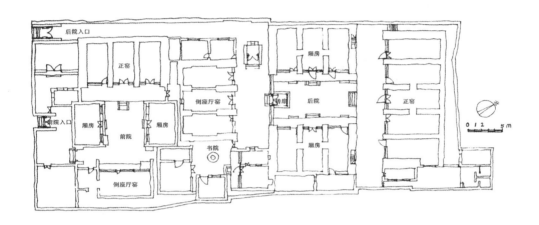

图 4.30 西大街 43 号平面图（来源：《陕北窑洞民居》，由作者改绘）

后院作为主人居住活动的空间，规模及形制较下院更为完整，采用竖向布局，主要分为三个序列空间：（a）进入大门后两侧高墙耸立的狭长通道区；（b）进入二门后，倒座、书院与主庭大门及两侧厢窑山墙所包围形成的较为宽阔区域，建有倒座厅窑、书院等，并修有曲折小道与下院相通，整个空间在形式上与狭窄通道形成强烈对比；（c）上院主庭的私密区域，与下院形成 0.2 米高差，院内建有主窑共计 5 孔，顶部为硬山式阁楼，底部为 0.58 米高石砌月台，两侧厢房各 3 孔，正窑前方建大门一座，形成了较为封闭的上院私密空间。

图 4.31 后院大门（来源：自摄）

前院紧临大街，通过大门便可进入，内外设装饰影壁，地面摆放石磨等生活工具，左侧设房屋，右侧设小院用来存放杂物。经石踏步进入横向布局的主院，内有厢窑、倒座厅窑，石砌高台之上建主窑 3 孔（图 4.32）。

图 4.32　前院（来源：自摄）

另外，院中还设有小门连接内外。

该院落在米脂古城民居中属布局较为复杂之豪宅，但整体建筑装饰语言质朴、精美，建筑装饰主要集中于门墩石、屋檐、影壁、门窗等部位，其中以石雕、木雕、砖雕最为耀眼。

2）东大街儒学巷 2 号杜家大院

杜家大院位于米脂古城东大街儒学巷 2 号。修建于清末时期，由当地著名工匠马氏主持修建，前后历经 3 年。院落布局坐北朝南（图 4.33），为传统二进院落结构。二门将院落分为上、下两院，整个院落呈长方形格局，正窑、二门、倒座厢窑，贯穿于中轴线之上。

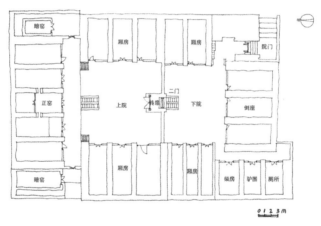

图 4.33　东大街儒学巷 2 号平面图（来源：自绘）

大门入口由五层石踏步引入，经 90° 转角后直行上五层石阶踏步便可进入大门。左右两侧各立圆形抱鼓石，上蹲立狮，但因年代久远已失大形。两侧墙柱雕有二龙戏珠等吉祥图案，手法细腻并保留完好。房梁两侧雕莲花、流云等砖雕图案。门后雕有梅花、白鹿纹样石墩一对。大门屋檐顶上横盘一只砖雕彩凤，周身覆盖菊花，头东尾西，引颈奋飞。进大门转过门洞，便是下院（图 4.34），设有倒座厢窑与东西厢窑。背靠南边的倒座窑平日住人，东西两列厢房大多堆放杂物，如遇红白喜事等重

图 4.34　下院（来源：自摄）

大事件时，便可空出作为帮手的休息之处。倒座厢窑左侧后方隐藏有柴房、驴圈及厕所。进二门，经垂花门便可进入上院，东西两侧各建两排厢窑，顺石台阶向上为正窑5孔（图4.35），并且两侧各设暗窑。整体建筑布局最大限度地遵循了"明五暗四六厢窑"的理想模式，主要建筑为石拱窑洞，局部为砖拱厢窑。在室内居住环境方面，窑洞内宽敞明亮，冬暖夏凉，墙面白草灰抹平，地面石面铺地，几乎一间一石

图4.35 上院（来源：自摄）

炕。另外，所有窑洞均加盖房檐，并用瓦片铺设，底部装有方形挑石用来承重。

3）东大街20号高家大院

　　高家大院坐落于古城东大街20号，大院对内相互贯通，对外严于防范，背靠群山。整体建筑已有大约200年的历史，临街铺面则有近100年历史。

　　据考证大院最初主人姓高，院落为兄弟二人合资共同修建。长者居面积较大之左院，幼者则居右院。院内修有暗道，可供放置财物和逃生。岁月流逝，随着高家的败落，该院落曾多次转让，并经历了重建、改造，使原有的倒座厢窑成为临街铺面。

　　院落整体布局呈平行排列、纵向发展趋势（图4.36）。两组院落共同使用同一出入口（图4.37），再通过巷道进入左、右两院。受地形、地势影响，两组主窑均建有石质月台，并且宽度基本一致，只是深度变化长短不一。主窑两侧留有狭窄巷道与通往窑顶的石砌楼梯，院中厢窑均沿中轴线较为对称排列，但厢窑尺度大小不一，左右两院厢窑交界处呈现出相互交叉的布局形态。在建筑装饰方面，现存门墩石鼓、木雕等，制作工艺古朴、考究，为整体建筑增加了丰富的审

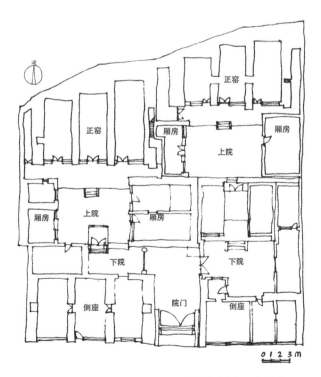

图4.36 东大街20号平面图（来源：自绘）

图 4.37 院门（来源：自摄）

局得以完整保留。

美情调。另外，主人家中还保留有镇宅石狮、炕头石狮等。

从整个院落的布局来看，该院中铺面区域在初建时期应为整体院落的倒座厢房，后被主人改建为保留至今的临街店铺，成为商住两用的混合型建筑模式，此类建筑形式对我们研究古城商业发展具有重要意义。

4）东大街 24 号旗杆大院

旗杆大院位于古城东大街 24 号，据户主讲述院落已有大约 200 年历史。早期为清代四品官员居住，由于建筑本身年代久远，建筑结构已有明显的变形及损坏，照壁上原有供奉土神的石龛孔已经残破，再加之"文革"期间建筑正窑塔楼等遭受破坏，目前只有建筑整体布局得以完整保留。

大院整体布局为坐北朝南，纵向排列（图 4.38），共分为三个区域。进入大门，两侧雕有门墩石鼓一对，经照壁向西后便可进入下院，院中东西两侧各建厢房，但布局并不对称，主要用于堆放杂物或供下人居住，倒座厢房（图 4.39）坐南朝北排列。经垂花门进入上院，砖拱正窑（图 4.40）坐北朝南共 3 孔，明柱、斗拱、石柱础、石台阶、外露挑檐等表明建筑规格较其他院落高出很多。院落东侧建有侧窑 1 孔，院中东西厢房遥相呼应，石碾、石磨等摆放错落有致。由侧房向东进入侧院，建有正窑 2 孔，厢房东西对应而建。

5）北大街 34 号院

此院落具体建造年代不详，根据建筑形制可推断为清代晚期民居建筑，目前整体保存比较好。与古城中绝大数院落不同，该院落整体布局

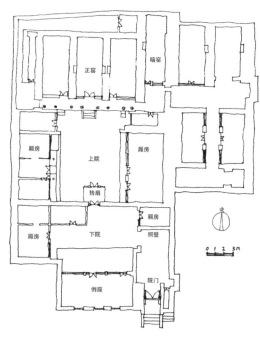

图 4.38 东大街 24 号平面图（来源：自绘）

方正（图 4.41），坐西北向东南横向排列，宽 10.5 米，长 14 米，为典型的一进院落。

图 4.39 倒座厢房（来源：自摄）　　　图 4.40 正窑（来源：自摄）

院中建有正窑 5 孔，其中 3 孔内部相连，设有砖瓦挑檐、明柱、斗拱、柱础。窑脸门窗装饰精细，并与柱体、斗拱等构成特有的形式美感。路面采用灰砖铺路，呈"十"字形铺设，连接前后左右，其余部分用于种植花草。另外，东西两侧建有厢房，出正窑沿中轴线正对倒座厢窑，左右两侧分别为马圈与进出院落的月亮门与大门（图 4.42）。大门走向呈 45° 插入院中，设石踏步 5 层，左右立抱鼓石一对，入口正对墙面设有影壁。

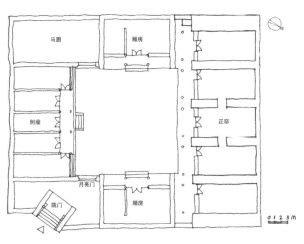 

图 4.41 北大街 34 号平面图（来源：自绘）　　图 4.42 大门（来源：自摄）

⊙ 七、典型庄院

特殊的黄土沟壑地貌以及当地厚重的黄土文化历史与背景，孕育了米脂当地特有的传统聚落庄园。而杨家沟马宅、刘家峁姜氏庄园和高庙山常氏庄园则可称为窑洞聚落建筑的典范。这种窑洞民居的空间艺术形式在我国窑洞建造技艺和艺术中不仅具有典型代表性，而且承载着当地百姓在日常生活、传统习俗、审美取向等多方面的历史信息，是我们了解、探究当地文化、经济、艺术等诸多方面特点的重要内容。

1. 姜氏庄园

1）历史沿革

姜氏庄园（图4.43）位于米脂县城东16千米，桥河岔乡刘家峁村北的牛家梁凹窝上。由姜耀祖主持，于清同治十三年(1874年)动土兴建，历时13年，于光绪十二年(1886年)竣工。

图4.43 院落鸟瞰（来源：自摄）

相传姜氏家族的发展始于姜耀祖的祖父姜安邦，他原与杨家沟马氏家族合股做买卖，颇得马氏家族赏识，后娶马良女儿为妻。善于经商的姜安邦一面寻找商机，一面把经商所得投入土地兼并之中，至姜耀祖时期已成为米脂少有的大户人家。据相关资料记载：姜氏庄园由北京土木建筑专家精心设计，又聘请本地手艺高强的石匠、泥匠、木匠、画匠通力合作完成，可谓黄土高原窑洞院落与北方四合院相结合的民居典范。

2）院落布局

姜氏庄园布局（图4.44）由上院（主庭），中院（中庭），下院（管家院），左、右暗院，碾院，葡萄院等大小7座院落以及寨墙、涵道、井楼等设施构成。庄园选址于接近峁顶的凹窝之上（图4.45），上下通道随山麓盘旋而上，路面达4

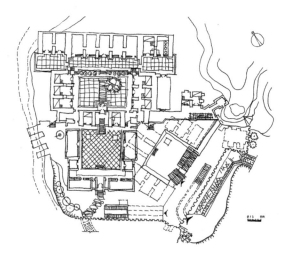

图4.44 姜氏庄园平面图
（来源：《中国窑洞》，由作者改绘）

米之宽，中部用砂石片竖插排列，既做车马道，又可排泄雨洪，左右两侧分置 1 米宽的砂石台阶，以供居者上下通行。

上院、中院坐东北面西南，同在一条轴线之上，院轴线则与上院、中院形成 45° 夹角。从庄园整体布局来讲，姜氏庄院设计巧妙，施工精细，布局紧凑，其高差层次分明，自上而下，变化错落有致，浑然一体，不仅遵循了四合院最基本的构成形式，

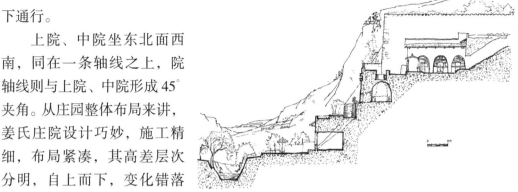

图4.45 姜氏庄园剖面图（来源：《中国窑洞》，由作者改绘）

又结合选址的实际地理、地貌进行修建，这种主次分明的构图、布局形态烘托了建筑主体，同时又对外严于防患，院内相互连接为庄园安全提供了保障。

3）建筑形态及其他设施

底层为姜氏庄园下院，登台阶至寨门，门额嵌有"天岳屏藩"石刻。院前用砂石块垒砌高达 9.5 米寨墙，上部筑有女儿墙（图 4.46），犹若城池。下院当地人称"铺子院"，也叫"管家院"，为综合性院落，住管家、药铺徒弟、长工，倒座马棚喂牲口。主建筑为石拱窑 3 孔，坐西北向东南，左右各建 3 孔石拱厢窑，北侧窑腿处修建有石头砌筑的直通上院暗道。倒座部分为木构架结构，并用砂石板铺设房顶。大门处采取青瓦歇山顶结构（图 4.47），门额题"大夫第"，门道两侧放置门墩石鼓。院

图 4.46 寨墙（来源：自摄）

外石寨墙北端建有高 5 米、宽 4 米、井深百尺的石井窑与炮台，不出寨门即可保证用水。

沿底层西南侧道路穿涵洞到达二层，即中院。院西南耸立高约 8 米、长约 10 米的石砌寨墙，并留有通后山的石拱门洞，上有"保障"二字石刻。中院坐东北向

陕北米脂传统石雕技艺与传统建筑环境的共生性保护、利用研究

西南，较下院高 5 米、深 15.60 米、阔 14.85 米。

正中留大门、月亮门（图 4.48）转扇。大门为明暗柱、斗拱举架，配以门墩石刻、青砖山墙、雀替、驼峰、拱枋彩绘，五脊六兽硬山顶。东西两侧各有厢房 3 间，并建耳房。

沿石踏步进入上院，进入姜氏庄园建筑群之主宅，庭院深 22.05 米，宽 18.70 米，较中院高出 1 米，坐东北向西南，以"明五暗四六厢窑"的标准制式进行布局。正面 5 孔石拱窑平行排列，中有拱形过洞相通。正窑两侧分置对称暗院，各建石拱窑洞 2 孔，东暗院门额题"养廉"，西暗院门额题"讲让"。窑洞单孔宽 3.1 米、进深 8 米、高 4.5 米，盘火炕，设暖阁、壁橱，菱形砂石板铺地。檐头穿廊高挑，上砌十字女儿墙。门台高 1 米、宽 1.5 米，围护花墙。院落两侧各建窑洞 3 孔，东厢房较西厢房高 20 厘米，遵循了东为上、为青龙的"昭穆之制"。在其后建有长约14 米的"枕头窑"，作为仓库。倒座正中即入院的门楼，为砖木结构，柱梁门框举架，双瓣驼峰托枋，小爪状雀替，木构件皆彩绘，卷棚顶。门扇镶黄铜铺首、云钩、泡钉，门洞置方形石雕门墩，上雕小石狮。大门两旁设神龛，左为"天地牌子"，右为"土地堂"。另外，墙面配"鹤鹿松竹"砖雕及装饰花边。东西两端分设拱形小门洞，东侧下书院，西侧去碾院及厕所。

图 4.47　管家院大门
（来源：自摄）

图 4.48　月亮门
（来源：自摄）

2. 常氏庄园

1）历史沿革

米脂常氏庄园坐落于县城东北 12 千米的高渠乡高庙山村，光绪三十四年（1908年）由常维兴仿刘家峁姜氏庄园所建，后经其第四子常彦成修建完成。

米脂常氏是县内第三大姓氏，相传米脂常氏为明代开国元勋常遇春之三子常森（曾被封为"昭勇将军"）之后裔。1403 年，朱棣篡权称帝，常森携家眷至山西临县兔番村，后因看到黄河对面的陕北很宜于隐蔽，便西渡黄河隐居于米脂佳县交界处，易名为"僧"，住永和寺，陕北音"僧"与"森"同音，以谐音志其原名"森"。其长子常岗落户于七甲，次子常强落户于十甲。因此，陕北米脂、佳县、子洲、绥德、横山 5 县均有常森后裔分布，仅米脂常姓就遍布在八十多个村庄，有 3 万余人。

2）院落布局

常氏庄园背靠脑畔山，左右有尖塄山和塌合峁护佑，前有冲沟与白家塔山，构成了围合封闭的山水体系。所有的院落都是随着山体的等高线高低起伏，上下错落修建而成的，形成有机与随机交融的景观秩序，是具有典型特点的冲沟聚落形态。它较姜氏庄园晚修建 34 年，其院落布局不仅吸收了姜氏庄园窑洞架构的模式，而且还从山西打回底样补充完善，从而形成自身特色。

常氏庄园的三座院落均以坐北朝南进行布局，其中保存最为完整和最为典型的一座院落，坐落于柳树沟的沟底部位（下文所提常氏庄园如无特殊说明，均指该处院落）。院落背靠脑畔山，面对白家塔山，中间还隔有冲沟小溪。受地形前后逼仄的限制，常氏庄园无法在纵向取得发展，故而因地制宜采取"帮畔"的方法，在临沟底园子地用砂石块筑起长 80 米、宽 4 米、高 9 米的石畔，形成左右连接宅院的通道，并在其左右两端与院内左右墙平行处筑石拱门洞，从而形成包容"畔"在内的独立单元空间。庄园内部院落布局由主庭（上院）和前庭（下院）两部分组成，从结构形式上看布局理念为台地式院落，自南向北逐步升高，顺脑畔山南坡依山就势修建（图 4.49）。

该院落布局属典型宽展型庭院，建筑布局厚然大气，院落采光、纳气充分。逐渐抬高的地势以及具有变化丰富的单体窑洞，使庄园形成了丰富的高低错落变化。上院正窑高出厢窑 1.2 米，厢窑比下院正窑高出 1.5 米，下院正窑又比倒座高出 1 米之多，入口、下院、上院的高低落差达到了 4 米左右，整体院落呈现出从上到下逐层递减的错落有致的视觉、景观效果，加之窑顶的女儿墙、洞口小房及烟囱的点缀与修饰，使整个院落洋溢着浓厚的生活气息[1]。

---

1 吴昊：《陕北窑洞民居》，170 页，北京，中国建筑工业出版社，2008。

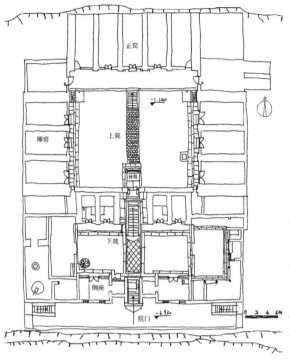

图 4.49 常氏庄园（柳树沟）平面图
（来源：《陕北窑洞民居》，由作者改绘）

3）建筑形态及其他设施

常氏庄园建筑形态与杨家沟马家老院、刘家峁姜氏庄园一样，基本采取"明五暗四六厢窑"的模式。院落大门（图 4.50）为砖木结构，彩绘梁檩枋柱举架，砖石镶砌"峙头"，上部雕对称的人物和吉祥图案砖雕，门楼上部为脊兽硬山顶，门扇镶圆形黄铜铺首，抱鼓石精雕"麒麟送子"，鼓帮顶部为石狮相向嬉戏。

通过 5 级石踏步经大门便可进入抬高 0.8 米的下院，院落宽 21.5 米，而深仅 7.7 米。大门两侧由对称倒座厅房及耳房围合而成，建筑形式为石拱窑和双坡硬山顶房屋。东西两侧过月洞门为两偏院（图 4.51），东为畜圈，西为碾磨院。整体地面采取方形砂石铺地，泄洪排水系统设计精巧，上院

积水随自然落差泄流至下院，下院地面铺设墁坡凹形浅水槽石，在保证路面平整的基础上使泄洪同样通畅。大门处设排洪竖井，雨水达一定深度则穿过大门排至沟底。这种地下泄洪退水暗道在米脂乃至陕北窑洞建筑中极为少见。

二层上院位于 2 米高的 15 级踏步之上，入口两侧墙面装饰有浮雕（图 4.52），并设有仪门（图 4.53）。主庭院宽 22.8 米，进深 13.5 米，是下院面积的 2 倍。建有石拱正窑 5 孔，左右各有石拱厢窑 3 孔，与下院的正窑形成围合之势。正窑建于高 1.2 米的石月台之上，并由 8 级石踏步连接，窑洞内部左右相通，各窑设有石质火炕、灶台。窑脸为满拱大窗，窗棂、窗格设计精巧富有变化，室内纳阳采光极为充分。

图 4.50 常氏庄园大门
（来源：自摄）

图 4.51　偏院（来源：自摄）　图 4.52　浮雕（来源：自摄）图 4.53　仪门（来源：自摄）

八、古村落

米脂古村落比较分散，建筑物形式以窑洞为主，其中公共建筑设施除水井、桥梁外，最多见的是庙宇、祠堂。它们由本村农民集资投工自建，少数庙宇还配有戏台。它们多数分布于沟壑、川道地段。百姓为了生存，既要选择合适的土地与充足的水源，又要力求居住方便，这是各个村庄形成的共同因素。历史上米脂战乱频繁，赋税繁重，许多百姓避居深山，以求安居乐业。不同的村庄因地势不同而布局不同，但其建筑形式则基本一致。传统村落形态除受地理环境影响外，人口密集程度、村落疏密关系，也是决定村落形态的一个重要因素。比如村落较为密集的地方，窑洞众多，在沟壑中延绵数千米。人口少的地方，窑洞稀少，在沟壑中零星分布。住户贫富差距小的村落，建筑形态差别较小。贫富悬殊的村落，建筑形态差别很大。

另外，米脂古村落在历史发展进程中，受经济兴衰、灾荒、瘟疫、战争等影响，往往人兴村兴，人亡村废，一些村庄几经兴替变化。广大农民长期生活贫困，往往几代人居破窑陋室，难兴土木。因此，大多数村落的发展十分缓慢。从目前保留较好的传统古村落来看，杨家沟村是至今保留较为完整、规格较高的古村落。

1）历史沿革

杨家沟村位于米脂县城东南 20 千米处，是陕北地区少见的集地主庄园、传统村落于一体的传统建筑环境遗存，具有重要的历史保护价值。除此，杨家沟在中国革命史上同样具有重要的历史意义。1947 年 12 月，中共中央在米脂县杨家沟举行了会议，即著名的"十二月会议"，它是中国共产党和人民解放军由战略防御转向战略进攻的标志，是中央机关离开陕北走向全国胜利的出发点，在中国革命史上占据着重要地位，是全国重点文物保护单位和全国爱国主义教育基地。

从杨家沟村落的历史发展过程来看，村落形成初期当地杨姓家族占据多数，因而以杨家沟得名。其后，伴随着马氏家族的迁入，并经世代经营，杨家沟逐步发展成为拥有数十户地主的村落。据当地百姓口述与相关资料记载，杨家沟马氏家族原居今山西省临县骥村，明万历末年或天启初年马林槐一代迁至绥德县马家山入义让里第八甲户籍，并以开垦荒地、租种土地谋生。但马家山土地资源较差，难以维持生计，马林槐的孙辈与重孙辈陆续开始向外迁移。杨家沟马氏家族为马林槐的第四代世孙马云风的后代。清朝康熙至乾隆年间，马云风携其本支辗转多处，后定居于杨家沟。马云风吃苦耐劳、头脑灵活，在"康乾盛世"时期，以"脚户"为谋生手段，开展商贸，伴随着杨家沟杨姓等大户的逐渐衰落，马云风利用钱庄银号拓展借贷，并以运输、钱庄的收入投入土地兼并之中，很快在米脂、佳县、绥德等地拥有了大量土地财产。这时的马氏家族便有了更改村名的想法，拟定村名为"骥村"以志祖籍。然而，清代户部对于地名的管理非常严格，更改村名需通过各级地名管理部门严格审批直至户部，最终未获批准。最后马氏家族只有在居住的水燕沟和崖窑沟之间的主峁上，以石拱的形式砌筑寨门，刻"骥村"两字以志纪念。1867年（同治六年），七世马嘉乐的儿孙辈为躲避"回乱"，在杨家沟建"扶风寨"，并经百余年的发展繁衍分支达51个大户之多，此后便以扶风寨为中心，形成一组组群落庄院，依山形地势而建，高低参差，并逐步形成了村套村、村中村的格局。

　　2）村落布局

通过对目前杨家沟民居的实地调研和对相关文献的梳理可知，从村落布局来看，杨家沟村落初期选址以南北走向的冲沟为发展基础，初期窑洞及院落多数沿冲沟两岸的高台沿等高线修建（图4.54），随后村落布局又逐步顺冲沟向左右凹进的沟壑纵向延伸，整体窑洞建造形式多为连排石拱窑或规格较低的土窑。这种村落布局形式及窑洞修建形式，从内容及其形式来讲比较单一，以纵向排列为主要布局手法，在修建、营造等方面则省时、省力、省工，是经济落后、生产力较低的黄土丘陵沟壑区乡村的主要布局手法与建设形式。

　　伴随着马氏家族的迁入以及在经济上的快速崛起与强大，马氏家族开始结合当地自然地理环境对村落进行系统规划，在原有纵向村落发展布局基础之上

图4.54　杨家沟村落平面图
（来源：《窑洞风俗文化》，由作者改绘）

向立体化方向发展，开始利用山峁修建庄院群落，整体建筑依山形地势而建，高低参差，形式多样。从扶风古寨（图4.55）的总体规划布局来看，古寨建筑群包括寨门、城墙、沿丘陵不同标高而建的层层院落，还有水井窑洞、宗族祠堂等。古寨村落被沟壑交叉的山峁环抱于其中，寨门设于沟下，过寨门，钻涵洞，经过曲折陡峭的道路与泉井窑，再分南北两路步入各宅院，最后爬上陡坡便可到达峁顶的祠堂。

古寨从选址、理水等多方面能够巧妙运用丘陵沟壑地貌的高低错落走势，通过削崖挖掘土方，营造庄园用地，为院落争取到良好的方位走向，符合了生态环境原则，并与自然和谐一致。在布局手法上善于运用对称轴线和主景轴线的转换推移，体现出古代匠师在运用古典

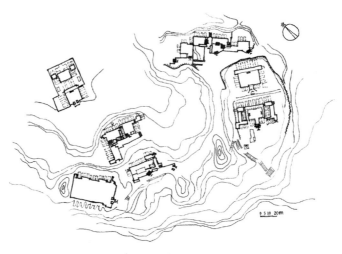

图4.55 扶风古寨平面图（来源：《中国窑洞》，由作者改绘）

景园学"步移景异"与"峰回路转"的构图手法[1]。这种村落模式充分考虑到宗族、伦理、战乱等多方面因素，高度的上升既体现其宗族的地位，也是伦理的象征；山峁屏障用来躲避战乱和土匪的偷袭。这种布局手法与早期杨家沟村落相比，居所的选址对院落朝向提出了一定的要求，基本以坐北朝南的大方向为基准，摆脱了初期选址的随意性。

3）以堂号为标志的窑洞院落

堂号是汉民族中认祖归宗、昭示家族精神、增强宗族凝聚力的一种体现，并以吉祥、向上、展望美好未来的词语来寄托美好愿望。

生于1773年（乾隆三十八年）的马嘉乐，子继父业，重农抑商，以"耕读传家"为本，全力支持子孙求取功名。他深知家族精神、宗族凝聚力的重要性，希望马氏家族以堂号的美好含义为主旨，形成良好的家风，启迪后人奋力向前，永远兴旺发达。

光裕堂便是马嘉乐所居的一座单独院落，而自"光裕堂"始，马嘉乐的5个儿子（马氏第八世）各分得了千余亩地和5孔正窑的独居院落，除长子继承光裕堂外，其余各堂号为承发堂、三多堂、复元堂、五福堂。这种以堂号命名的方式，一律是长子继承父母院落并袭其堂号，其余各子孙均新起堂号，一直延续至马氏第十二世，

---

1 侯继尧，王军：《中国窑洞》，135页，郑州，河南科学技术出版社，1999。

堂号多达数十个，形成以堂号为单位的院落聚落组合。一座座堂号窑洞院落依山顺势、高低参差地坐落在山涧间，令人赞不绝口。

以下便是郭冰庐教授在其《窑洞风俗文化》一书中对米脂杨家沟堂号命名的收录，是当地百姓结合马氏家族各分支在家务营运中形成的不同的家风，结合堂号命名所编的顺口溜，语言丰富诙谐、形容比喻恰当，在当地百姓中广泛流传。

平平和和中正堂　　人口兴旺依仁堂

俊人出在裕仁堂　　瘦人出在近仁堂

骑骡压马希义堂　　有钱不过三多堂

能打会算衍福堂　　麸子宝贝复元堂

说理说法育仁堂　　死牛顶墙义和堂

跳天说（缩）地大智堂　　倒腾（塌）不过盛德堂

恩德不过裕和堂　　嘎咕不过余庆堂

大斗小枰宝善堂　　眼小不过万益堂

冒冒张张裕德堂　　求毛鬼胎广和堂

鸡叫半夜仁在堂　　太阳闪山俊德堂

婆姨当家承烈堂　　靠人当家衍庆堂[1]

这些民间口头流传较为真实地对各堂号在人丁繁衍、为人处事等各方面进行了评价，并在当地百姓中世代相传。同时它也体现了杨家沟传统村落环境中丰富的窑洞民俗文化，是建筑文化遗产保护中重要的组成部分。

4）讲堂和祠堂

讲堂和祠堂是杨家沟村落环境中重要的构成部分。在教育方面，马氏家族以"耕读传家"为宗旨，较早废弃私塾，1911年在村中最高处的山峁梢上建石拱窑3孔，设立"讲堂"。初期讲堂为私立学校，后随后院祠堂的修建，在讲堂两侧各修小拱窑形成左右两暗院，左右前方各修厢窑3孔。

马氏家族在漫长的历史发展过程中先后兴建祠堂三座，目的在于教导子孙时刻铭记祖先遗训，继承祖先遗志，奋发向上。相传马氏第五世马云风去世后，于小桥滩修3孔石拱窑老祠堂。随后伴随着马氏家族的日益扩大，逐渐分为两支，分别将祠堂修建于干水燕沟和峁顶。光裕堂族人在峁顶修建无梁式卧窑，俗称枕头窑，开间大，于拱窑之一侧窑帮设门。卧窑两侧各2孔耳窑，整体建筑与上方学堂形成了两进式石拱窑四合院。祠堂后设台阶式神主龛，按辈份高低供奉自七世马嘉乐为首的以下各代祖宗牌位[2]。

1　郭冰庐：《窑洞风俗文化》，239~240页，西安，西安地图出版社，2004。

2　郭冰庐：《窑洞风俗文化》，241~242页，西安，西安地图出版社，2004。

5）典型性窑洞院落

杨家沟传统村落环境中，马氏庄园窑洞院落形式多样，建造风格各异，其中具有代表性的院落主要有以下四个。

（1）马家祖宅1号

马家祖宅1号历史悠久，并以其窑洞数量多而成为杨家沟窑洞民居的代表建筑。它由21孔石拱窑组成，为靠山式窑洞院落，建有门楼、围墙和厦房，内部采用巧妙的分割方式，将其划分为左、右两组院落空间。院落中各户正窑均为5孔，朝向为坐西北面东南，具有避风向阳的"风水"选址特点。

（2）马家祖宅2号

该院落地势较低，在营造方式上为典型石拱窑，并饰以黄土层，使墙面与周边自然景观和谐一致，形成沉稳、古朴之美。主窑挑檐部分则采用"明柱厦檐"结构，不仅具有遮风、挡雨、纳凉等生活实用价值，还极大丰富了窑洞的立面效果。另外，院落中还遗存有门墩石鼓、石柱础、石质生产工具等。

（3）马家老院

该院落曾是著名的"十二月会议"旧址。院落宽26.5米、深12.2米，是典型的宽展型庭院。院中窑洞均为石拱结构，表面则采用黄泥进行抹平处理。其整体建筑布局较为接近"明五暗四六厢窑"的标准制式。右厢窑掌炕后部有窨子直通沟畔，左侧受地形影响没有修建暗窑，倒座客厅为典型的北京四合院风格。

（4）马家新院

马氏新院1929年动工修建，原设计为二层窑洞楼房，但在修好一层后于1939年停工。新院坐落于九龙口山峁上，背靠30米崖壁，采取人工填夯形成宅基庭院，院墙为石砌垛式，上有女儿墙、炮眼，并具较强防御功能。

院落设计由院主马祝平自行独立完成，他毕业于同济大学工科，后留学日本。其基本设计理念以窑洞雏形为基础，不仅保持了传统地域文化特色，而且吸取西式建筑之特点，整体建筑构思精巧、用料考究、施工工艺精湛，并在采光（图4.56）、取暖、保温、纳凉、安全防范、建筑装饰（图4.57）等方面具有独创之处，整体建筑典雅雄浑，具有较高的历史、科学、艺术价值，是陕北窑洞中之典范。整体院落长67米、宽43米，主体建筑由11孔石拱窑组成（图4.58），并用黄土层加以装饰。其中3孔主窑位于正中并向外突出，两侧6孔侧窑则向内做凹进处理，最边侧的2孔再向前凸起与3孔主窑相平行。院落建筑平面在构图稳定的基础之上，形成一定的前后伸缩起伏，使较长尺度的建筑平面不仅具有稳定、和谐之美，并且富有生机（图4.59）。顶部挑檐上端为女儿墙，下端挑石造型则厚重、大方，以"翼龙"图案为雏形，利用具象或抽象的形式加以表现，呈现出不同的形式特征。在窑面处理上，正中的

图 4.56 采光
（来源：自摄）

图 4.57 建筑立面（来源：自摄）

主窑两侧开有小门，正立面采用外漏砂石壁柱加以均匀分割，并嵌有仿哥特式造型窗户。在内部空间处理方面，主窑内部相通，分别为卧室（图4.60）、书房、会客厅。地面采用方形砂石板铺地，并在石板下预设烟道与室外地下火灶相连，以供冬季采暖。室内设壁橱、暖阁，主窑东侧建有浴室，居住环境非常舒适。窑前建有宽敞平台，并放置石碾子、石磨等生产生活工具以及石桌、石凳以供纳凉所需，除此还种植少量树木。

我国著名生土建筑专家侯继尧先生、王军教授在《中国窑洞》一书中曾对马氏新院做出了非常高的评价："马祝平可谓我国最早的窑洞革新家，在窑洞建筑设计手法与艺术风格上卓有创造，不仅单体建筑，就连通达'新院'的道路环境设计也颇具匠心。" [1]

图 4.58 马家新院（来源：自摄）

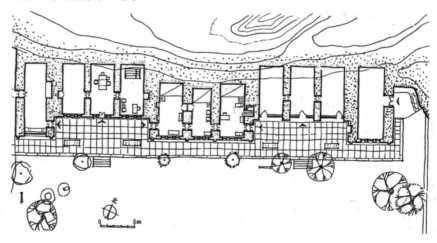

图 4.59 马家新院（来源：《中国窑洞》）

---

1 侯继尧，王军：《中国窑洞》，138 页，郑州，河南科学技术出版社，1999。

九、米脂传统建筑环境的生存保护现状

米脂传统建筑环境遗存丰富，涉及传统村落、古城聚落环境、民居院落等多种形式。由于窑洞在营造方式上通常借助于自然山体向内挖掘，其建筑本体的生存状态往往与自然生态环境存在密切关系，当地恶劣的自然、地理、生态环境，如常见的山体崩塌、风沙、严寒、干燥、缺水等现象，都对窑洞的生存造成了很大的威胁。此外，传统建筑环境在风貌、结构、布局、材质、形式等诸多方面受到各种人为破坏，其生存现状同样不容乐观。

图4.60 室内空间（来源：自摄）

由于受地理位置偏远、交通不够便利、经济比较落后等多方面因素的影响，米脂对传统建筑环境的保护无论从理念、政策、财力、物力、人力等方面都相对薄弱，很多优秀建筑遗产未能得到较好的保护。近年来，随着我国文化遗产保护事业的蓬勃发展，在各级政府的大力支持下，米脂传统建筑环境保护工作已逐步开展。当地政府开始通过遗产申报、学术交流、立法保护、对外宣传、发展旅游事业等方式推动当地建筑遗产保护工作的顺利实施。

1）遗产申报

在遗产申报方面，米脂政府高度关注，并且投入大量人力和物力，积极配合省级、国家级等重点文物保护单位的申报工作，取得丰硕的成果。

姜氏庄园早在1998年就被北京中华民族园按1:1的比例仿建，作为陕北窑洞庄园民居对外展示宣传；2001年6月中央电视台《东方时空》栏目对姜氏庄园进行了现场报道。2002年12月经陕西省政府批准，姜氏庄园成为第四批省级重点文物保护单位之一。2006年5月姜氏庄园成为第六批全国重点文物保护单位之一；米脂杨家沟扶风寨由于其在革命历史时期所起到的重要历史作用，杨家沟革命旧址1978年被改名为杨家沟革命纪念馆，成为重要的红色旅游胜地。2001年入选第五批全国重点文物保护单位和第四批全国爱国主义教育示范基地[1]；成功入选中国历史文化名村。

盘龙山古建筑群即真武祖师庙、李自成行宫，也是米脂县博物馆所在地。作为县城的标志性建筑，一直以来受到当地政府的高度重视。1992年4月20日，陕西省人民政府公布其为第三批省级重点文物保护单位。2006年5月25日，国务院公

1　http://www.sn263.com/show.aspx?id=749&cid=5

布其为第六批全国重点文物保护单位[1]。米脂县博物馆入选陕西省爱国主义教育基地，被国家文物局公布为国家三级博物馆。

米脂古城作为县内最大、最集中的传统聚落环境，是陕北地区少有的以窑洞为单体组合而成的聚落建筑环境，随着当地政府对本地文化保护的进一步重视，人们的保护意识也随之加强，2010年米脂窑洞古城一条街成功入围"中国历史文化名街"[2]。截至目前，当地政府还在积极筹备组织申报常氏庄园、米脂古城等建筑遗产第七批国家级重点文物保护单位的工作，以期获取政策性支持和经济支持，从而更大限度地保护当地建筑遗产。除此，通过遗产申报过程，对宣传米脂传统建筑文化起到积极推广作用，还在保护方法上起到相互交流与借鉴的作用。

2）学术研究

窑洞是生土建筑的主要类型之一，而窑洞民居则是窑洞经过漫长发展的产物。有学者将中国这种在"耕读文明"社会背景下生成的积聚着中国传统文化内涵的窑洞民居称为"原生态建筑"。它们不仅在选址、营造、选材等方面具有原生态的绿色建筑思想，而且其建筑形式还具有典型的本土文化特征，是地域建筑文化的"根"、中国传统"居住文化"的源泉。

自20世纪80年代以来，西安建筑科技大学建筑学院王军教授、侯继尧教授一直致力于我国生土建筑视角下窑洞民居的研究。曾对米脂地区传统民居、传统村落进行多次深入调研，对相关建筑进行测绘，用摄影、速写等形式记录了米脂大量具有典型性的民居。1999年由河南科学技术出版社出版的《中国窑洞》，作为国家自然科学基金资助项目成果，对中国窑洞从理论和实例两方面进行论述，其中重点收录了米脂刘家峁姜耀祖窑洞庄园、杨家沟扶风古寨，通过图文并茂的形式进行了详细的实例分析与介绍。另外，在上述两位教授带领下，西安建筑科技大学一批硕士、博士研究生也投入对米脂传统建筑环境的测量、调研工作当中。陕西榆林学院郭冰庐教授则以窑洞风俗文化的视野对窑洞民居展开研究，并于1997年成功申报全国社会科学规划立项等，此举是榆林地区乃至陕北地区在国家社科规划项目上的突破，也填补了陕西省国家社科规划项目在民俗学方面没有国家立项的空白。《窑洞风俗文化》则是其中的重要成果之一，书中大量介绍了米脂传统建筑环境，并结合民俗学进行详细论述，对其未来保护与发展提出了建设性意见。2001年，以费孝通为学术总顾问的国家重点课题"西部人文资源的保护、开发和利用""西北人文资源环境数据库"正式启动，西安美术学院建筑环境艺术系承担了对陕西地区民居的调研工作，先后历经5年时间，教师、学生共同对米脂古城以及常氏庄园进行调研、测绘，

1　http://baike.baidu.com/view/2237108.htm

2　http://news.xiancn.com/content/2010-04/10/content_2075413.htm

并深入掌握大量第一手资料。吴昊教授出版专著《陕北窑洞民居》一书，书中对米脂古城、常氏庄园、姜氏庄园等窑洞民居生存状况和规模进行了介绍，并对民居建筑中的装饰艺术进行了分析。由县文化局主办的内刊《盘龙山》杂志，通过大量图片、文章对米脂传统建筑环境从不同视角下进行介绍。总体而言，目前对于米脂传统建筑环境的研究方法多样，视角各有不同，包括生态建筑角度、建筑文化角度、遗产保护角度等，已颇具成果，但还局限于将米脂传统建筑环境作为中国窑洞构成的重要内容进行论述，未形成相关专业论著，尤其是在建筑遗产保护领域。

3）保护方法

保护方法作为建筑文化遗产保护中最为直接的重要技术环节，对保护、传承传统建筑文化具有举足轻重的作用。从对米脂传统建筑环境的保护来讲，保护方法、措施是目前最为薄弱的环节。笔者在对米脂传统建筑环境保护方法现状的调研中发现，保护方法可划分为以下两类。

（1）自发保护

米脂地理环境错综复杂，在沟壑密集的山区还遗存有传统村落、民居等，这些传统建筑环境与姜氏庄园、杨家沟马家新院等同样具有保护价值，只是因为规模偏小，不够集中，较为偏远等，未能得到重视与保护。这些建筑直至今日还有人居住，多数面临年久失修的问题，百姓多自己聘请工匠或自己动手对其进行保护修缮。这种方式虽然实施了对建筑遗产的保护，但也会因为修缮不当对传统建筑环境带来更大破坏。

（2）政府保护

①保护宣传。由于目前县内建筑文化遗产的保护在资金上大多依靠上级拨款，因此很多已明确要进行保护的传统建筑环境，只是停留于对外界的宣传和遗产保护申报方面。在保护方法上重宣传而缺少实际行动。

②实体保护。对于已成为全国文物重点保护单位以及入选相关遗产名录的传统建筑环境而言，由于具有一定资金的支持，文物保护部门能够及时对建筑环境进行修缮，建设相关配套设施，配备相关管理人员对遗产进行日常管理等。一些政策法规相继出台，加强了对建筑文化遗产的保护。

4）保护政策与管理

保护政策是指保护法律以及其他有关保护的各种法规、条文、政策中的整体保护策略与方针。我国现有的关于文物保护的法规体系由《宪法》《文物保护法》、涉及文物保护的专门的保护法等全国性的法律、法规及法规性文件和地方性的法规及法规性文件构成。有关保护的地方性法规是省、自治区、直辖市以及省级人民政府所在地的市和国务院批准的较大的市人民代表大会及常务委员会，根据《宪法》《文物保护法》、相关法律和行政法规，结合本地区的实际情况制定的关于文物保护的规范性文件。

米脂作为文化大县，对有关遗产保护的工作非常重视。针对米脂古城人口密集、传统民居遗存量大的问题，经县第十六届人民代表大会常务委员会第十次会议通过并执行的《米脂县窑洞古城保护管理暂行办法》，便是当地政府对加强古城保护与利用所采取的具体管理办法和措施，从中也可以看到当地政府对加强遗产保护的决心。

就以上保护现状来看，米脂传统建筑环境具有良好的传承基础，还得到了学术界的广泛关注与认可。有大批学者投身于相关研究，并得到了国家、省、市、县各级政府的高度关注与支持。

从目前的相关保护方法来看，米脂传统建筑环境遗产保护还停留在比较初级的物质文化遗产保护方法上，除杨家沟革命纪念馆、盘龙山古建筑群（李自成行宫、米脂县博物馆）外，其他传统建筑环境则主要针对建筑实体进行保护。这种对"原真性"问题缺乏关注、保护理念陈旧的现状，与国内文化遗产保护的发达地区和国际先进的保护理念相比还存在很大差距，远远不能适应当今国际建筑文化遗产保护的形势。对于米脂传统民居、院落，传统历史街区的保护，不仅应涉及建筑实体部分，还应充分考虑到它们其中所蕴含的相关非物质信息因素，这将对保护传统建筑环境具有更加深层次的意义。

第五章 非物质文化遗产、物质文化遗产的基础性保护理论研究与启示

● 一、非物质文化遗产、物质文化遗产的保护范围

非物质文化遗产与物质文化遗产，是人类文明发展与演进过程之中历史凝练的精华，是一个民族悠久历史的文化积淀，是一个国家或地区灿烂文化的物质与精神财富结晶。它们既是人类文明的历史浓缩，又影响着人类未来社会的发展。两者都属于文化遗产的范畴，但又具有各自不同的属性特征。

"heritage"（遗产）一词源于拉丁语，指"父辈留下的财产"。从 20 世纪下半叶开始"遗产"一词从内涵到外延发生了巨大变化，同时也反映出现代遗产保护运动的不断发展与进步。根据联合国教科文组织（UNESCO）相关文献[1]，遗产主体可分为文化遗产与自然遗产。文化遗产包括有形与无形类文化遗产，也可将其称为物质文化遗产与非物质文化遗产。而自然遗产是指自然界在演替与进化过程中形成的地质地貌、生态景观、生物群落与物种，其代表者往往以"自然保护区""国家公园""地区公园"来命名[2]。

1. 非物质文化遗产

"非物质文化遗产"(Intangible Cultural Heritage) 又称无形文化遗产。对于非物质文化遗产，联合国教科文组织在 2003 年 10 月 17 日颁布的《保护非物质文化遗产公约》中明确指出："所谓无形文化遗产，是指那些被各地人民群众或某些个人

---

1 文献包括：《保护世界文化与自然遗产公约》（UNESCO，1972）；《关于在国家一级保护文化和自然遗产的建议》（UNESCO，1972）；《实施世界遗产公约的操作指南》（WHC，2002）；《武装冲突情况下保护文化财产公约》（UNESCO，1954）；《关于保护受到公共或私人工程危害的文化财产的建议》（UNESCO，1968）；《关于禁止和防止非法进出口文化财产与非法转让其所有权的方法的公约》（UNESCO，1970）；《关于保护传统和民间文化的建议》（UNESCO，1989）；《人类口头和非物质遗产代表作条例》（UNESCO，1998）；《保护非物质文化遗产公约》（UNESCO，2003）。
2 徐嵩龄：《第三国策：论中国文化与自然遗产保护》，3~4 页，北京，科学出版社，2005。

视为其文化财富重要组成部分的各种社会活动、讲述艺术、表演艺术、生产生活经验、各种手工艺技能以及在讲述、表演、实施这些技艺与技能的过程中所使用的各种工具、实物、制成品及相关场所。无形文化遗产具有世代相传的特点，并会在与自己周边的人文环境、自然环境甚至是与已经逝去的历史的互动中不断创新，使广大人民群众产生认同，并激发起他们对文化多样性及人类创造力的尊重。当然，本公约所保护的不是无形文化遗产的全部，而是其中最优秀的部分——包括符合现有国际人权公约的、有利于建立彼此尊重之和谐社会的、最能使人类社会实现可持续发展目标的那部分无形文化遗产。"[1]

非物质文化遗产具体内容包括以下五方面。

（1）口头传说和表述，包括作为非物质文化遗产媒介的语言

口头传说和表述产生、流传于民间，民间文学是其主要的代表，它是反映民间社会情感与审美情趣的文学作品，可分为韵文体和散文体两类。韵文体民间文学包括史诗、叙事诗及民间歌谣等；散文体民间文学包括神话、寓言、传说、笑话、故事等。

（2）表演艺术

表演艺术泛指通过表演而完成的艺术形式。其特点是通过说、唱及肢体语言等多种表现形式进行表现。诸如音乐、说唱、歌舞、戏剧、杂技等都是比较具有代表性的表演艺术。

（3）有关自然界和宇宙的知识和实践

人类社会的发展进步离不开对生产生活经验的积累，后者主要包括知识与技能，是人类认识、利用自然，与自然和谐共处的经验，涵盖了农业、牧业、渔猎生产以及行业生产的各个方面以及人类日常生活中发现并积累的有关衣食住行等生活方面的技能与知识。

（4）社会风俗、礼仪、节庆

传统节日与仪式密不可分，因为大多数节日均源起于原始宗教，一旦固定了相应的时间，久而久之宗教仪式便很容易演化为节日。另外，日常生活中的人生礼仪、祭天仪式、祭祖仪式等，也都属于它的范畴，并具有相当丰富的文化内涵。

（5）传统手工艺技能

传统手工艺技能是指产生并流传于民间、反映民间生活并高度体现民间审美的工艺美术品制作技艺，主要包括传统的绘画工艺、镂刻工艺、织造工艺、编织工艺、刺绣挑花工艺、印染工艺、彩扎工艺、石雕工艺、制陶工艺、金属制作工艺等等。

1　顾军，苑利：《文化遗产报告——世界文化遗产保护运动的理论与实践》，6页，北京，社会科学文献出版社，2005。

2. 物质文化遗产

物质文化遗产也称"有形文化遗产"，指看得到，摸得着，具有具体形态并具有历史、艺术、科学价值的文化遗产。物质文化遗产从形态上可分为小型可移动物质文化遗产与大型不可移动物质文化遗产。小型可移动文物通常指泥塑、雕刻、瓷器、文献、代表性实物等文物，一般根据其保护价值划分为珍贵文物与普通文物；不可移动文物主要指建筑文化遗产，包括历史建筑、民居、古村落、历史文化名城等。

二、非物质文化遗产与物质文化遗产的价值、功能与属性特征

通过以上对非物质文化遗产与物质文化遗产保护范围、历史、宪章的阐释，物质文化遗产由于其属性特点、价值主体较非物质文化遗产更加明确，因此其保护历史要早于非物质文化遗产，而在其不断完善的保护理论以及体系中，也不难看到物质文化遗产保护中对于非物质文化遗产的关注。但两者保护内容的不同，使其在遗产属性特点、价值主体方面具有很大的不同之处，因此对两者的共生性保护明确其属性特点以及价值主体具有十分重要的意义。

1. 属性特征

1）非物质文化遗产

非物质文化遗产常以某种技艺形式、生产生活方式、表演形式、民间风俗形式出现，它的价值主体存在于传统生产生活方式、地域文化特征、文化取向、文化情感、文化信仰等诸多精神方面，因此非物质文化遗产具有无形的属性特点和非实体性的价值主体。这些无形的价值主体往往很难直接显现或使人直接感触，因此人类对于非物质文化遗产的保护较物质文化遗产而言起步较晚。另外，在保护过程中，往往由于对其遗产属性和价值主体的认识不明确，出现价值主体与物质文化遗产保护的混淆。

在对非物质文化遗产做出较为细致明确分类的同时，我们还应清楚地认识到非物质文化遗产作为人类历史发展过程中的产物，在传承发展中并非独立存在，往往在其周围还衍生一些相关的文化现象。以米脂传统石雕技艺为例，其价值主体以及非物质文化分类都属于传统民间技艺的范畴，但从对它的深入研究来看，人们往往将目光投向该传统技艺的物质载体的保护，而忽略了其技艺过程和文化精神、文化信仰等精神层面的非物质因素。米脂传统石雕技艺不仅在技艺层面具有世代相传、生生不息的民间手工技能特征，其对材料的使用则更加突出了当地百姓合理利用自然、与自然和谐相处的生产生活经验。而相关石雕打制祭祀仪式、民俗活动、民俗心理也是构成米脂传统石雕技艺的非物质文化遗产特征的重要因素，它们共同构成

了米脂传统石雕技艺的非物质文化遗产特征与特点。因此，对任何非物质文化遗产的研究与保护，与其相关的其他非物质信息也应纳入非物质文化遗产的保护范围。

2）物质文化遗产

物质文化遗产的属性在于其实实在在可以触摸到，它的价值主体体现在其具有真实的物质实体。以对古建筑保护的评估为例，建筑环境、建筑形制、建筑色彩、建筑结构、建筑构件以及所采用的材料等都是对其进行评估的重要环节，其次才是物质文化遗产所涉及的相关非物质因素。因此对于物质文化遗产保护而言，其保护与评价体系以物质要素为价值主体，会更多关注物质文化遗产的完整程度、结构、损坏程度等问题。

从目前米脂传统建筑遗存现状来看，可将它们划分为以下三类。（a）城镇聚落型。其中米脂古城最具代表性，整体建筑由形式各异的窑洞院落构成，其中蕴含着大量与市井生活相关的历史文化信息，具有"窑洞古城"的美誉。（b）村落型。以杨家沟村、马家园则村最具代表性，它们以农耕文化为背景，因地理环境、经济条件、居民结构等因素的不同，形成了各具特色的村落结构特点，并在原有农耕文化基础上经历史的变迁融入了红色革命文化与传统石雕文化的历史文化特点。（c）聚落庄园型。以姜氏庄园、常氏庄园为重要代表，无论从建筑布局还是构造、施工等环节都具有突出的物质文化遗产保护价值，并具有浓郁的农耕文化与市井文化相结合的特点。

2. 价值

非物质文化遗产与物质文化遗产从其遗产类别来看，都属于文化遗产的范畴。它们是人类灿烂文化的结晶，体现了人类祖先的某种创造才能，也承载着人类历史发展进程中艺术、人文、科技等诸多方面的成就，同时又是人类传统生活方式的展现，并与人类发展历史中的重要历史事件、传统习俗、思想、信仰等密切关联。

因此，无论非物质文化遗产或物质文化遗产，其遗产的价值主要体现在历史价值、艺术价值、科学价值三方面。

1）历史价值

历史价值是文化遗产的基本价值特点，也是遗产保护、研究中的重要辨别标准和评判标准。遗产的历史价值是指遗产经历了历史发展后，在时间作用下所产生的价值。它们是一个地区、民族甚至国家，在某一历史阶段的人类活动的见证，所涉及的内容包括实物、精神文化、技艺等各各方面。

2）艺术价值

艺术价值是文化遗产在其产生、发展、传承的历史时间中所形成和产生的审美情趣、审美观念、艺术风尚以及艺术的时代精神等。文化遗产的艺术价值既能够表征其文化遗产的风格、特点、形式，又直接影响到人类的感官、精神与情感。

3）科学价值

文化遗产的科学价值，主要涉及传统制作工艺、设计、选材、工程管理等环节，它们具有典型的非物质文化遗产属性，但其往往蕴含于某种物质形态之中，如中国古建筑营造技术中的木作工艺、石工技艺、彩绘工艺等以及建筑的规划布局、选址等各项环节都具有典型的科学价值。

3. 遗产功能

对于非物质文化遗产与物质文化遗产的功能而言，从较为客观的角度可将其主要归结为教育功能与身份表征功能。

1）教育功能

多数非物质文化遗产和所有的物质文化遗产，既具有外形的可视性，还具有内在的可感知性内涵。它们是多学科相交融的知识综合体，其中的杰出者又是民族文化象征或精神内涵的重要代表。因此，文化遗产对于任何民族、国家、社会都是不可替代的教育资源。

文化遗产的教育一般包括两个层面，即物质与精神层面。遗产教育是一种社会教育，一种具有较强的综合性的实物与精神教育，它所涉及的领域包括人文社会科学、自然科学、技术科学等，实施教育的方式以观赏和体验为主。文化遗产中所蕴含的丰富知识与精神内涵，近年来受到国际遗产界以及各国政府的高度关注，对于其重要的教育功能已在世界范围内达成共识。

2）身份表征功能

无论非物质文化遗产还是物质文化遗产，它们都凝聚着其所在地区、国家、社会和民族的发展历史和优秀传统文化，代表着一个社会、民族、地区优秀的文化现象与精神，同时又是一个社会、民族、地区在政治与意识形态上的合法延续。此种观念在西方诸国显现得格外突出，这些国家不仅将文化遗产视为一个社区、一个族群、一个国家的"文化身份"(cultural identity)，同时从政治角度将其视为"国家身份"(national identity)和"民族身份"(state identity)，是国家独立和历史合法性的象征。

三、国际非物质文化遗产、物质文化遗产的保护发展历程

1. 非物质文化遗产保护

1）国际

人类对于非物质文化遗产的保护起步较晚。"无形文化遗产"这一概念的明确提出，始于20世纪50年代的日本。1950年日本《文化财保护法》的颁布，具有里程碑式的意义，在此之前还未有任何国家对于本国无形非物质文化遗产给予过特别关注。它将文化财划分为"有形文化财"和"无形文化财"，有效地扩展了文化遗产的保护空间与范围，对国际文化遗产保护工作产生了重要影响，目前联合国教科文组织在文化遗产划分上已采用了这一做法。从1955年起，日本便开始了对戏剧、音乐等古典表演艺术工艺技术等重要无形文化财（含相关艺人）的指定工作。《文化财保护法》中，政府把技能表演艺术家、工艺美术师的认定提到很高的位置，认定对象主要包括个别认定、综合认定、保护团体认定三种方式。强调保护传统文化财传承者的重要性，对技艺超群的艺术家、工艺美术家与匠人等，不但在经济上给予补助，还给予他们很高的社会地位。在无形文化遗产传承方面，明确规定无形文化遗产的持有者应担负起其传承发展的问题。除此，民间组织对日本非物质文化遗产保护也起到了积极推动作用。20世纪70年代，韩国引入"无形文化遗产"概念。

在美国，对非物质文化遗产的保护受到了较高重视。这主要是受到日本以及韩国对非物质文化遗产保护理念的影响。1976年1月2日，美国在第九十四届国会上通过了《民俗保护法案》，尽管这一法案的产生比日本晚了26年，但与注重物质遗产保护的欧美国家相比，它却具有重要意义。除相关法规的建设外，美国政府高度重视文化多样性的重要意义，在协调本地土著民族和印第安人的关系和保存其文化传统等方面进行了有利探索。例如建立印第安生活保护区，鼓励其保护自身原有文化，尽可能减少外界对他们的干扰，等等。

欧洲诸国作为遗产保护的先进国家，一直比较重视对建筑文化遗产的保护，伴随着近年来非物质文化遗产保护工作的不断深入与细化，也逐渐加入到保护非物质文化遗产的行列。例如意大利作为遗产保护大国，近年来政府也高度重视对非物质文化遗产的保护，积极响应联合国教科文组织的召唤，将著名的西西里傀儡带入《世界无形文化遗产名录》，并将申遗对象扩展至民间文学、传统技艺及地方风味等无形文化遗产的各个领域，为意大利遗产保护增加了新的亮点。

2）国内

20世纪初，在新文化运动的推动下，学者们开始投身于对民间歌谣、民间美术及其民风民俗的调查与研究当中。在抗战时期，解放区"新秧歌运动""研究新年华"，

可以说是在传统文化基础上的大胆尝试。

新中国成立后，调查民间工艺美术、制定民俗学规划、保护民族舞蹈、研究民间戏曲、颁布《传统工艺美术保护条例》以及由文化部、国家民委、中国文联共同发起的"十部中国民间文艺集成志书"是最为重要的标志。

进入 21 世纪，是中国经济快速发展期，同时也是文化建设不断得到完善与发展的时期。传统非物质文化遗产保护、弘扬、发展受到我国各级政府的深切关注。2001 年昆曲成功申报第一批联合国"人类口头和非物质文化遗产代表作名录"。2003 年 1 月，由文化部、财政部、中国文联、国家民委共同启动的"中国民族民间文化保护工程"，为我国非物质文化遗产保护走向正轨奠定了坚实的基础，并相继成立保护工程领导小组、专家委员会和保护工程"国家中心"。在最快的时间内对全国民族民间文化进行了 5 年的保护经费预算编制。同时，为确保保护工作的顺利进行，文化部还组织调研、制定规划纲要、起草了中国民族民间文化保护工程的相关文件。通过论证确立 40 个全国民族民间文化保护试点项目。2003 年 10 月，文化部于贵州召开我国第一次全国性民族文化保护工程试点会议，并在广大媒体积极配合下对保护工程及全国保护试点项目，以媒体形式进行大规模系列宣传和专题报道。与此同时，我国古琴也成功申报第二批联合国《人类口头和非物质文化遗产代表作名录》。昆曲、古琴的成功申报和"中国民族民间文化保护工程"的启动，有效带动全国民间文化的保护与发展。在半年时间内，已有 20 多个省、市、区启动本地民间文化保护工程，并成立了相应的领导机构与工作机构。国家中心还开设每月一期的简报，及时向全国介绍中央和地方的工作信息，邀请专家发表学术观点与指导保护工作。

2004 年 4 月，文化部再次在云南召开第二次全国性民族文化保护工程工作会议，正式下发《中国民族民间文化保护工程实施方案》与《文化部、财政部关于实施中国民族民间文化保护工程通知》，明确了中国民族民间文化保护工程的保护方针即"保护为主、抢救第一、合理利用、继承发展"；保护工程的工作原则即"政府主导、社会参与、长远规划、分布实施、明确责任、形成合力"以及保护工程的总体目标、保护对象、基本保护方法和主要实施内容等。并在之后 1 年的时间中，组织各级政府、专家分两批完成了任务书的签署工作，有效强化了对各地保护项目的指导与监管。2004 年，"中国民族民间文化保护工程管理类培训班"的启动，是国家中心受文化部委托所承办的针对保护工程、保护工作、保护理念等全方位的专业培训，并得到较好的反响。随后，各地民间文化保护在机构设立、制度建立、培训、试点、资金等方面都进行了大胆的尝试。伴随着保护工作的不断深入，2004 年 7 月，国家中心开始组织专家编写《普查工作手册》，在较为科学、全面和可操作性强的业务指导和工作思路及相关标准下，专家小组全面、科学地制定了编写原则、整体框架、标准范围等，虽然编写过程时间较短，但手册内容对实际操作与学术概念，都较为准确、全面、整体地进行了阐释，其中涉及普查分类与范围、成果形式与保管、普查的工作思路与方法以及普查中有可能出现的实际问题等内容。《普查工作手册》从相关政策指导、学术观念、实际操作等角度都提出了具体的操作规范与保护方法[1]。

2004年8月，第十届全国人民代表大会常务委员会第十一次会议决定，批准于2003年11月3日在第三十二届联合国教科文组织大会上通过的《保护非物质文化遗产公约》。同年12月2日，中国常驻联合国教科文组织代表张学忠大使向该组织总干事松浦晃一郎递交了由中国国家主席胡锦涛签署的《保护非物质文化遗产公约》批准书，中国成为第6个递交批准书的国家。非物质文化遗产保护在中国进入了新的历史时期。

2005年3月国务院办公厅下发的《关于加强非物质文化遗产保护的意见》，提出了"保护为主、抢救第一、合理利用、传承发展"的非物质文化遗产保护工作指导方针和"政府主导、社会参与，明确职责、形成合力；长远规划、分步实施，点面结合、讲求实效"的非物质文化遗产保护工作原则。与此同时，还颁布了《国家级非物质文化遗产代表作申报评定暂行办法》，该办法阐明了我国对非物质文化遗产的定义和分类，即非物质文化遗产指各族人民世代相承的、与群众生活密切相关的各种传统文化表现形式（如民俗活动、表演艺术、传统知识和技能，以及与之相关的器具、实物、手工制品等）和文化空间。非物质文化遗产可分为两类：（a）传统的文化表现形式，如民俗活动、表演艺术、传统知识和技能等；（b）文化空间，即定期举行传统文化活动或集中展现传统文化表现形式的场所，兼具空间性和时间性。

非物质文化遗产的范围包括以下六方面：
①口头传统，包括作为文化载体的语言；
②传统表演艺术；
③民俗活动、礼仪、节庆；
④有关自然界和宇宙的民间传统知识和实践；
⑤传统手工艺技能；
⑥与上述表现形式相关的文化空间。

自2005年开始，我国启动了为期3年的非物质文化遗产普查工作，同时在浙江宁波、湖北宜昌、福建闽南启动了保护试点工程。2005年底，国务院下发《关于

---

1 陶立璠，樱井龙彦：《非物质文化遗产论文集》，302~303页，北京，学苑出版社，2006。

加强文化遗产保护工作的通知》，确定每年 6 月的第二个星期六为"文化遗产日"。2006 年是我国非物质文化遗产保护飞速发展的一年：5 月，国务院批准了第一批国家级非物质文化遗产名录，包括 10 个门类共 518 个项目；9 月，为进一步推动非物质文化遗产保护工作，中国艺术研究院挂牌成立中国非物质文化遗产保护中心；10 月，文化部以部长令的形式颁发了《国家级非物质文化遗产保护与管理暂行办法》，明确了第二批国家级非物质文化遗产名录将建立在省级名录基础上的规定。文化部成立了非物质文化遗产司，各省、直辖市、自治区设立了非物质文化遗产保护中心。

截至目前，挖掘、抢救和保护非物质文化遗产的工作已在全国铺开。全国各地建立省级非物质文化遗产名录约三千项；国家、省、市、县四级非物质文化遗产名录体系也正在逐步形成。

2. 物质文化遗产保护

1）国际

人类对于物质文化遗产的保护起步要早于非物质文化遗产，而小型可移动文化遗产则是物质文化遗产保护中最早受到关注的对象。

建筑文化遗产保护一直是欧洲各国长期关注的焦点。早在 15 世纪中叶，意大利就已经有学者将目光投向对历史建筑的保护。1820 年，意大利教皇颁布了意大利历史上第一部文化遗产保护法。

法国 1810 年成立文物建筑遗产保护委员会，1835 年成立全国历史文物委员会，并对文物建筑进行了登录。法国是在建筑文化遗产保护领域立法数量最多的国家，如《历史建筑法》《纪念物保护法》《历史古迹法》等，也是欧洲文化遗产保护的先进国家，对西方各国产生了重要影响。

英国对于建筑文化遗产的研究与关注，始于约翰·奥布雷[1]，他热衷于研究中世纪的古老建筑，同时对考古也具有很大的兴趣。另外，威廉·斯蒂克利也是早期关注建筑文化遗产成员之一，并长期从事英国史前巨石阵的研究。19 世纪，随着浪漫主义思潮和复古主义的盛行，人们开始将目光投向对建筑文化遗产的保护，并产生了世界古建筑保护史上著名的"反修复"学派，代表人物拉斯金对古建筑保护所持的观点是，"修复"意味着破坏，对古建筑只能是加强经常性保护。1877 年，英国艺术家莫里斯创建古建筑保护协会，这是英国通过立法保护历史建筑行动的开端。此后，《古代遗址保护法》的通过，可以说是英国文化遗产保护在立法上的突破。

各国除通过立法建设外，还通过设置相应的文化遗产保护机构，加强对文化遗产保护工作的管理、监督，为人类文化遗产保护奠定了组织基础。

---

1 约翰·奥布雷（1626—1697 年），英国著名文物研究及收藏家。

另外，联合国教科文组织在世界遗产保护方面也做出了卓越的贡献。该组织成立于 1946 年 11 月，总部设在法国巴黎，是拥有 195 个成员国（截至 2013 年 11 月）的国际性组织。联合国教科文组织自 1946 年成立以来，便陆续颁布了有关文化遗产保护方面的国际宪章。1972 年 11 月 16 日，联合国教科文组织第十七届会议在巴黎通过《保护世界文化和自然遗产公约》，下设世界遗产委员会 (World Heritage Committee) 和世界遗产基金 (World Heritage Fund)，世界遗产委员会由 177 个《保护世界文化和自然遗产公约》缔约国中的 21 个会员国组成，其主要职责是负责全球范围内人类共同文化及自然遗产的保护，不仅要监督《公约》的实施，还要根据缔约国的提名确定《世界遗产名录》的入选名单，并与各缔约国共同监督各国已列入《世界遗产名录》的文化遗产及自然遗产保护状况。在《保护世界文化和自然遗产公约》中，联合国首次界定世界遗产的定义与范围，该公约的制定是人类世界遗产保护的里程碑[1]。

2）国内

在我国，建筑文化遗产保护运动始于 20 世纪 20 年代。1922 年北京大学考古研究所成立，后设立考古学会，这是我国历史上最早的文物保护机构。1929 年中国营造学社在新派学者朱启钤倡议下成立，开始运用现代科学方法对古代建筑遗存进行系统研究，为我国建筑文化遗产保护工作迈向科学化、系统化打下了坚实的理论与实践基础。其后，国民政府在 1930 年 6 月颁布《古物保存法》，明确了考古学、历史学、古生物学等方面有价值的古物对象。而 1931 年 7 月 3 日国民政府行政院颁布的《古物保存法施行细则》才增加了对建筑文化遗产的保护内容。国民党当局 1939 年颁布《都市计划法》，也对古建保护问题有所涉及。1948 年，清华大学梁思成先生主持编写了《全国重要性文物建筑简目》，共 450 条，并附"古建筑保护须知"，是新中国公布第一批全国重点文物保护单位的重要参考依据。

新中国成立后，中央人民政府针对战争造成的大量文化遗产被破坏的现象，自 1950 年开始通过颁布实施一系列有关法令、法规，并在中央与地方设置管理研究机构，确保了文化遗产保护的顺利实施。

1966 年开始的"文化大革命"，使我国刚刚步入正轨的文物保护制度遭受到严重破坏。直至 20 世纪 70 年代中期，文物保护工作才得以逐步恢复。1980 年国务院又批准公布了《关于加强历史文物保护工作的通知》等文件；1982 年第五届全国人民代表大会常务委员会第二十五次会议通过《中华人民共和国文物保护法》，更加完善了我国文物保护法律制度。

---

1 方明，薛玉峰，熊燕：《历史文化村镇继承与发展指南》，3 页，北京，中国社会出版社，2006。

在我国物质文化遗产保护中，另外一项重要举措是在其保护体系中增添了对历史文化名城的保护。自 21 世纪 50 年代到 80 年代初的 30 年间，我国物质文化遗产保护主要集中于文物或遗址的保护，进入 80 年代随着改革开放政策的实施，城市经济得到快速发展，使其进入到大规模地开发、建设阶段。新城区的开发建设、旧城区的更新改造以及城市基础设施的改造等都是导致历史文化及其环境和城市传统风貌发生变化的诱因，我国文化遗产保护所面临的问题逐渐从文物、建筑转向整个历史传统城市。

1982 年 2 月国务院转批国家建委、国家城建总局、国家文物局《关于保护我国历史文化名城的请示的通知》，"历史文化名城"的概念被正式提出。在相关法规建设方面，国务院 1989 年 12 月颁布的《城市规划法》及《环境保护法》中有关历史文化遗产保护条文的出现，都极大地促进了历史文化名城保护及规划的法制化进程。从 1991 年起，依据《文物保护法》《城市规划法》，北京、西安等城市分别颁布实施了有关历史文化名城保护的条例与办法。1993 年建设部、国家文物管理局共同草拟了《历史文化名城保护条例》，该条例为我国历史文化名城保护的法制化与制度化建设做出了重大贡献。

历史文化名城在保护内容方面，由单体文物向文物环境及整体历史街区保护延伸，由城市总体布局等物质空间结构向城市特色与风貌等非物质要素不断扩展，最终形成了以历史文化名城保护为重要内容、与文物保护制度相结合的双层次历史文化遗产保护体系。尤其是 1986 年公布第二批国家历史文化名城的同时，首次提出了"历史文化保护区"的概念，并要求地方政府依据具体情况审定公布地方各级历史文化保护区，这是我国文化遗产保护运动中值得注意的一个重要现象。历史文化保护区的设立减少了名城保护与发展的矛盾，成为名城保护工作的基础和重点，成为名城保护制度的重要组成部分。1991 年中国城市规划学会历史文化名城规划学术委员会也明确提出将历史地段作为名城保护的一个层次列入保护规划的范畴。

1996 年 6 月由建设部城市规划司、中国城市规划学会、中国建筑学会联合召开的历史街区保护 (国际) 研讨会在安徽省黄山市屯溪召开。此次会议明确指出"历史街区的保护已成为保护历史文化遗产的重要一环"，并以建设部的历史街区保护规划、管理综合试点屯溪老街，探讨我国历史文化保护区的设立、保护区规划的编制、规划的实施、与规划相配套的管理法规的制定、资金筹措等方面的理论与经验[1]。

1997 年 8 月建设部转发《黄山市屯溪老街历史文化保护区保护管理暂行办法》，明确了历史文化保护区的特征、保护原则与方法，并对保护管理工作给予具体指导。

---

1 王景慧，阮仪三，王林：《历史文化名城保护理论与规划》，12 页，上海，同济大学出版社，2007。

通过以上对历史的回顾，可以看到我国自 1949 年建国以来，历史文化遗产保护体系的建立经历了形成、发展和完善三个历史阶段，即以文物保护为中心内容的单一体系阶段、增添历史文化名城保护为重要内容的双层次保护体系的发展阶段以及重心转向历史文化保护区的多层次保护体系的成熟阶段。这种对历史文化遗产进行整体保护的举措，对建筑类文化遗产的大面积保护产生了积极的影响。

四、对国际相关保护文献与宪章的阐释

1. 文化遗产保护的国际组织

文化遗产是人类祖先留下的物质与精神财富，遗产保护不仅是一个国家应尽的责任与义务，也受到了国际社会的充分关注。这些国际机构主要由保护世界遗产的国际执行机构 UNESCO（联合国教科文组织）与 WHC（世界遗产委员会）和世界遗产委员会机构 CCROM（国际文化遗产保护与修复研究中心）、IUCN（世界自然遗产保护联盟）、ICOMOS（国际古迹遗址理事会）、TICCIH（国际工业遗产保护委员会）以及相关专业性科研机构、地区政府间组织和城市合作机构、非营利性国际、民间团体等组织。

2. 对国际文化遗产保护宪章的阐释

人类文化遗产保护的发端始于有形文化遗产的保护，此后伴随着保护工作的不断深入，人们开始逐渐认识到非物质文化遗产所承载的重要历史信息与价值。

1）国际物质（建筑）文化遗产保护宪章的发展

（1）保护历史纪念物及其相关真实信息观念的出现

19 世纪，人类开始广泛关注物质文化遗产保护。国际建筑师协会在 1904 年马德里大会上通过关于建筑纪念物保护与修复的建议，将纪念物分为"死的"和"活的"。认为前者是已过去的文明，应该被加固和保存；后者则依然具有最初被赋予的目的，应该予以修复以满足继续使用的要求。

1919 年国际联盟在巴黎和会上成立，并成立了国际智力合作委员会 [1]，1926 年成立下属机构国际博物馆办事处 (IMO)，主要关注艺术品等的保护问题。1931 年在雅典举办了讨论保护建筑纪念物的国际会议，并通过《雅典宪章》，它是国际政府间被接受的第一份有关文化遗产保护的官方文件，是国际建筑文化遗产保护达成共识的开始，它标志着文化遗产保护观念放弃风格修复，开始丢弃仅限于物质层面的保护理念，并认为将相关真实信息纳入对历史纪念物和艺术品的保护对文化遗产保

---

1 联合国教科文组织前身。

护具有重要意义。

以上保护理念为本书研究在观点上提供了重要支持，使我们清楚地认识到米脂传统建筑环境作为黄土高原窑洞建筑的典范，不仅从形式、结构、布局、材料等方面都具备了典型地域建筑文化特征，而其内部所蕴含的相关历史文化信息也同样是这一有机整体的重要组成部分，它们共同构成了人类的物质与精神财富，见证了人类的发展历程。

因而，对于米脂传统建筑环境的保护，绝不仅局限于简单的物质层面的风格保护，应将相关历史文化信息纳入其中，这将对建筑文化遗产保护具有深刻意义。

（2）对历史纪念物保护范围与原则的确立

1939 年第二次世界大战爆发，人类开始意识到成立更加有效的国际组织通过非武力手段协调国家之间关系，促进国际社会在教育、科学、文化交流等方面的重要性。1946 年，国际联盟让位于新的国际组织——联合国，国际智力合作委员会也被 UNESCO 取代。国际博物馆办事处 (IMO) 更改为国际博物馆协会 (ICOM)。

1949 年，UNESCO 召开有关历史纪念物、遗址等会议。1957 年，在法国举行了第一次历史性纪念物建筑师及技师国际会议，讨论了文化遗产保护的技师、工匠、建筑师、考古学家等的培训与合作问题、保护技术方法、新旧和谐问题等。

1964 年 5 月，第二次历史性纪念物建筑师及技师国际会议在威尼斯召开，形成了具有里程碑意义的《威尼斯宪章》，它继承了放弃风格修复、保护历史纪念物等真实信息的理念，并认为"应当尊重各个时代为古迹所做的正当贡献，因为修复的目的不是追求风格的统一"[1]，对纪念物保护与修复的目的，是将其作为历史见证，又作为艺术品予以保护，并将表现纪念物和遗址"原真性"的形式、材料和制作技术作为一个整体，以体现纪念物"原真性"所包含的丰富内涵。在对历史纪念物的定义上，宪章认为历史纪念物"不仅包括单个的建筑作品，而且还包含能够见证某种文明、某种有意义的发展或某个历史事件的城市或乡村环境"。

以米脂传统建筑环境的保护研究为例，虽然其建筑结构、布局、材料等物质信息是建筑文化遗产保护中重要的构成要素与保护重点，但相关的建造工艺也同样应该作为一个有机的文化整体予以保护。在这其中，米脂传统石雕技艺则具有突出的保护价值，从技艺本体来看，首先它具有典型的非物质文化遗产保护价值与特征，其次传统石雕作为传统技艺的物质表现形态又与传统建筑环境密切结合，两者形成了密不可分的关系。传统石雕技艺作为米脂传统建筑环境营造技术中重要的组成部分，承载着科学技术、艺术审美等相关知识与信息，是构成米脂传统建筑环境"原

---

1 原文：The valid contributions of all periods to the building of a monument must be respected, since unity of style is not the aim of a restoration.

真性"问题的基本要素。

①历史环境保护观念的形成。20世纪60至70年代，UNESCO针对工业革命现代化建设对文化遗产带来的巨大威胁，为寻求更新更为有效的保护方法通过了几项重要建议。

《关于保护景观和遗址的风貌与特性的建议》是针对城市中心盲目发展，通过划区确定大面积景观区的方法提出的预防、监督措施；《关于保护受到公共或私人工程危害文化财产的建议》是针对工业发展和城市化进程中，大量公共与私人工程对历史纪念物与部分现代建筑遗产造成的威胁提出的预防性和矫正性措施；1972年制定的《关于在国家一级保护文化和自然遗产的建议》是针对国家作为保护主体，在立法、行政管理、保护技术、国际合作等方面，对保护文化与自然遗产可采取的保护措施。而《世界遗产公约》，则对"文化遗产"的概念进行了首次定义，并将其分为纪念物、建筑群、遗产地三部分内容，更加明确了将历史环境作为保护对象的思想。

共生性保护强调非物质与物质文化遗产保护的有机结合，并以建筑文化遗产为物质基础进行保护、展示与利用，以上历史环境观的保护思想为共生性保护提供了可借鉴的操作思路。共生性保护在实践操作方法上，不仅应注重单层次的保护，还应注重非物质与物质文化遗产相结合的群体保护模式，塑造具有鲜明地域文化特征的非物质与物质文化遗产相结合的遗产保护地，将两者更加真实地保护、展示在遗产地之中。

以本书研究为例，米脂传统石雕技艺与传统建筑环境的这种相互依存发展关系并非独立存在，而是体现于传统建筑环境的各个层面，如两者在历史发展中形成的在不同建筑布局上的相互关系以及相互之间的影响，包括了物质及精神层面。

②历史环境"整体性"保护方法的确立。1975年，欧洲议会为振兴历史城市与文化遗产保护，举行了"欧洲建筑遗产年"活动，在此期间欧洲理事会通过了《建筑遗产欧洲宣言》和《阿姆斯特丹宣言》。

《建筑遗产欧洲宣言》阐释了建筑遗产保护的现实意义，认为它在提升生活环境品质、维持社会和谐及文化教育等方面具有重要作用。未来建筑遗产的保护很大程度取决于它与人类日常生活环境的整合，取决于它在区域或城镇规划及其发展计划中的受重视程度。《阿姆斯特丹宣言》则更加深入地从法律、管理、财政、技术等各个方面，阐述了实现"整体性"保护的具体举措，认为保护建筑遗产应成为城市和区域规划不可缺少的部分，而不是规划制定中的次要考虑因素，更不应该将其视为一项强迫行为。

1976年，UNESCO通过的《关于历史地区的保护及其当代作用的建议》（又称

《内罗毕建议》)是对在此之前众多建议中制定的保护标准、原则的补充。它从立法、技术、经济、社会发展等角度，从总体和局部提出对历史地区进行保护同时解决社会和经济问题的途径与方法。

1987 年 10 月，ICOMOS 通过了《华盛顿宪章》，更加强调了将保护纳入城镇社会发展政策与计划当中，而不仅仅是城市规划。

历史环境保护方法的确立不仅具有宏观性还具有针对性，并且形成了比较成熟的观点，为本书研究从相关保护技术、规划制定、法律、管理、财政等相关环节做出了正确的指引。共生性保护并非将两类毫不相关的遗产进行组合保护，而是针对历史当中确实存在密切关联的非物质与物质文化遗产或遗存进行保护、展示与利用，但根据非物质文化遗产的产生、发展、生存现状来看，其多数存在于广大农村和民间，对米脂传统石雕技艺与传统建筑环境的保护便是其中较为典型的实例。因此非物质与物质文化遗产的共生性保护在涉及层面、保护难度上都与对历史环境的保护存在着很多相似之处，因此相关历史环境的实践性保护方法对共生性保护也具有实践指导意义。

③保护原则的不断深化。20 世纪 80 年代末期，建筑文化遗产保护经历了从单体历史纪念物保护到历史环境保护，并且形成了科学的保护理念与方法。在此之后，各国纷纷展开遗产保护行动，进一步促进了国际组织在物质文化遗产保护理论方面的提高。

在 20 世纪 90 年代通过的 34 个保护文件中，由国际组织通过的有《有关遗址、建筑群、纪念物记录的原则》《关于乡土建筑遗产的宪章》《奈良文件》《保护木结构历史建筑物的原则》《关于古建筑、建筑群、古迹保护教育与培训的指南》等[1]，在国际社会与各国的努力下国际文化遗产保护宪章已经涵盖了多种类型的文化遗产。

以上不断深化的物质文化遗产保护观念与原则，使我们越加清楚地认识到建筑文化遗产保护中相关非物质因素所具有的独特价值与作用，也使建筑文化遗产的保护开始日趋成熟，具有不同侧重的保护观念与原则也为共生性保护观念提供了可借鉴的研究视野与方法。

2）国际非物质文化遗产保护宪章的发展

（1）非物质文化遗产保护观念的出现

从国际文化遗产保护宪章来看，建筑文化遗产保护中对于相关非物质信息的关注，源自 1931 年制定的《威尼斯宪章》。直至 1950 年日本《文化财保护法》的颁布，

---

1 镇雪峰：《文化遗产的完整性与整体性保护方法——遗产保护国际宪章的经验和启示》，33 页，上海，同济大学，2007。

才第一次将非物质文化遗产保护独立提出，但这只限于国家范围。随后，这一理念逐渐影响到国际文化遗产保护领域。

1972 年 UNESCO 在通过《保护世界遗产公约》时，一些会员国开始对保护无形文化遗产表示关注。此后直至 1982 年在墨西哥举行的世界文化政策会议才重新界定了文化的概念，在其中加入了无形文化的因素。

非物质文化遗产与物质文化遗产的保护历史存在着很大的时间差异，这与其无形的遗产属性、特征存在很大联系，非物质文化遗产往往很难得到应有的重视。虽然建筑文化遗产保护领域对于相关非物质因素的关注起步较早，但因为其保护与研究的价值主体建立在建筑文化遗产保护的视野之上，所以非物质文化遗产保护观念的提出为文化遗产保护注入了新的血液，也使其形成了相对独立的研究体系。

（2）非物质文化遗产保护内容与方法的提出

1989 年 11 月，UNESCO 在第二十五届巴黎大会上通过了关于保护民间传统文化的建议书《保护民间创作建议案》。

该议案将民间创作定义为："来自某一文化社区的全部创作，这些创作以传统为依据，由某一群体或一些个体所表达并被认为是符合社区期望的作为其文化和社会特性的表达形式，其准则和价值通过模仿或其他方式口头相传。它的形式包括：语言、文学、音乐、舞蹈、游戏、神话、礼仪、习惯、手工艺、建筑艺术及其他艺术。"在保护方法上，应涉及以下四方面：（a）编制国家从事民间创作之机构目录，以便将其纳入地区和世界此类机构一览表；（b）鉴于必须协调各机构使用的分类体系，建立鉴别和登记（收集、编索、记载）体系或以指南、搜集指南、典型目录等方式发展现有体系；（c）鼓励建立民间创作标准化分类法；（d）各会员国还应用适当的方式进行民间创作的教学与研究活动等。另外，建议案还对民间创作的保存、维权、传播与知识产权等方面提出了具体要求。

以上对于民间创作保护观念与方法的阐释，概括讲就是以建立档案、文献、影像等资料为主要记录方式，以在博物馆中进行展示或在档案馆中对相关资料进行封存等为主要保护方法。并提倡将其纳入教育体系以增强人们的认知水平，并从传播、知识产权和对相关工作进行培训等方面提出了相应的要求。从以上保护方法来看，它们偏重于对非物质文化遗产的搜寻、记录、保存，却未对非物质文化遗产产生、传承、发展的空间环境予以关注，因而很容易造成对非物质文化遗产保护的变异与不真实。

以本书研究为例，在以往的保护中人们往往将重心放在对传统石雕技艺的物质形态进行博物馆式的保护封存上。这种保护观念缺乏"原真性"与"整体性"，使非物质文化遗产的精髓很难得以真正体现，也使其无形的价值主体被人们所忽视，并造成了对非物质文化遗产在价值主体认知上的混淆。

（3）非物质文化遗产保护观念的深化

《人类口头和非物质遗产代表作条例》于1998年由UNESCO颁布，它界定了"人类口头和非物质遗产"的含义，基本上沿用了对"民间传统文化"的定义。除此条例还明确地阐明了口头和非物质遗产的评选标准，该标准包括文化标准与组织标准两个方面。

2001年11月2日，UNESCO第三十一届大会讨论了文化多样性问题以及现代化对文化多样性所带来的负面影响，并通过了《世界文化多样性宣言》。宣言中再次肯定与重申，文化是一个社会或社会群体特有的精神与物质，是智力与情感的不同特点的总和。除了文学、艺术，文化还包括一个社会的生活方式、处世哲学、价值体系以及传统与信仰等。并要求各国在相互信任与理解氛围下，尊重文化多样性，宽容、对话及合作是国际和平与安全的最佳保障之一。

从相关文献中可以看到，此时人们对于非物质文化遗产的理解，已上升到了一个更高的层次，认为文化是一个社会或社会群体特有的精神与物质财富，两者共同构成了人类的文化遗产。例如米脂传统石雕技艺的非物质文化遗产特征，主要体现在技艺过程、传承精神、文化寓意、传统生产生活方式等各个方面，对于它的保护如脱离原有的物质环境独立进行，则会使米脂传统石雕技艺的非物质文化遗产保护价值难以完整体现，如炕头石狮与传统建筑环境中炕头的割裂，则很难体现炕头石狮的原有文化内涵；巡山石狮与建筑以及周边环境的分离，则很难使人们感受到它的原有文化寓意价值；石雕打制过程与传统建筑环境的分离，往往使人们简单地将技艺视为一种表演形式，很难使后人体会到米脂传统石雕技艺的原生态技艺过程以及它与当地百姓的传统生活观念的联系等。这种单方面的非物质文化遗产保护方式很难使传统地域文化得到原汁原味的展现，也使文化多样性难以真正地被保护。

以上精神与物质的关联，突出地反映了保护非物质文化遗产的真正意义。非物质文化遗产与物质文化遗产之间所存在的不可分割的联系，是共生性保护观念得以提出的重要基础条件。

（4）非物质文化遗产保护制度、措施与内容完善

2002年9月17日由土耳其文化部主办的UNESCO第三届文化部长圆桌会议在伊斯坦布尔隆重召开。经过各成员国协商，通过了保护非物质文化遗产的《伊斯坦布尔宣言》。宣言陈述了非物质文化遗产的重要性及加强非物质文化遗产保护的紧迫性，呼吁各国尽快制定保护非物质文化遗产的政策和法规，加强国与国之间交流和协作。

2003年UNESCO在巴黎举行了第三十二届会议。会议针对目前无形文化遗产、

有形文化遗产及自然遗产之间密不可分的关系和全球化及社会变革给传统的无形文化遗产带来的灾难性破坏，包括目前没有足够的资金予以保护，也没有一个具有相当约束力的多边文件的现状，于10月17日通过了《保护非物质文化遗产公约》。公约详细地界定了非物质文化遗产的概念、非物质文化遗产所包括的范围，并通过了《申报书编写指南》。

以上保护制度的提出，从宏观上对非物质文化遗产保护起到了较强的指导与督促作用。在保护措施方面，借鉴了物质文化遗产保护所倡导的"整体性"观念，以确保非物质文化遗产保护工作的顺利实施。

从我国目前非物质文化遗产的整体生存现状来看，它们当中多数生存于经济条件比较落后的广大农村地区，如果仅仅停留于遗产申报、登录等保护形式还远远不够，遗产认识观念淡薄，保护技术落后，缺乏专业技术人员、资金和相关法规等，都是制约非物质文化遗产保护的现实问题。对米脂传统石雕技艺的保护也同样存在诸如此类的问题，缺乏"整体性"的保护方法将对非物质文化遗产保护产生"质"的影响，例如在现实保护工作中缺乏专业人士、一味追求经济效益导致传统技艺丧失其真正的价值、传承人面临消亡、缺少保护政策与资金、百姓缺少对传统石雕技艺的正确认识等都是导致米脂传统石雕技艺保护工作难以正常实施和发生变异的因素。

● 五、文化遗产的保护观念、原则与方法

1. 何为文化遗产"保护"

人类对于文化遗产"保护"(conservation)概念的理解与定义，最初始自对物质文化遗产（建筑文化遗产）的保护，其后伴随着保护认识的不断提高，对保护概念的理解与定义也得到了充分的扩展与深化。

1）物质文化遗产

在国际领域，对文化遗产"保护"概念的阐释，最早出现于1964年通过的《保护文物建筑与历史地段的国际宪章》（又称《威尼斯宪章》）中，它主要是指修复建筑文化遗产的工程技术行为，即古迹保护的关键在于日常维护，认为保存和再现遗产的审美和历史价值的技术行为是建筑文化遗产保护的具体措施；1976年通过的《历史地区保护及其当代作用建议案》（又称《内罗毕建议》），"保护"的定义增添了使遗产重生、恢复生命力的非物质因素内容，其方法措施以鉴定、防护、保护、修缮、复生、维持历史或传统的建筑群及它们的环境并使它们重新获得活力为主；1994年产生的《关于原真性的奈良文献》，对"保护"的定义进行了再次深化，

并将"保护"的概念扩展到非物质文化领域，开始关注遗产与人类"精神"因素的关联，人类应当通过理解遗产蕴含的内在意义去建立人与遗产之间的关系；在《巴拉宪章》中对"保护"概念的阐释则包含了更为广义的内容，在保护方法上以保存 (preservation)、保护性利用 (conservative use)、保持遗产 (与人) 的联系及意义 (retaining associations and meanings)、维护 (maintenance)、修复 (restoration)、重建 (reconstruction)、展示 (interpretation)、改造 (adaptation) 为主。

在我国对物质文化遗产"保护"概念的定义，长期以来未形成较为系统、科学的界定与阐释。直至 2000 年，ICOMOS 中国国家委员会制定的《中国文物古迹保护准则》中，才对"保护"加以定义："保护是指为保存文物古迹实物遗存及其历史环境进行的全部活动"。"保护"的具体措施主要是修缮 (包括日常保养、防护加固、现状修整、重点修复) 和环境整治，并认为"保护"行为的实施对象应包括与遗产相关的周围环境。2005 年，在《中国文物古迹保护准则·案例阐释》的征求意见稿的案例解说中，对"保护"概念又进行了再次补充，认为"保护不仅包括工程技术干预，还包括宣传、教育、管理等一切为保存文物古迹所进行的活动。应动员一切社会力量积极参与，从多层面保存文物古迹的实物遗存及其历史环境"。这种保护理念总体反映了我国对物质文化遗产保护概念缺乏系统性、深入性的理解，其基本理论主要延续了《威尼斯宪章》中针对物质文化遗产保护所采取的工程技术干预行为。

2）非物质文化遗产

非物质文化遗产保护起步较晚，其相关理论与物质文化遗产保护相比还缺乏系统与科学性，从相关国际宪章对于"保护"概念的阐释来看，其较为注重对非物质文化遗产"活态性""整体性"的保护，强调非物质文化遗产"生命力"的重要性。2003 年通过的《保护非物质文化遗产公约》对"保护"概念做出了具体阐释，认为"保护"是指采取措施，确保非物质文化遗产的生命力，其方法包括对遗产各方面的确认、立档、研究、保存、宣传、弘扬、传承 (通过正规与非正规教育)。它揭示了非物质文化遗产保护的根本目标是"生命力"，认为非物质文化遗产的"保护"意义在于将对象视为有生命的活态存在，并强化其内在生命，增进自身的可持续发展。

我国在非物质文化遗产保护方面，对"保护"的概念也未做过具体阐述，而是将"保护"一词直接应用，但从其保护方法来看，主要以普查、确认、登记、立档、整理、研究、出版、展示、保存为主，并通过建立文化生态保护区，通过对传承人的资助建立传承机制等，基本理念与国际非物质文化遗产相关保护文献相同。

2. 文化遗产保护的"原真性"与"整体性"原则

1）"原真性"保护原则

（1）"原真性"的基本概念

"原真性"（authenticity）的英文含义，包括原初的（original）、真实的（real）、可信的（trustworthy）等多重意思。文化遗产的"原真性"是指文化遗产在形成时所具备的基本状况及其沿袭过程中的自然状态。对于建筑遗产而言，"原真性"主要指时间、空间、结构、材料、外观形象、设计与建造的方式及使用的方式等，这种原初的、真实的、可信的、未经人为干涉的基本状况和自然状态。"原真性"概念既是遗产保护理论的基础，又是遗产保护研究的价值核心。"原真性"是遗产"文化身份"的表征，也是文化遗产评价与认证的重要因素，同样也是对文化遗产实施保护的基本原则。在《实施世界遗产公约的操作指南》（1997 年版）中强调，文化遗产被提名列入《世界遗产名录》，其认定标准至少符合文化遗产的六条标准之一并检验其"原真性"。

（2）"原真性"保护原则的历史发展

"原真性"概念最早出现于 1964 年由 ICOMOS 召开的"第二届国际历史古迹的建筑师与技师大会"所产生的《威尼斯宪章》中。随后，伴随着物质文化遗产保护实践运动的不断完善，对"原真性"概念的认识也得到了不断深化和提高。

在《威尼斯宪章》中，对"原真性"的阐释主要从实践保护方面明确了遗产的"原真性"保护技术，而未从学术理论方面进行阐释。《实施世界遗产公约的操作指南》自 1977 年（第一版）以来，一直将"原真性"作为文化遗产的基本保护原则，指南中认为"原真性"问题包括了"结构""材料""工艺""环境"四个方面，它是在《威尼斯宪章》框架下立足于欧洲文化价值观，关注静态石质遗产的一种价值观的体现。

随着人类遗产保护运动的不断振兴，对"原真性"概念，从文化多样性、遗产多样性等方面进行了进一步拓展与深化。例如《关于原真性的奈良文件》，便是被世界遗产委员会收录为《世界遗产公约》有关"原真性"概念的唯一附件。

该文件强调应从尊重文化多样性角度认识遗产"多样性"，理解处理遗产"原真性"问题；对文化遗产的"原真性"认定不能仅凭一种固定模式标准，而应根据不同文化的特征和遗产的原始信息的可信度、真实性以及文化环境进行多学科的评价；遗产的"原真性"信息应包括：形态与设计、材料与材质、使用与功能、精神与情感以及其内部因素与外部因素。这种对"原真性"概念的重新审视，不仅使"原真性"所涉及的内容得到进一步扩展，而且将非物质因素、活态因素等融入"原真性"概念当中。

尽管如此，国际文化遗产保护学术领域，仍然对"原真性"的概念，进行着更深层次的研究与探索。澳大利亚 ICOMOS 制定的国家级文化遗产保护法规《巴拉宪章》，美洲国家产生、通过的 ICOMOS《圣安东尼奥宣言》中，对"其他内部因素和外部因素"的内容进行了细化与明确。

《巴拉宪章》自 1979 年制定以来，先后经历了四次修订。1999 年版的《巴拉宪章》对"原真性"概念的阐释体现在以下方面：（a）将"文化遗产"的空间尺度定位于"文化迹地"（place of cultural significance），并从美学、历史、科学、社会、精神五个方面和三个时间区间，即"过去""现在""未来"，对遗产的"文化价值"进行界定；（b）将"文化迹地"的文化价值要素进行扩展，并具体界定为所在的"地方"（地点、位置、面积等）、"实体构成""环境""用处""意义""文献记载""与人类关联""相关的地方""相关事物"；（c）将"保护"（conservation）的内容扩展为"维护"（maintenance）、"保存"（preservation）、"恢复"（restoration）、"重建"（reconstruction）、"利用"（use）、"兼容性利用"（compatible use）、"适应性改变"（adaptation）、"展示"（interpretation）。

由此可见，对于文化遗产保护中"原真性"概念的理解，世界文化遗产保护领域经历了《威尼斯宪章》《奈良宪章》《巴拉宪章》和相关其他国际会议文献，对"原真性"概念的理解，从内涵到外延，都得到进一步扩展。

（3）"原真性"保护原则所涉及的相关因素

人类在文化遗产保护领域对于"原真性"问题的关注最早始自对建筑文化遗产的保护。从最初以欧洲文化为背景，以石质建筑为中心，到对多元文化的各类遗产形式的关注，文化遗产保护领域对于"原真性"问题的阐释已比 1964 年通过的《威尼斯宪章》中对"原真性"的阐释更加全面、充分、客观、真实，也为文化遗产保护建立了识别、认证、评价等重要的标准体系和比较全面的理论构架及其保护指导原则。通过目前学术界对"原真性"概念较为全面的阐释（图 5.1），我们清晰地看到，当代"原真性"保护的特点，不仅涉及不可移动与可移动物质文化遗产，还将非物质因素纳入其"原真性"概念当中，而且非常重视遗产的活态保护和与文化、自然、遗产地及社区的关系。

从"原真性"所涉及因素的分类来看，可将它们分为物质层面与非物质层面，物质层面的内容包括材料、材质、地点、位置、器物形态法式等；非物质层面则涉及精神价值、社会功能、知识层面。但两者之间的关系绝非独立存在，并且相互之间具有密切关联。

（4）对非物质与物质文化遗产"原真性"的阐释

非物质与物质文化遗产由于其遗产属性的不同，在对其"原真性"的评价尺度上也存在着很大差异。

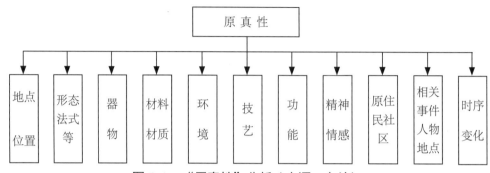

图5.1 "原真性"分析（来源：自绘）

对于物质文化遗产保护而言，特别是不可移动的建筑文化遗产，"原真性"保护原则是尽可能保持物质性的实体形成及沿袭过程中的真实状态。例如对于传统村落的保护，其"原真性"体现于它的初始状态以及村落演进过程中的痕迹。而对于单体建筑，"原真性"则体现在建筑形制、形式、结构、构造、材料、装饰、色彩等各个方面以及各个历史时期改建、修缮的真实状态。

对非物质文化遗产的"原真性"而言，主要涉及非物质文化遗产形成与演进过程中的真实环境与自身非物质的价值主体，尤其是未经人为干涉的自然状态。非物质文化遗产在形成时价值主体的真实性，体现在其物质载体与其承载的无形文化价值的真实性之中。例如米脂传统石雕技艺，作为非物质文化遗产，其石雕、打制工具、相关打制环境等物质载体记录了米脂传统石雕技艺的特征，它们存在于具有黄土高原地域文化特点的审美观、生存观、传统营造思想的真实性当中。非物质文化遗产"原真性"保护的另一个重要因素，是其形成、发展过程中环境载体的真实性问题，非物质文化遗产的无形特征决定了它与人、社会、传统观念等的密切关联，不同环境下会培育出不同的人格特征，也会形成不同特征的非物质文化遗产。环境载体的"原真性"是明确说明非物质文化遗产形成的原因和非物质文化遗产的特征及价值主体的重要环节。如将非物质文化遗产完全脱离其产生、发展的真实环境，非物质文化遗产的价值主体则会发生变异，其真正文化价值便会丧失。

2）"整体性"保护原则

（1）"整体性"的基本概念

"整体性"保护原则是国际社会确定建筑遗产保护价值与目标的重要标准之一。从《威尼斯宪章》到《西安宣言》的近40年时间，"整体性"保护原则得到不断完善，并在世界文化遗产保护领域达成普遍共识。

其基本理念是在强调文化遗产本体保护的同时，注重对遗产本体内部各要素之间联系的保护，并强调自然、人文两种背景环境在文化遗产保护中的重要地位。针对建筑文化遗产保护，则认为不仅要保护建筑文化遗产本身，还要保护周围环境，其中包含着有形与无形的大范围、多维复杂的相关联系。因此，"整体性"保护原则是明确文化遗产的保护过程与目标、制定保护政策与技术的最为基本的原则。

（2）"整体性"保护原则的历史发展

从"整体性"保护的发展历程来看，遗产保护经历了从初期确立纪念物的保护方法与形成历史环境保护观念，逐步转变成为对城市整体环境及风貌的保护，并开始逐渐涉及对非物质文化遗产的保护。

文化遗产保护的"整体性"，始自人类对建筑文化遗产的保护。而建筑文化遗产的保护则经历了从个体保护向整体保护发展的历史过程。

1931年在雅典举行的历史古迹建筑师及技师国际会议第一次会议上通过的《关于历史古迹修复的雅典宪章》，标志着文化遗产保护理念的新开端，即放弃风格修复，保护历史纪念物与艺术，保护历史纪念物等所包含的一切真实信息。

此后，国际现代建筑学会在1933年8月通过的关于城市规划的纲领性文件《雅典宪章》，从城市功能和发展的视角提出了保护城市中的文化遗产，并针对遗产保护与交通之间的矛盾等问题提出了处理方法。

1964年5月在联合国教科文组织倡导下，成立了"国际文化遗产保护与修复中心"，并在威尼斯召开会议通过《威尼斯宪章》，明确提出对历史建筑的"整体性"保护问题，认为历史建筑不仅包括单体建筑，而且包括能从中找出一种有独特文明、一种有意义的发展或一个见证过重要历史事件的城市或乡村环境。对历史建筑的保护不能与其生存环境相分离，对历史建筑的保护应包含一定规模的环境保护。

在联合国教科文组织大会第十五届会议通过的《保护受到公共或私人工程危害的文物建议案》中，认为可能受到公共或私人工程危害的重要考古遗址，特别是难以确认的史前遗址，城乡地区的历史街区、传统建筑群、早期的民族建筑以及其他不可移动的文物，应通过划分区域或列入目录的方式予以保护。保护古迹应是对任何设计良好的城市再发展规划的绝对要求，特别是在历史城镇或地区，类似规章应包括已列入目录的古迹或遗址的周围地区及其环境，以确保其内在的联系与特征。对适用于新建项目的一般规定，应允许进行适当修改，但不允许新建筑引入历史街区。虽然允许商业性机构通过某种适当方式显示自己的存在，但用招贴画和灯光广告进行一般性商业宣传的行为则予以禁止[1]。

20世纪70年代后，"整体性"保护得到进一步深入与细化，从对建筑环境的保护到对城市整体风貌保存以及对相关非物质信息的保护，都纳入"整体性"保护

---

1 顾军，苑利：《文化遗产报告——世界文化遗产保护运动的理论与实践》，237~238页，北京，社会科学文献出版社，2005。

的范围。1975 年，欧洲议会发起"欧洲建筑遗产年"活动，并召开建筑遗产大会，通过了《欧洲建筑遗产宪章》和《阿姆斯特丹宣言》，针对保护技术、规划制定和社会公正方案提出了城市整体风貌保护 (integrated conservation) 的方法与策略。但由于其缺乏系统和"整体性"保护，面对全球大规模的"国际风格主义"城市建设，拆除和不当的重建行为对各地的历史建筑及地区带来了严重的损害。

1976 年 10 月至 11 月，联合国教科文组织大会第十九届会议通过的《内罗毕建议》，再次强调了历史建筑地区"整体性"保护的重要性，并重新进行了定义，它们包括考古和古生物遗址在内的所有建筑群、结构和空地，并可划分为史前遗址、历史城镇、历史街区、古村落以及与之相似的古迹群。建议案从技术与管理角度出发，强调从两个层面，即总体与局部对历史地区进行保护，并认为历史街区及其周边环境应被视为不可替代的世界遗产的组成部分，任何历史街区及其周边环境都应该从整体上视为一个相互联系的统一体，它是否协调，是否具有个性，完全取决于各有机部分的巧妙组合，这些组合包括人类活动、建筑物、空间结构及周边环境。建议案还特别提出，警惕因开发而造成的对历史建筑群周边环境的破坏。

1977 年 12 月，在利马举行的国际建筑学学术讨论会上，对整体保护又提出了一个更深层次的理解。在会议通过的《马丘比丘宪章》中，明确了城市的个性和特性取决于城市的体型、结构和社会特征。不仅要保存和维护好城市的历史遗址和古迹，同时还要继承文化传统。一切有价值的说明社会和民族特性的文物都应该被保护起来。

1987 年 10 月，在国际古迹遗址理事会全体大会第八届会议上通过了《华盛顿宪章》，并再次强调了文化遗产整体保护的重要性，宪章中认为其特征主要包括历史城镇和城区的基本特征以及表明这种特征的一切物质与精神的组成部分，任何形式对上述特征的威胁，都将损害历史城镇或街区的真实性。

宪章中还认为，保护历史城镇与城区应该了解保护、保存和修复的必要步骤，以实现和谐发展，以适应现代生活。

2005 年，ICOMOS 第十五届大会在古都西安召开，并通过《西安宣言》，指出文化遗产的价值不仅仅在于其社会、精神、历史、艺术、审美、自然、科学和其他文化价值，也来自物质的、视觉的、精神的以及其他文化背景和环境之间的重要联系；还强调变化的管理与检测，希望通过规划与制定相关原则规定有效控制与保护文化遗产及其环境。

◘ 六、对共生性保护观念的启示

1. 保护现状的分析

在目前对非物质文化遗产的保护实践中，较为常见的保护方法有普查、文字与影像记录、实物保存等。在展示方面，则多利用庙会、文化节、展览等形式进行展演。以上保护方法对认定、保存、展示、弘扬非物质文化遗产都起到了积极作用，但不足之处在于以上保护方法忽略了多数非物质文化遗产与建筑环境、村落环境之间的关联以及两者之间相互依存、相互发展的共生性关系，造成了非物质文化遗产保护中缺少"原真性""整体性"保护的现状。这种重结果轻过程的保护方法将给非物质文化遗产的保护与传承带来不可预见的灾难性后果，其真正的价值主体也将逐步随之消亡。

从《保护非物质文化遗产公约》中对非物质文化遗产保护范围的界定可以看到，其主要涉及与各地人民群众生产生活密切相关的各类社会活动、表演艺术、生产生活经验、各类手工艺以及在讲述、表演、实施这些技艺与技能中所使用的各类工具、实物、相关场所。公约中并未对相关场所做出具体的阐释，但从对非物质文化遗产研究来看，相关场所主要指承载某项非物质文化产生、发展、传承的空间环境，这种活态保护与人具有密切的关联，而传统建筑环境作为承载人类活动的重要物质空间，对于非物质文化遗产的活态、"整体性"保护则具有重要的支持作用。例如陕北地区的秧歌，其观演空间主要由村落中的道路和百姓家中的院落环境构成，它们是承载秧歌传承、发展的重要空间环境，对于陕北秧歌的保护应与村落环境密切结合。因此，对于多数非物质文化遗产，在保护中将相关物质空间环境纳入其保护范围，是对非物质文化遗产进行"整体性"保护的重要环节。

在物质文化遗产领域，从对建筑文化遗产保护的发展历程来看，由于其物质文化遗产保护价值主体的不同，在保护中对所涉及的非物质因素未达到较为"整体性""原真性"的保护，而是将相关非物质因素作为一种人类生存发展的文化现象尽可能地加以保留，但有时因保护方法的不当或不够重视，也会对相关非物质因素造成一定的破坏，使其更快地消亡。例如在我国《文物保护法》中虽然明确了文物保护单位、历史文化保护区、历史文化名城的三个保护层次，但在保护原则、方法等各方面，又不适用于历史文化保护区和历史文化名城的保护。它主要是针对文物保护单位这个层次的，延续了《威尼斯宪章》中对建筑遗产保护的基本观点、原则，只是将历史文化保护区和历史文化名城做了概念上的说明，造成了对历史文化名城及历史文化保护区在保护相关非物质信息方面的忽视。

2. 文化遗产保护发展历程与观念的启示

通过对非物质文化遗产与物质文化遗产保护范围、保护历史及其保护观念和相关文献的研究，可以明确物质文化遗产由于具有看得到、摸得着的属性特点，在文化遗产保护领域受到的关注要早于非物质文化遗产。而在人类对物质文化遗产保护的不断实践当中，相关非物质因素自1931年开始逐渐受到了建筑文化遗产保护工作的关注与重视，两者相互关联的共生性发展关系在建筑文化遗产保护中逐渐显现。因此，在历史发展中物质文化遗产的保护形成了非常成熟的观点、原则、方法和措施，"原真性"问题以及"整体性"的保护方法都源自于建筑文化遗产保护的理论与实践研究。另外，"完整性"的保护原则虽然始自自然遗产保护，但伴随着其含义不断的扩展，"完整性"也逐步成为文化遗产保护中的重要衡量标准。近年来，伴随着国际、国内非物质文化遗产保护工作的不断加强与深入，"原真性""完整性"的"整体性"保护方法已开始逐渐影响到非物质文化遗产保护的观念、原则。

中国民俗学会副理事长、中国社科院研究员贺学君教授指出，非物质文化遗产"保护"从根本上说是"针对对象生命系统生态整体的保养与呵护，它以养为目标，着眼于对象的生命活态，意在推动传统的延续与发展"，因而非物质文化遗产"保护"的本质要义在于维护和强化其内在生命，增进其自身可持续发展能力。也就是说，"保护"的真正实质就是要让非物质文化遗产"活"下去，而且是健康地活下去。由此可见，非物质文化遗产保护过程中有待解决的问题是，如何在生活的状态下做好保护工作。针对此问题，很多专家认为保护非物质文化遗产要树立整体观，要防止文化碎片式的保护性撕裂，并应将"生态保护圈"的构想纳入对物质文化遗产、非物质文化遗产，甚至自然遗产的整体保护和规划中。

3. 共生性保护的实践意义

虽然，非物质文化遗产与物质文化遗产的存在形式以及价值主体存在非常大的区别，但在现实中它们的界限并非那么明确。事实上，物质与非物质文化遗产存在两方面难以分割的联系，多数非物质文化遗产往往以某种物质形态为载体，它们的形成与传衍也大都在某种物质空间环境中完成的。而对于一个国家、民族而言，其文化的价值却恰恰由这两个不同方面的价值主体组成，物质与非物质的相互补充是地域性文化价值的整体展现。因此对于物质文化遗产的保护，如果缺失了相关非物质因素，其物质文化遗产便成为了空壳；而对于非物质文化遗产保护而言，由于相关物质载体的缺失，非物质文化遗产便成为了无家可归的精神灵魂。

建立非物质文化遗产与物质文化遗产共生性保护的视野，是对两种不同遗产属性、形式，以"原真性""整体性"保护原则为理论基石的理论与实践性尝试，将打破以往非物质文化遗产重结果轻过程、忽视其生存空间的保护以及物质文化遗产保护中对非物质信息重视不够的状况，并对文化遗产的"整体性"保护、展示、传承、弘扬起到重要的推动作用。

第六章 米脂传统石雕技艺（非物质文化遗产）与传统建筑环境（物质文化遗产）在历史上的相互依存发展关系

米脂传统石雕技艺从初期的挖凿洞穴，到明清时期古朴、厚重、浑厚的民居雕刻与建筑构件，逐步成为当地百姓生产生活中的重要物质构成因素。传统石雕技艺是典型黄土建筑文化的代表，是传统民间工艺的杰出代表，同时又与黄土民俗文化密切相关。本章分别从历史传承与当代发展的角度，对米脂传统石雕技艺与传统建筑环境两者的历史与当代相互依存发展关系进行深入探讨，以期为两者共生性保护提供有力支持。

◘ 一、传统石雕技艺与传统建筑环境的历史脉络发展关系

米脂传统建筑环境以最为朴实的黄土窑洞为母体，充分吸纳多种优秀民居文化，并结合当地自然地理环境进行整合，形成了具有独特文化与地域特点的传统村落、民居院落、城镇聚落环境。传统建筑环境中蕴含的大量非物质文化遗存，承载着丰富的历史信息，它们是当地百姓传统生产、生活方式的真实缩影，与传统建筑环境的历史发展相互融合、平行发展。因此，对于米脂传统建筑环境的保护而言，建筑实体固然重要，而涉及的相关历史、技艺、民俗等信息更应是建筑文化遗产保护的重中之重。

传统石雕技艺作为米脂人民在艺术创造与工程技术方面的重要表达形式，是传统生产、生活方式与百姓精神诉求的重要体现。而对这些遗产信息内容的保护，则离不开对两者相互依存发展关系的深入研究。从米脂传统石雕技艺的历史发展脉络关系来看，在其产生、发展、壮大的历程中，它始终围绕建筑环境这一主体不断演变。本书通过对相关文献的考证和经实地调研认为，两者的历史发展主要经历了以下四个阶段。

1. 萌芽期

米脂传统石雕技艺与传统建筑环境密切发展的历史渊源，可追溯至新石器时代

仰韶龙山文化。根据遗址挖掘考证，这一时期当地出土有大量石质器具，如石锛、石刮器、石刀、石斧等，也不乏石质建筑构件的出土。例如 20 世纪 80 年代发现的米脂麻家坪遗址便是典型的实例，其中寨子梁遗址出土石筑壁窑两处。

这一现象极大地印证了米脂先民早在遥远的新石器时代，便有将石质材料运用于建筑的做法，但此时受生产力不够发达等因素影响，人们对石质材料的把握，更多的是局限于将它们进行垒砌，在打制方式上以平整处理为主要方法，并且未出现任何装饰性的雕刻手法。

虽然以上这种利用石质材料的方式在手法上显得过于简单，但从其遗存数量较少、使用量较小等现象来看，它是这一时期先进生产力的代表。而这种将砂石与建筑环境相结合的方式，同时也反映出陕北砂岩石质地松软、便于控制的特征，使米脂传统石雕技艺的发展较早地进入到一个萌芽发展时期，为米脂传统石雕技艺在未来发展中与传统建筑环境的密切结合奠定了基础。它的产生源自于人类生存的本能，是先民合理利用自然万物的一种方式。

2. 发展期

战国至秦汉是米脂传统石雕技艺的发展时期。相关资料记载，在春秋战国时期，伴随着人类社会生产力的不断提升，米脂先民已有了建造石窑的历史。这是米脂传统石雕技艺真正意义的发展时期，并与传统居住形态形成了密切的共生性发展关系。

秦汉时期，米脂作为戍边重镇，文化艺术受到了中原文化与草原文化的影响。这时的传统石雕技艺，已从初期人类满足生存的本能意识走向装饰与功能一体化的石雕艺术。

在这其中，汉代墓室成为传统石雕技艺得以长足发展的重要物质载体，其主要应用于上等阶层的墓葬建筑，以石质墓室建造与画像石雕刻为主要代表。20 世纪 50 年代，经考古发现的米脂官庄东汉墓葬群便是这一时期最具代表性的遗存，据县志记载，这一区域发现汉墓 26 处，出土画像石 100 余块。其墓室形式大多相同或类似，全部采取石葬的方式，墓顶以石砌四角攒尖式、石砌券拱式为主，内部多数设施都由砂岩砌筑、铺设完成。以铺地为例，此时的工艺已达到了打磨均匀以及合缝铺设的水平，除此还发现石质陪葬物品，如石灶等。

另外，多数墓室中墓门及内部墙面都镶有画像石，以突出墓主的身份、地位，并产生装饰效果。内容以反映社会生活为主，如车马出行图、富室宴饮图、狩猎图以及反映农耕生活等的图案，呈现出汉代农业生产、建筑、文化形态等各方面信息。

从汉代米脂画像石的表现手法来看，虽然雕刻工艺仅限于平面雕刻，但手法较为成熟，图案构成形式也非常生动。从整体表现风格来看，汉代米脂画像石的发展，显然受到了中原文化的影响，并在此基础上结合砂岩材料形成了自身的特点，为日后米脂传统石雕技艺的发展奠定了深厚基础。

3. 成长期

宋元时期是米脂传统石雕技艺发展较为显著的阶段，这主要归因于石窟建造、佛教造像以及相关领域所取得的成就。但由于历史原因，加之保护不当，这一时期相关遗存基本未得到保护，我们已无法从实物中进行考证，只能通过相关文献资料进行研究。

佛教自汉代传入我国后，经南北朝、隋唐等朝代已遍及全国。据相关文献记载，米脂佛教的传入不晚于元代，县内保留至今的万佛洞可追溯至宋代。这一时期佛教的兴盛不仅带动了佛教石窟的蓬勃发展，而且带动了佛教寺院的兴建，据相关文献记载，元代至正年间修建于米脂古城北门凤凰岭下的严华寺，县西逾 15 千米处的崖封寺（卧羊寺）等，都曾拥有一定数量的佛教造像。

除宗教建筑以外，传统石雕技艺还广泛应用到一些古寨及建筑环境当中。如石质碑刻、石质生产工具、土石结构的寨墙等都在近年来的文物考古工作中有所发现。

从整体来看，宋元时期米脂传统石雕打制技艺已由初期满足简单雕凿与打磨的工艺形式逐步发展为融建筑营造、平面雕刻、立体塑造等为一体的雕刻技艺，石雕造型涉及圆雕、浮雕的表现，并在打制技艺与表现手法上得到完善。

4. 成熟期

明清时期，伴随着米脂社会经济的不断发展，社会逐渐趋于稳定。这一时期县境内人口的不断增长也使多元文化得以交汇融合。同时，建筑作为人类赖以生存的物质空间，也在其建筑风格、形式等方面日趋成熟，并逐渐趋于稳定。而此时的传统石雕技艺在根植于寺院、道观等宗教建筑的同时，开始被传统民居等传统建筑环境的营造吸纳、重视。

明清米脂传统石雕技艺作为本书研究的主体，在物质表现形态上与民居院落或传统建筑环境密不可分，其打制环节也多在建筑环境当中完成。在打制技法方面，技艺娴熟，形成了与地域文化相一致的审美风格。在石雕造型上形式内容多样，与百姓日常生产、生活紧密相连，部分造型还是承载人们精神生活的重要物质载体。

此时的米脂传统石雕技艺已成为构成黄土高原地域建筑文化的重要非物质技艺形式，而其物质表现形态则成为体现地域建筑文化的重要物质表征，是与百姓生产、生活密切相关的传统技能。

从以上对米脂传统石雕技艺历史发展的分析可以看到，米脂传统石雕技艺从最初技艺产生的萌芽阶段到明清时期的成熟阶段，技艺主体形式经历了从初期石窟建造、墓室建造与画像石雕刻，宋代石窟雕刻与造像，直至明清传统建筑环境中的石雕打制这样一个演变的过程。米脂传统石雕技艺发展的主脉络始终围绕“建筑”而展开。

特别是在明清传统建筑环境中，气魄雄浑的传统民居院落以及其内部建筑环境，处处展现出米脂工匠在传统石雕技艺、建筑营造、建筑装饰艺术等方面的成就。这种在建筑及环境中大量使用石质材料的现象，反映了米脂先民在恶劣自然环境下长期以来所形成的因地制宜、就地取材的建筑营造思想与理念，是其传统建筑环境发展精髓的重要表现。另外，明清米脂传统石雕技艺传承的广泛性，是广大民众对于石雕技艺高度认同感的表现，技艺已由最初的表现形式转化为石雕民俗文化，而人类进行物质与精神生活的根本目的，是为了满足自身生产生活需求。这种需要和实用价值的满足与人的生命原则和生命价值相联系，是民俗文化的体现。民俗在本质上是一种带有鲜活特点的物质生活与精神生活的文化现象。作为人类社会生生不息的永恒伴生物，民俗是人类的一种基础文化，它是上层文化、精英文化，或者说是雅文化得以滋养和创造的前提[1]。因此，民俗石雕文化为米脂传统石雕技艺提供了最基本的生存土壤，是传统石雕技艺得以传承发展的重要保证。即使在经济高速发展、时代进步的今天，虽然传统石雕技艺已逐渐淡出人们的视野，但是米脂石雕技艺依然是当地百姓津津乐道的话题。

二、物质形态的关联

米脂传统石雕技艺作为传统建筑环境中重要的非物质构成因素，经历了漫长的历史发展进程。从相关历史资料来看，米脂传统石雕技艺发展于距今两千余年前的石窑建造，其后经历了汉代墓室营造与画像石雕刻，宋代石窟雕刻，直至明清时期传统民居的建筑装饰雕刻与石工建造。传统石雕技艺在发展历程中涵盖了民居、墓葬、宗教建筑，是当地传统建筑营造中至关重要的技艺形式。

对于米脂传统石雕技艺的保护而言，传统建筑环境作为重要的物质空间载体，包含了米脂传统石雕技艺大量的物质信息。以米脂姜氏庄园为例，其建筑环境内部便蕴含大量的石雕物质遗存（图 6.1）。从对明清米脂传统石雕的分类来看，它们基本由建筑构件、生产生活工具等形式组成，既是建筑营造的产物，又是百姓生产生活的必备之物。因此，米脂传统石雕技艺涉及多种属性，它既是一种建筑营造的石工技术，又是一种民间石雕技艺，还是一种传统生产生活工具的制作工艺，具有典型的传统民间非物质文化遗产特点。

通过对明清米脂传统石雕的研究，本书认为从石雕涉及门类以及功能等多方面

1　仲富兰：《中国民俗文化学导论》，修订本，39 页，上海，上海辞书出版社，2007。

来看，可将米脂传统石雕化分为建筑环境类和生产生活用具类。

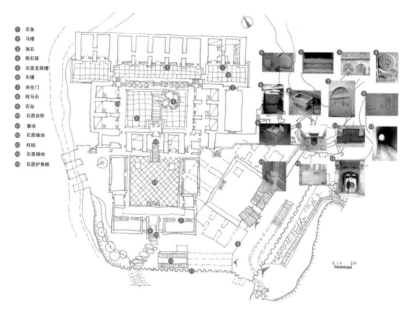

图 6.1　姜氏庄园石雕遗存分析（来源：自绘）

1. 建筑环境类

明清米脂传统石雕技艺广泛根植于传统民居及院落的营造建设之中，很多百姓通过师徒传承等方式具备了打石的基本技能，石雕技艺开始普及并在民间盛行，并且呈现出内容丰富、形式多样的物质表现形态。在大量的传统建筑环境遗存中，石拱窑、石质铺地、石质窑脸、石拱涵洞、石质台阶等，构成了米脂传统石雕技艺最为常见、最为普遍的物质载体形式。它们强调其具体的实用功能，弱化装饰语言，具有石文化最为原始的生态性，这种传统石雕技艺的物质载体形式与普通百姓生活密切相关、紧密相连，村村户户比比皆是，是传统石雕技艺保护中必然涉及的物质要素。另外，对于具有一定身份或家境较为富裕的人家，石质门墩、石质影壁、石质柱础、石质挑檐等建筑构件和造型也较为多见。它们既具有建筑实用功能，又极具建筑环境装饰意义，同时很多装饰图案还蕴含着丰富的文化价值与精神寓意，承载着丰富的历史文化信息。

2. 生产生活用具类

生产生活用具的制作可以说是人类最早的工艺活动，最早可追溯至石器时代。我国打制石器的制造工艺可追溯至距今约 180 万年前的旧石器时代，而磨制石器的工艺出现于距今一万年前的新石器时代。县内新石器时代仰韶文化遗址、龙山文化遗址中出土的石质工具，便是先民早期的生产生活工具。

从对米脂传统石雕的基础性调研中发现，现存民居、院落中保留有大量石质生产生活用具。牲畜使用的石碾、石磨、驴槽、马槽；窑洞中的石灶、石炕；放置食品的肉仓、粮仓；等等。这些用具大多数起源较早，并伴随着人们的生活延续使用至今，例如石磨的使用便是如此。石磨是重要的传统粮食加工机械，主要用于粮食和油料颗粒粉碎。古称硙，《世本》载："公输般作硙。"汉代开始称磨。我国河北邯郸、陕西临潼等地也曾出土战国时期石磨，很多汉墓也有大量石磨出土。因动力不同，石磨可分为多种，如人力磨、畜力磨、水力磨、风力磨 [1]。米脂石磨多以畜力磨为主，并且体量偏大，用当地砂石打造，虽近些年来机械电磨得以广泛使用，但在当地石磨以及石碾依然是百姓生产、生活的必备工具。

传统石质生产生活用具，由于其功能首先是满足使用需求，所以多数器具造型简单，注重实用功能，轻装饰效果，往往被人们所忽略，但从其发展历史来看，它们不仅具有典型农耕文明属性，而且具有广泛的传承基础，是米脂传统石雕技艺的重要物质表达形式。

传统石质工具不仅与百姓生产、生活密切相关，同时与传统建筑环境紧密相连。米脂人民在长期生活实践中将很多石质工具的摆放与建筑环境布局密切结合，并形成规范。例如在对石碾、石磨的摆放方位上，就提出了非常明确的摆放准则，当地流传有"前院碾子后院磨"等具体的布局规范，并形成了适用于不同建筑布局的操作规范。

❏ 三、石雕打制空间与建筑环境

通过对米脂传统石雕打制技艺的实地调研，可以看到古代（明清时期）石雕打制过程与现代石雕打制具有很大不同之处。明清时期石雕打制通常在雇主家中完成打制工作并进行安装；而当代社会传统石雕通常通过购买形式，即工匠在其他场地打制完成石雕，再进行出售。两者在制作过程、环境需求上存在本质区别。

米脂传统石雕打制需聘请工匠上门，其技艺过程通常都在建筑环境中完成，两者形成了密切的互补关系。因此，传统建筑环境是承载米脂传统石雕技艺过程的重要物质空间载体。一般来讲，对于非物质文化遗产的保护，研究视野多为对传统技艺的研究，或结合其物质表现形式进行研究，或从人文角度研究，但很少提及与技艺过程相关的传统建筑环境（即物质空间载体）研究。而从相关非物质文化遗产的保护原则来看，从其物质空间载体入手对传统技艺过程进行剖析也是研究非物质文

1　华觉明，李绵璐：《民间技艺》，5 页，北京，中国社会出版社，2006。

化遗产的重要手段。

1. 技艺特征

自古以来窑洞一直是米脂百姓最为主要的居住形式，从县内大量保留的传统建筑环境遗存可以看到，传统聚落遗址、古城传统聚落空间、传统村落、民居等都是窑洞居住文化的重要组成部分。这些传统建筑环境不仅反映了当地百姓利用自然、与自然和谐相处的生存理念，而且映射出黄土高原窑洞建筑文化那古朴、沧桑、厚重的底蕴。纵观米脂传统石雕技艺的历史发展，其轨迹始终与建筑密切相关。这充分反映了米脂先民面对恶劣自然环境长期形成的因地制宜、就地取材的建筑营造思想，同时也是传统建筑环境发展精髓的重要表现。而广大民众对于石雕技艺的高度认同，也使它逐步发展成为一种民俗文化。

建筑是人类居住环境的物质载体，任何建筑环境都蕴含与人类历史发展相关的大量非物质信息。米脂传统石雕技艺作为米脂先民工程技术、艺术创作、传统生活方式的集中展现，其技艺过程、打制习俗以及相关仪式都与建筑环境密切相关。将传统石雕技艺这一典型非物质文化遗存纳入传统建筑环境当中进行整体保护，是对建筑文化遗产"原真性"保护的有力支持。通过对米脂传统石雕技艺的分析，本书认为其历史发展、石雕民俗文化、石雕技艺过程等相关非物质信息，都是构成米脂传统建筑环境的"原真性"保护的重要内容。

但米脂传统石雕技艺与其他一些传统手工艺相比在打制过程中具有很大不同之处，只有明确其技艺过程的特点，才能更加真实地对它进行整体的"原真性"保护与展示。研究从物质文化遗产保护的视角，对米脂传统石雕的打制技艺过程进行深入调研与走访，通过与一些传统手工艺进行比较研究，认为米脂传统石雕技艺的打制过程具有以下特征。

1）依附性

米脂传统石雕通常依附于建筑环境而存在，并根据不同文化寓意的石雕划分打制空间，以强调石雕与建筑之间的对应关系。

2）短暂性

传统手工艺的制作环节通常都依附于建筑环境进行，一般具有较强的稳定性、持续性、长久性。陕西长安北张村造纸便是典型的代表。其传统技艺长期流传于传统村落、民居当中，并且对村落环境、布局以及民居形式具有一定的影响，技艺表现形式具有持续、稳定等特征。而传统石雕技艺则不然，技艺过程往往较为短暂，往往很难被人们所了解，常常处于被忽略的状态，对其传统技艺过程往往只能通过石雕进行了解。

3）工程性与艺术性

米脂传统石雕技艺不仅具有独立的传统手工艺保护价值，同时还是建筑营造技术中重要的组成部分，兼具艺术性与工程性，是米脂传统建筑环境保护中重要的非物质文化信息。对于它的研究与保护不仅对非物质文化遗产具有重要价值，同时传统石雕技艺也将对传统建筑保护、修缮起到重要作用。

4）民俗性

米脂传统石雕技艺打制过程中相关的祭祀、庆典，也是传统建筑环境保护中不可忽视的非物质信息。它是传统石雕技艺中精神生活的重要表达形式，是一种民间信仰、灵物崇拜、民间禁忌，祛除其迷信的外壳，我们看到的是人类求善的"道德内核"。它们作为一种精神生活的表达形式同样受制于物质生活，反映着特定的物质生活即经济基础，与人们所居住的建筑环境息息相关。

2. 打制空间分类

研究根据田野调查取得的大量资料，通过分析认为米脂传统石雕技艺打制空间可划分为两类，即开放式空间与封闭式空间。

1）开放式空间

开放式空间指与建筑环境密切结合的石质物件（如铺地、涵洞等）的打制空间，是在主体建筑及环境的施工阶段中一并完成的，由于其以实用功能为出发点，因此对打制空间基本不做要求。

2）封闭式空间

在传统建筑环境中，具有建筑实用功能和生活使用功能的装饰性石质构件与独立造型，诸如门墩石狮、门墩石鼓、石质影壁、炕头石狮等等，由于具有典型文化寓意，因而对打制场地有不同要求，以此突出石雕文化寓意的对应关系。

在打制空间的具体划分上，根据传统石雕文化寓意的不同，可将打制空间划分为室内与院落两种形式。

（1）室内打制空间

室内石雕打制空间仅限于对炕头石狮的打制。通常在石雕打制过程开始之前，雇主都已按工匠要求准备好石料，并用红布包裹运送至自家大门外停放。由于其实用功能和文化寓意直接与幼儿成长密切相关，而幼儿初期又多在室内空间中活动、生活，因此选择与幼儿成长密切相关的室内空间完成打制所有过程，是炕头石狮打制过程的重要环节。对于室内环境的选择，多以雇主家中主窑或幼儿居住的窑洞为首选。

在窑洞室内空间布置上，由于炕头石狮体量较小，所以使用工具多数较为简洁，诸如手锤、錾头等方便使用和携带的随手工具，打制过程通常利用窑中炕前的地面进行打制。所以室内较为狭小的空间也足以保证石雕打制过程的顺利进行。（图6.2）

（2）院落打制空间

与炕头石狮打制相同，在石雕打制开始之前，雇主都应按照工匠要求准备好石料，并用红布包裹运送至自家大门外。

由于此类传统石雕同样具有典型文化寓意，但大多时候表达

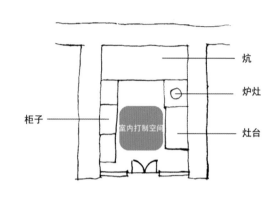

图 6.2　室内打制空间（来源：自绘）

的是雇主对院落宅基风水、家族兴旺发展等的美好诉求。这类石雕的打制一般是在院落即将建成，或已初步投入使用之时。为保证其达到预期的寓意目的，此类石雕通常在传统建筑环境的院落中完成。但此类石雕的打制绝非露天完成，而是通过在院落中搭建工棚形成石雕打制的独立空间。工棚的搭建通常有两种形式，即正方形与长方形。搭建方法采用柱体生根，柱体材料多为当地较为常见的杨木，并用布幅70公分左右的白色老布围绕工棚一周。工棚不设门，用白色土布帘搁挡。棚顶加草席子用来防雨，并插有红色小旗，表示工程启动。工棚面积为20~30平方米，高度一般为2.1~2.2米，具体形制、高度、面积可根据打制石雕的具体体量进行自由调整。（图6.3）

3. 打制空间特点

与很多非物质文化遗产不同，米脂传统石雕技艺具有短暂性的特征，而在打制过程中传统石雕技艺又非常强调与文化寓意的对应关系，形成了其短暂、隐秘的技艺特征形式，同时形成了其打制空间的针对性、灵活性、私隐性、程式性等特点。

（1）针对性

米脂传统石雕的打制所需环境，根据文化寓意与内涵而确定，以此体现其传统寓意和文化内涵所对应的具体对象，这种具体的对应形式，使得传统石雕打制技艺所依赖的空间具有不同分类。

（2）程式性

传统文化内涵与寓意根植于广大百姓的心里，长期形成了对于石雕文化的崇拜

和在心理上的依托，使得传统石雕技艺的打制空间具有程式性，作为一种准则在百姓中世代相传。

（3）私密性

文化寓意与心理诉求的注入，使得米脂传统石雕技艺在打制过程中，无论室内还是室外搭建的临时空间都较为注重私密性。即使是临时搭建的工棚，也要用白布包裹，形成封闭的围合空间。

（4）灵活性

大部分米脂传统石雕技艺的制作空间，可根据其石雕体量的大小，对长、宽、高进行较为灵活的自由控制，以此形成最为经济、高效、合理的石雕打制空间。施工材料较为简洁方便，是日常生活中最为常见和使用较多的材料，并具有可拆装、反复使用的特点。

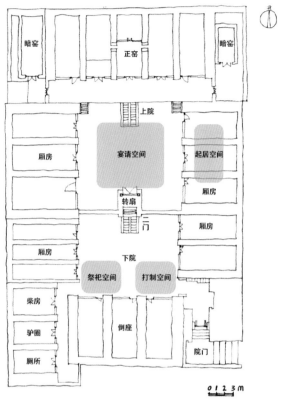

图6.3　室外打制空间（来源：自绘）

4. 工匠起居空间

在米脂传统石雕打制过程当中，不仅涉及技艺制作空间，还涉及工匠起居空间，后者同样是米脂传统石雕技艺过程中重要的物质构成因素。

陕北人民热情好客，并且百姓普遍认为石雕打制的好坏关系到一个家族的兴衰。而操控石雕打制的石匠便显得格外重要。因此雇主对于受邀来到家中进行石雕打制的工匠就更加注重礼仪。石雕打制工匠一般由2~3人组成，师父1名、徒弟1~2名。由于石雕打制工艺费时费工，所以雇主都要在家中为工匠准备可供起居的窑室。通常师父独自居住，徒弟合住。在窑室选择方面，可根据雇主家中实际情况进行合理分配，如果条件允许多安排主窑或两侧厢窑，并尽可能从窑室性质、布局上区分师徒的尊长关系，例如师父住正窑，徒弟便居于东厢窑；师父如居东厢窑，则徒弟住西厢窑或其他窑室、厢房。这种对工匠居住环境的高度重视和严格划分，表明雇主对石雕制作的高度重视，也是对石雕美好文化寓意的真诚期望。（图6.3）

5. 民俗活动空间

院落不仅是绝大多数石雕技艺的制作空间，还是承载米脂传统石雕打制过程中祭祀仪式活动的重要场所，例如工棚竣工仪式，石雕开工、竣工仪式等环节都要举行的上香、打醋仪式和摆设酒席宴请来宾的活动。

由于百姓经济水平的不同，在石雕民俗活动的空间使用上也存在着一定差异，例如经济状况较好者对石雕民俗活动的空间使用则较为讲究，多在院落中进行分区规划，祭祀空间、宴请空间等都划分得非常清晰、明确。而经济状况较差者由于所居住环境的限制，对空间的使用与划分则更多的是根据实际院落的布局来实施完成。（图 6.3）

● 四、米脂传统石雕文化内涵与物质环境的关联

米脂传统石雕技艺不仅在造型上特点突出，还具有物质与精神价值，与百姓的传统生活方式有着千丝万缕的联系，同时也与传统建筑环境之间有着不可分割的关系。

建筑的最基本功能是为人们遮风挡雨，提供庇护。人类在不断完善建筑结构、空间与审美风格等的同时，对构建避凶纳福的文化符号和物象也流露出浓厚的兴趣，这种现象发自人类的一种本能意识，是对"生命"的无限关爱。例如在黄土高原的窑居中，人们常将剪纸贴在门窗之上或贴在窑洞之中，这种行为方式我们往往将它理解为一种喜庆的方式或者传统装饰的形式，其实它们还具有更深层次的文化内涵与寓意。同样这些重要的信息也体现在传统石雕上，如在幼童玩耍的炕头上放置炕头石狮（图 6.4），寓意家族人丁兴旺；在宅院大门放置看护院落的门墩石狮、石鼓，寓意能够将一切邪恶之物拒之门外；造型凶猛的巡山狮（图 6.5），能够对恶劣自然环境起到威慑作用；在院墙、门外等处放置石猴、石牛等石雕，都反映了百姓内心对不同事物的理解与解决方式。在实际环境与空间的关系组合中，由于传统建筑环境所处方位的不同，所依附

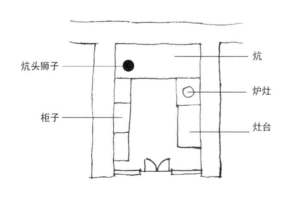

图 6.4 炕头石狮与建筑环境的关联（来源：自绘）

的阳光、水、动物、植物等的不同，较为"凶险"的地方，都被百姓所熟知。因此在环境结构中，诸如门前有冲沟，面山有缺口，面石有深岩，都是人们应该精心处理之处，所以村头狮、山头狮、墙头狮、门墩石狮等，都是百姓精心构筑起的能够与身处环境相克或互补的吉祥之物。甚至一些传统的生产、生活工具，都被赋予了神圣的文化内涵。以百姓家中常见的石碾、石磨为例，在百姓长期生活实践中，就形成了多种布局方式，其中左青龙右白虎（左碾、右磨）（图6.6）和前院碾子后院磨（图6.7）的摆放方式都较为常见。

这种石雕文化内涵与传统建筑环境密切结合的存在方式，在民众精神生活中构筑起了能够祈求福寿、逢凶化吉的精神环境。它与物质环境相结合，构筑了人们生存的基本环境，为百姓营造出适居的物质与精神环境。

图6.5　巡山狮的布局（来源：自绘）

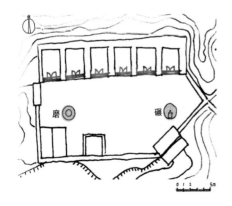

图6.6　左青龙右白虎的布局（来源：自绘）

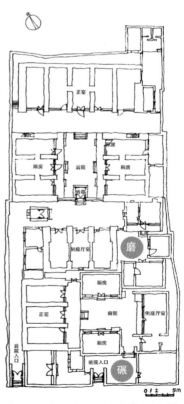

图6.7　前院碾子后院磨的布局
（来源：自绘）

○ 五、对米脂传统石雕技艺与传统建筑环境历史依存发展关系的阐释

通过对米脂传统石雕技艺与传统建筑环境的相互关系研究，可以看到两者在很大程度上具有紧密的相互依存发展关系。传统石雕技艺作为米脂传统建筑环境中所发生的重要历史信息，其传统技艺依附于传统建筑环境而发展，是构成米脂传统建筑环境典型地域建筑文化特点的重要非物质因素。而传统建筑环境又是承载传统石雕技艺传承、发展的重要物质载体，是传统石雕技艺生存、成长的土壤。两者之间相互依存发展关系的阐释主要体现在以下方面。

1）石雕技艺是米脂传统建筑环境营造技术与艺术的凝缩点

传统技艺是在漫长历史发展中形成并世代传承的手工技艺，它与人类日常生活、社会生产具有紧密联系，是人类生产、生活中重要的基本活动之一。

米脂传统石雕技艺作为建筑营造中石质工艺制作的重要环节，不仅具有独特的文化与科学价值，还体现着人类早期文明的生产、生活方式，是传统建筑文化、传统民间文化重要的组成部分，是一个民族、地区永恒的历史见证，凝聚着民族之性格、民族之精神、民族之真善美。

2）传统建筑环境是石雕技艺生存、发展的土壤

从对米脂传统石雕技艺的历史发展研究中可以看到，其产生和发展与建筑环境之间有着必然联系，并且始终围绕建筑的脉络不断发展、成熟。从早期石窟到汉代墓葬，再到宋代石窟，最终形成了明清时期主体服务于建筑营造的石雕技艺形式。

明清米脂传统石雕技艺与很多强调个体审美、表现的石雕技艺形式具有很大不同之处，更加强调与建筑环境的和谐共生。因此，米脂传统石雕技艺的出现、发展、成熟，与米脂先民传统的居住观有着必然联系，体现了百姓因地制宜、就地取材的建筑营造思想与理念。传统建筑环境是米脂传统石雕技艺生存、发展的土壤。

3）传统建筑环境是石雕打制技艺过程的物质载体

通常米脂传统石雕技艺的打制过程，都依附于传统建筑及其环境来完成，并根据石雕文化寓意的不同，在打制空间上形成了一定的规范。由于其打制空间的私密性及工艺的短暂性等特点，往往打制技艺及环节等相关信息被人们所忽略，但传统建筑环境却是承载这些历史信息的重要物质空间载体。

4）传统建筑环境是米脂传统石雕技艺的物质凝缩

米脂传统石雕技艺虽然具有典型的非物质文化遗产属性，但传统石雕又是技艺的物质形式表现，它们大量遗存于传统村落、民居当中，体现于建筑结构、建筑装饰方面，或服务于百姓日常生产、生活方面。因此，传统建筑环境不仅是传统石雕技艺的物质凝缩，而且是承载这些相关物质信息的重要载体。

5）传统石雕技艺是传统建筑环境人文文化的展现

米脂传统石雕技艺不仅是米脂先民工程技术的成就，而且其打制过程中的祭祀、庆典等与石雕造型、纹样同样是传统建筑环境人文文化的重要组成部分。它是民众精神生活的真实写照，反映着集体和社会的意愿，是一个地区、民族在社会发展、生产水平、经济特点等的同步展现，是透视社会生活的广角镜，是一种具有民俗性质的文化现象。而建筑作为人类赖以生存的物质载体，这种文化现象也同样是对传统建筑人文文化的展现。

◻ 六、小结

基于以上对米脂传统石雕技艺与传统建筑环境的共生性研究，可以明确两者在历史发展中具有密切关联，并具有典型相互依存的共生性发展特点。在传统建筑环境中对传统石雕技艺进行保护，不仅是对历史信息、传统石雕技艺和过程的再次呈现，也是展示米脂传统建筑选材及工艺的重要环节，是对传统建筑设计、技术、文化等方面的"整体性"保护，是对传统建筑环境进行"原真性"保护必然应当涉及的因素。这种物质与非物质相结合的保护方式，将为建筑文化遗产的保护注入新的血液和增添新的活力，也将为传统石雕技艺保护营造其"原真性"的生存空间。

第七章 当代背景下米脂传统石雕技艺与传统建筑环境的相互支持关系研究

　　不同特征的地域文化与不同风格的建筑形态之间存在着必然的联系。从人类的历史发展进程来看，任何一座伟大的历史建筑都是一个时代、一种文明的独特象征。正如气势恢弘的斗兽场和巧夺天工的万神庙，向我们展示出古罗马帝国的强盛与辉煌；从清真寺的高塔、尖拱、弯隆顶与星月标志中，我们同样能够感受到伊斯兰文化中浓郁的宗教气息。

　　雨果认为："建筑是用石头写成的史书，是历史的纪念碑。"这一观点表明了世界建筑文化的历史内涵和精神所在。中国传统建筑的功能美、形式美和艺术美是在历史发展过程中逐步形成的，而作为具有五千年发展历史的中国，不同的民族在不同的历史时期、不同的地域，其建筑风格、特征等方面也存在着明显的差异，呈现出不同的地域文化特征。

　　建筑是人类永恒历史的见证，任何建筑形式，在它的产生与发展过程中都伴有与之相关的建造技术，石工、木工等都是其中必不可少的技艺环节。传统建筑形态与建造技艺作为文化遗产中重要的构成要素，呈现出物质与非物质的遗产价值。正如本书的研究对象"米脂传统石雕技艺与传统建筑环境"在历史发展过程中所存在的必然联系，这种物质与非物质因素之间的密切关联是两者能够共生发展的重要因素。

　　21世纪，人类开始更加清楚地认识到文化遗产对于人类的重要价值，保护文化遗产已成为人类共同的责任与使命。但在社会快速发展的今天，无论是非物质文化遗产还是物质文化遗产的生存，都难免受到全球化进程的影响。传统建筑环境的毁坏、传统居住形态发生改变、现代工艺技术不断崛起以及传统文化理念丧失，都是造成文化遗产遭受破坏和面临消亡的重要诱因。一个地区、一个国家的当代文化建设应当如何发展已成为当今社会密切关注的问题。人们越发清楚地认识到文化的发展绝非简单的嫁接或植入，而是需要对本民族、地区、国家的历史文化脉络的再延续。当代遗产的保护问题必须从文化的角度去研究与阐释，因为这些优秀的遗产形式是由文化的"土壤"孕育而生的。同时我们还应当清楚地认识到，文化遗产对于人类发展的重要性以及民族、地域文化特征在当代社会发展中所蕴含的真正价值。

非物质与物质文化遗产体现了各个地区深厚、鲜明的地域文化特色，并有着典型的人文环境及美学思想。米脂传统石雕技艺与传统建筑环境作为黄土高原地域文化的重要组成部分，是这一地区生产生活观念的集中展现。当代社会伴随着人类社会的进步以及城市化进程的加快，传统石雕技艺与传统建筑的保护同样面临着巨大的挑战。我们应当清楚地认识到，文化遗产的保护问题必须从"原真性"角度去理解、研究、探索，因为米脂的传统石雕技艺与传统建筑环境是由黄土高原地域文化的土壤孕育而出的。因此，传统石雕技艺与传统建筑在当代的保护与利用必然应当建立在两者的历史依存发展关系基础之上。对于该问题的研究，应从传统石雕技艺与传统建筑环境所生存的地域文化背景中去发掘，才能为当代传统石雕技艺与传统建筑环境的发展提出合理性建议。

一、文化遗产的当代意义

在中华民族数千年的历史积淀中，遗存了丰富多彩的文化遗产类型，在这其中无论历史建筑、传统民居、传统手工艺、民间习俗等，都与中华民族的历史文化脉络紧密相连，是悠久历史文化的见证与延续。

纵观我国文化遗产的生存与保护状况，近现代以来大规模遗产破坏，造成了遗产生存状况的恶化。新中国成立后，政府逐渐加大了对文化遗产的保护与关注。但与此同时，在全球经济一体化浪潮的推动下，向欧美"西方先进文化"学习的趋势开始占据主要地位。这种文化的趋同，有其双面性：一方面体现在它推动了整体社会的进步与发展，具有积极主动的特征；另一方面它破坏了整个世界的地域性和民族性文化特征，导致了文化多样性的丧失，造成了较大的负面影响。

以上所阐述的正负面影响，反映在建筑文化领域，以建筑的"国际化"趋向尤为突出，虽使众多的城市、乡村在面貌上焕然一新，但却导致了它们在建筑风格、形式上的雷同以及传统建筑环境消亡所带来的相关非物质文化的消失与变异，这种传统文化的丧失也使地域文化开始逐渐走向消亡。因此，文化遗产具有卓越的历史价值，在当代社会发展中对于它们的传承与发展不可忽视，对于这一问题的理解应从精神、文化、政治、经济多个角度，进行阐释与分析。

首先从精神方面出发，在现代社会人们的第一要务是了解自己民族的意识形态渊源，并通过遗产建立起自己的意识形态家园[1]。该问题的提出，使我们更加清楚地认识到中国文化遗产所具有的突出价值以及它们所承载的物质与精神要素。面对

1　徐嵩龄：《第三国策：论中国文化与自然遗产保护》，8~9页，北京，科学出版社，2005。

改革开放的大潮，受全球一体化趋势的影响，国外（主要指西方国家）的物质与技术成果、生活方式、文化艺术形式、审美心态以及传统习俗等，都在悄无声息地影响着国人，无疑也对中国本土文化带来了巨大冲击，使人们开始淡化本源文化。因此我们应当清楚地认识到，文化遗产是当代具有维护国家意识形态、价值观和民族精神的重要因素之一。

在文化方面，非物质与物质文化遗产同样具有非常重要的意义，因为它们将有力促进当代中国的文化重建，也将对中国的社会、政治、经济发展提供重要的支持。中国传统文化博大精深，统一而又多样，对非物质与物质文化遗产的保护，不仅会提高人们对传统文化的重新认识，使他们发现其中的精华并挖掘其中所潜藏、蕴含的思想、文化、知识、制度，为我国当代文化建设提出指引。

同样，将其延伸至政治层面，也可发现文化遗产不只表明国家的历史合法性，同时也是构成国家利益与"完整性"的重要因素。这是因为文化遗产最能从根本上体现一个民族、国家、地区的文化独特性、丰富性，它们承载着不同的历史内涵以及文化与精神内涵，对人们形成了强大的吸引力与感召力，并激发着人们对本民族、本地区文化的认同感、自豪感以及归属感。

在经济层面，文化遗产同样具有不可低估的作用，它与塑造民族、国家、地区形象有直接关系，是推动区域经济发展的重要因素。

通过对上述几点的总结与分析，可以看到中国作为遗产大国，独特的非物质文化遗产以及物质文化遗产向人们展示出中华文化的吸引力与感召力，同时也让我们充分感受到遗产对我国当代社会发展的重要意义。它们是中国文化、政治、经济发展的优势资源，是塑造国家意识形态、社会价值观和民族精神的支柱，同时是促进中华民族伟大复兴的力量。因此，文化遗产保护将有力地促进当代中国的文化价值，并逐渐成为捍卫国家安全、发展国家利益的软实力。

◼ 二、传统石雕技艺是古建筑遗存的重要修复技术

我国传统建筑文化遗产的保护，在经历了 20 世纪 80 年代"拆旧建新"的沉痛教训后，逐步开始意识到文化遗产保护的重要所在，开始走向了理性的回归。传统建筑文化遗产的保护开始得到各方面的密切关注，建筑文化遗产保护走向了理性回归的道路。与此同时，保护技术的贫乏使建筑文化遗产的保护遇到了新的问题，特别是与传统建筑营造相关的传统手工艺技术的短缺和失传，使建筑文化遗产的保护面临着危机。

米脂传统石雕技艺具有非物质文化遗产的主体特征，同时又是传统建筑营造技术的重要组成部分。针对目前米脂传统石雕技艺及其传统建筑环境的生存现状，在

当代背景下传统石雕技艺与传统建筑环境相互支持的发展关系首先体现于建筑文化遗产保护工作中的修复层面，修复技术是建筑文化遗产得以"原真性""完整性"保存的重要技术手段。

1964 年的《威尼斯宪章》确立了遗产保护的基本原则和科学理念，即"原真性"（authenticity）和"完整性"（integrity）。"原真性"又译为真实性、原生性、确实性、可靠性等。对于一件艺术品、一座文物建筑或一处历史遗址来说，"原真性"可以被理解为那些用来判定文化遗产意义的信息是真实的。一般认为：判定一件艺术品应该考虑它的两个基本内容，即艺术品的创作和艺术品的历史。创作由思维过程和实物营造组成，由此导致了艺术品的问世；历史包含了能够界定该作品时代性的那些重大的历史事件以及变化、改动以至风雨剥蚀的现实情况的全部内容。文化遗产保护的"原真性"和"完整性"原则，表现了对文化遗产创作过程与其物体实现过程的内在统一、真实无误的程度以及历经沧桑受到侵蚀状态的高度关注。虽然此时的《威尼斯宪章》在很多问题上主要是针对欧洲的石质建筑，但却十分明确地表述了传统技艺与古迹修复在当代环境下的相互支持关系。宪章认为，古迹缺失部分的修补必须与整体保持和谐，但同时须区别于原作，以使修复不歪曲其艺术或历史见证。修复过程是一个高度专业性的工作，其目的在于保存和展示古迹的美学与历史价值，并以尊重原始材料和确凿文献为依据。

中国传统古建筑是浓缩了古人完整的宇宙观、环境观和精神文化信仰的人文自然环境的表达体系，每一座完整的古建或者一个由古建筑组合而成的建筑群都是一个完整的系统。针对《威尼斯宪章》中的"原真性"和"完整性"保护原则，在时空的变化中，古建筑或古建筑群被赋予了时间与空间变化的历史痕迹，而传统建筑营造技艺和装饰技艺就是保证修复的"原真性"和实现"完整性"的关键性环节。传统可以流传下来的有两方面内容，一方面是实体性的构成元件，另一方面是建成这种实体性元件的无形的营建思想和技艺。所谓"保护"，也就是对这两个方面的"保护"。艺术品和建筑物为独一无二的作品，是单一制作而不是重复性生产过程的产品。建筑物和人工制品的这种唯一性意味着每一件物品都具有各自独特的历史，涉及各种变迁、发展、退化、剥蚀、现代化装饰、扩建等。因此对于实体性构成元件的保护和修复来说，"原真性""可识别性""完整性"就非常重要。实物的"原真性"主要体现在建筑物建造的不同阶段及建筑在建成后由于人们使用和自然生命过程所留下的印记上。因此，保护实物的"原真性"就是要将构件及构件上所承载的历史沧桑的印记一并保留下来，要求后来的构件与原有部分具有可识别性，不发生混淆，力求使新旧部分在有区别的基础上达到协调的整体效果。与此同时，要保持"原真性"，残破、缺损的部分原件是永远不可能再恢复的客观事实，但是可以通过原先的传统技艺对具有传统性质的材料进行残缺部分的补全或者恢复性重建。只有用原汁原味的传统技艺再建的方式才能保持原本的感觉，才能天衣无缝地使传统古建筑的原貌得以重现，才能保持原先传统古建筑所具有的风貌与韵味。此外，根据物质变化的"熵"原则，物质性的实体性元件总是会随着时空的变化而呈现衰式渐变，相对而言，无形的营造技艺则可以通过传承人代代相传、历久弥新。根据传统思想的外形可以腐败、精神则会永存的理念，古建筑遗产保护的真正价值在于对其精神性的延续，表现在传统建筑中就是对传统的习俗与文化的延续，当然这其中包含了对无形的营建思想和技艺的延续。因此，古建筑遗存保护的"原真性"主要指建筑物质形态的真实程度，而建筑构件本身是原物还是复制品对于营建思想和技艺而言并没有本质的意义，保持该"原真性"的关键并不是保留原物，而是保护原来材料做成的构件所表现出来的内容。所以，只要更换构件时参考的信息真实准确，就可以在保证营建思想、技术工艺"原真性"的同时，相对地保持传统古建筑遗存的"原真性"。

米脂拥有丰富的明清传统建筑环境遗存，这些传统建筑环境分布于城镇、乡村当中，并且在历史发展过程中都不同程度地受到了来自人为、自然等方面因素的破坏。其中主要包括石质材料的自然风化现象、石质建筑构件被偷盗现象以及人为因素的损坏等。这些物质形态所遭受的破坏，不仅构成了传统建筑环境物质层面"原真性"的不真实，还使物质环境失去了它原有的完整程度（图7.1）。对传统石雕技艺而言，"原真性"则表现在选材、打制技艺、传统造型等相关环节，而恰恰这些非物质文化遗产保护关注的重要问题，又是构成建筑文化遗产保护在物质形态层面达到"原真性"与"完整性"的重要基础条件之一。

图7.1 受到破坏的传统民居 （来源：网络）

因此，当代对于米脂传统石雕技艺的保护、利用与传统建筑环境的保护修复技术具有密不可分的相互支持关系，它是传统石雕技艺得以保持原有非物质文化遗产特点的最为基本的生存、利用方式。

◘ 三、传统石雕技艺是当代展示、弘扬地域性传统建筑文化的重要非物质因素

传统建筑环境是当代展示、弘扬传统石雕技艺的物质载体。传统石雕技艺与传统建筑环境的密切结合，是对传统工程设计、技术、艺术、审美、地域文化等诸多方面的完美展现。通过对两者相互依存历史发展关系的研究，可以明确米脂传统建筑环境是承载传统石雕技艺相关"原真性"信息的重要物质空间环境。

传统建筑空间环境是环境整体氛围构成元素中"实"与"物质"的重要组成部分，是我国本源文化农耕文明重要的物质载体，更是当代展示、弘扬传统石雕技艺最基本的空间模式与格局，重要的基础与平台。传统建筑环境是源于我国新时期既有的原始聚落发展而成的。中国的传统建筑环境作为承载中国社会传统文化与观念的空间组成体系，从新石器时代开始至今，有着漫长的历史进程。传统建筑环境是人们师法自然本质的产物，是中国人天人合一的宇宙观和理念的浓缩，是祖祖辈辈生活于其中所形成的由文化、社会关系、环境条件、天时地利等各个层面相叠加而成的人文自然环境场所。在这样的场所中，传统建筑空间形态传承了我国先祖仰观天象、俯察山川水利的堪舆文化，是我国传统地理文化的浓缩。传统民居建筑则传承了我国极具地域性的民居建筑文化。我国传统民居建筑的本源无论是北方的窑洞、合院还是南方的干栏式建筑等都起源于农耕文明，是我国农耕文明最重要的传承载体。综合两者，可以说传统建筑环境与传统民居建筑都是具有文化记忆的文化空间，是承载了农民生活、民俗、社会关系等各方面的空间综合体，在日积月累的发展过程中是物质与精神的共同体，在建筑环境共生的模式里决定了最基本的模式与格局，是与米脂石雕技艺的非物质文化遗存的"虚"与"精神"相对应的"实"与"物质"。米脂石雕技艺的非物质文化遗存是我国农耕文明本源重要的凝缩与表现，是地域性建筑最具特色、生命力的集中体现，更是一个族群、聚落特性文化标识体系的重要组成部分，是相对于传统建筑环境的"实"和"物质"的"虚"与"精神"的代言，是农民们在循环往复的农耕活动中，有感而发或由实践所积累与提炼出来的独一无二的技艺和生活智慧。传统建筑环境与米脂石雕技艺的非物质文化遗存之间是相辅相成、不可分割的辩证关系。传统建筑环境是农耕文明传承中"物"与"实体"的因素，是具有物质文化遗产性质的不可动的实体，是所有非物质性信息的物质承载。米脂石雕技艺的非物质文化遗存特征则是农耕文明的本体表现形式。传统建筑环境的生命力、丰富性与人文性的重要体现，是标识具有地域性特点的传统建筑环境的重要信息，是"虚"与"精神"的结合体。如果将传统建筑环境看作一个生命体，米脂石雕技艺的非物质文化便是这个生命体中最鲜活的生命力与灵魂。这两者是相

辅相成、不可分割的，是阴阳当中的两极。只有这两者同时存在与发展，米脂传统建筑环境才是真正有生命力的群体与聚落。

任何事物都具有两面性，都具有两极，而每一极之中仍有两极，如此往复，生生不息，这便是中国传统文化的精髓。对于传统建筑环境与米脂传统石雕技艺而言，首先，传统建筑环境是当代展示、弘扬传统石雕技艺的物质载体。米脂传统石雕技艺无论其打制过程还是物质表现形态都与传统建筑环境具有难以割舍的共生性关系，同时其造型、打制工艺等方面充分考虑到与建筑环境的有机结合，并且多数打制工艺环节都在建筑环境当中完成，与建筑环境之间具有密切的联系，形成了较为严谨的打制规范。另外，其打制过程的短暂性、依附性等特征，又使其在历史传承中，往往很少被外界所了解与认知，并且未能得到重视。

其次，在材料使用方面米脂传统石雕采用了当地盛产的砂岩作为主材，更加突出了我国传统建筑营造理念中的就地取材思想。21世纪，受多元文化冲击以及社会快速发展等诸多方面的影响，传统石雕技艺和传统建筑环境的生存、发展都不容乐观。而相对独立的文化遗产保护格局，也使得对米脂传统石雕技艺的保护丧失了它们所生存的物质空间环境，很多具有珍贵价值的信息都无法真实体现，使非物质文化遗产的保护缺失了"原真性"的信息。在《保护非物质文化遗产公约》中明确指出，通过教育、宣传，使无形文化遗产在社会中得到确认、尊重和弘扬具有相当的必要性。同样，在建筑文化遗产保护领域中也非常重视对相关非物质信息的保护，如国际宪章中对"原真性"问题的不断深化，充分反映了当代建筑文化遗产保护中对传承、弘扬相关历史信息的思想。因此，在当代背景下原汁原味地对传统石雕技艺进行展示、弘扬，是米脂传统石雕技艺能够得以传承、发展的基础性问题。而将传统石雕技艺与其生存的物质空间相结合共同进行保护，则是传统石雕技艺在当代社会生存、发展中能够得到传承与发展的重要基础性条件，是非物质文化遗产在当代社会被人们深入了解、认识、尊重的重要途径，同时为对传统建筑环境的保护注入新的活力。

再次，传统石雕技艺是当代展示、弘扬传统建筑文化重要的非物质因素。传统工艺是古人将原始材料加工成成品的工作方法与技术，它涵盖了工匠、加工工具、操作技术、操作空间等。传统技艺联系着人与工艺的成果形式，是构成传统建筑环境的重要内容，也是使人们全面认识与了解地域传统建筑文化的重要环节。此外，传统技艺还是对传统建筑环境历史信息的准确传达，传统技艺具有动态、无形的特点，是建筑文化遗产保护中重要内容之一。传统技艺代表了时代性、地域性、民族性的生产劳动特征，它是文化与生产力的集中反映，同时也是人类历史发展中科学技术成就的集中展现。在目前大量保留的米脂传统建筑环境遗存中，具有建筑环境功能、装饰功能的构件基本由石质材料构成，诸如石质门墩、石质铺地、石质挑石、石质院墙、石质柱础等，它们与建筑环境紧密结合，构成了其建筑形式的完美性，同时也使建筑实用功能得到完善，使艺术形式得到了提升。

中国地域辽阔，民族众多，时代、地域和民族的不同，造就了不同的文化特点。建筑作为文化的载体，对以上三者的表现则更为突出，即使是相同的材料，也会因时代、地域、民族的不同都会产生不同的建筑形象，同时影响到相关的技艺方式。窑洞作为米脂地区最为基本和常见的建筑形式，体现了人类祖先的传统营造理念以及在设计、施工、选址上的卓越成就。但窑洞的建造技术绝不仅限于土方挖掘，传统石雕技艺也是其中非常重要的营造技术之一。就地取材、与建筑密切结合等特点都反映了它与传统建筑环境的共生性发展关系，使其集工程性与艺术性于一身。

● 四、传统石雕技艺与传统建筑环境是当代遗产教育环节中的精神与物质要素

在全球一体化的进程中，人类越发认识到本源文化的缺失，对民族、地区、国家在文化可识别性方面所造成的危机，人们在保护遗产的同时也将教育问题同时纳入遗产的保护、利用中进行探讨，希望文化遗产在供人类观赏、体验的同时，达到更为深层次的教育意义，以唤起民众对本源文化、地域文化、民族文化的归属感、认同感、自豪感，避免一体化所带来的文化冲击。

在长期的历史发展过程中，人类的文化呈现出不同历史时期和不同文化背景下的文化意识形态。这种文化观念成为反映某一民族、地区、国家，在历史、文化、政治、经济等方面的重要因素。从对非物质与物质文化遗产的研究来看，其中很多遗产之间在传承发展过程中都存在着必然的联系，是构成文化遗产价值的重要因素，它们由人的行为和所制造的生产物构成，代表着人们的观念、思想、心态以及风俗习惯，是人类根据自身的历史、地理、文化环境，对群体所选择或做出的某种行为方式予以肯定的标准行为模式，同时也是维系社会生产、生活稳定的重要因素。另外，很多遗产形式还是维系群体心理过程的重要因素。

因此，可以明确文化遗产在人类历史进程中所具有的突出历史与文化价值，它由非物质与物质要素共同构成，并具有对后人进行感知与教育的突出价值。而在对它们的保护与利用中，突出其文化内涵与相互关系，将成为人们正确认识中国传统文化精髓的重要方式。

米脂传统石雕技艺与传统建筑环境，并非各自独立的精神与物质形态，因为它们共同体现着黄土高原一种传统生活的观念与价值。这种观念是两者得以继承与发展的源泉，也是构成当代地域传统文化的重要精神所在。物质环境及空间形态是黄

土地域文化的物化体现，其中石质雕刻作品、建筑构件等不仅满足了社会的物质功能要求，还呈现出人们的意识观念、审美情趣、生活行为方式等。而在这其中很多具有文化寓意的石雕艺术作品，则呈现出更加深层次的精神内涵。作为自然物存在的砂岩石并不构成任何文化的要素，但经过匠人们的物化和百姓为其注入精神因素与心愿后，它便成为百姓生产、生活中的重要物质构成要素，部分"灵物""镇物"造型还使百姓产生了崇拜心理。这充分反映了物质与精神之间的联系与作用，反映了这一地区百姓的文化观念，反映了米脂历史发展过程中受到当地环境、多元文化背景等影响百姓中普遍所呈现出的一种文化心态。

在当代文化遗产保护中，一直以来对于物质形态的保护、修复都占据着重要地位，但通过对文化遗产"原真性"问题的阐释，我们清楚地认识到其物质本身所承载的非物质要素的重要性。因此，物质与精神相结合的保护与展示，是构成文化遗产"完整性"的真实体现，将对当代遗产教育起到重要提升作用，使遗产所蕴含的真正价值能够准确表达，并被人们所认知。

■ 五、传统石雕技艺与传统建筑形态是当代构建乡村文化与地域建筑文化的重要因素

纵观中国五千年悠久历史文化，农耕文明和农村占据着最为重要的地位。风景秀美的村庄、形式多样的民俗文化都是构成乡村历史风貌和环境的重要元素，广大乡村留存了丰富的乡土文化遗产，承载与传衍了内容极为丰富的民间文化，这种建立在千百年农业文明之上的自然形成的村落文化，构成了中华民族草根信仰的基础，也是传统文化的根基所在。因此，农村建设关系到民族传统文化的传承和发展，关乎农村的"根"、民族的"魂"。当今社会，大范围、高速度的新农村建设正在这些乡村中进行，"联排式""别墅式"成为目前许多地区新农村建设的示范，此类建设方式的延续，将会重蹈城市建设中"千城一面"的覆辙，造成中国乡村传统文化、地域文化的丧失。

在目前我国量大而面广的新农村建设中，建筑形式的滥用以及对传统建筑遗存所构成的破坏，使传统居住形态、风格、材料等都发生了巨大的变异（图7.2），构成了对传统地域建筑文化的极大伤害。米脂传统石雕技艺也逐渐失去了它作为非物质文化遗产的价值。

乡村文化环境的缺失，使本来就发展不平衡的乡村文化生活被人忽视，成为被人遗忘的角落。近几年，在量大而面广的新农村建设过程中，全国仍有许多乡村经历着"建设性"破坏。"联排式""别墅式"村落虽然改善了村民的居住环境，但

是破坏了农村传统建筑环境以及乡村非物质文化遗存与这些遗存传承的基本土壤，带来了新农村建设中的"千村一面"，造成中国传统文化基本生存环境的丧失。做好传统民族民间文化的保护和弘扬工作，既满足了农村群众文化的需要，也使具有重要历史文化价值的中国传统文化得以展现。

图 7.2　杨家沟一角（来源：网络）

近年来，我国综合国力不断提高，农民整体已跃过温饱大关，有些还迈入了小康，那些富裕起来的农民在享受富裕物质生活的同时，对更高层次的精神文化生活的需求也逐渐强烈，已经认识到只有实现物质生活和精神生活的双重富裕，才是真正意义上的生活富裕。党的十六届五中全会在关于"十一五"规划的建议中指出："建设社会主义新农村是我国现代化建设进程的重大历史任务，要按照生产发展、生活宽裕、乡风文明、村容整洁、管理民主的要求，坚持从各地实际出发，尊重农民意愿，扎实稳步推进新农村建设。"社会主义新农村建设提出的这几项要求，与乡村文化建设有着密切的联系，是对乡村文化建设提出的明确要求。激活新农村的灵魂，不仅要缔造文明乡风，还必须加强乡村文化建设，丰富农民的精神文化生活，用丰富多彩的群众文化满足农民的精神文化需求（图 7.3）。建设社会主义新农村，要注重抓好农村精神文明建设，建立起一种适合新农村建设的文化观念，促进农民整体文明素质的提高。因此，新农村建设既要改善和提高农民的生活、生产环境（图 7.4），还要保持乡村历史沿革、乡村文化和地域特色，使农民有家园的认同，并保护中国文化传承的最基本土壤。

图 7.3　米脂乡村生活（来源：网络）

地域、民族、国家的不同，

167

图 7.4　新建窑洞（来源：网络）

成就了不同的文化形态，也构成了文化多样性的价值核心。保持文化多样性不仅是世界各国所关注的话题，同样也被国际社会关注。2001年，UNESCO 第三十一届大会组织通过的《世界文化多样性宣言》，便充分反映了当今世界对尊重多元文化问题所达成的共识。宣言中提出："文化在各不相同的时空中会有各不相同的表现形式。保护文化多样性就像保护生物多样性维持生物平衡一样必不可少。"

　　乡村地域环境是凝缩了地域性的场所精神特性，即地域性乡村地域建筑文化的环境体系，而表达了异质乡村建筑文化的乡村地域环境具有一定的场所结构。传统建筑形态就是这种场所结构中的一个重要的构成元件。传统石雕技艺则是形成传统建筑形态的无形的支撑力量。因此，乡村地域环境、乡村建筑文化、传统建筑形态、传统石雕技艺之间具有密不可分的关系。首先，乡村地域建筑文化是由传统石雕技艺形成的外部形式体系，是传统建筑形态所表达出来的场所氛围的体现，是对外部环境空间意义的内部空间表达，也是对异质的地域环境文化习俗、观念的建筑体系的表达。乡村地域建筑文化包含了传统石雕技艺。正是乡村地域建筑文化所形成的空间领域的环境氛围与场所精神，使得传统石雕技艺具有了长期生存的时空体系，并在文化的大氛围中寻找到了应有的归属感。乡村地域建筑文化又是传统建筑形态体系共同作用所表达的象征性结果。具有地域性的传统建筑形态是"风土性"自然驱动力与"文化习俗"的人文驱动力的综合体。从本质上来说，乡村地域建筑文化与传统建筑形态之间是有机、不可分割的统一体。现代观光业证明了各地不同的文化体验是人类主要的兴趣之一，而文化体验的核心关键就是要完整地维护地域性的场所氛围，因此保护独具特色的异质乡村地域建筑文化，对于在当代背景下所要实现的具有旅游性质的地域文化体验形式具有很重要的意义。为了更好地保护乡村地域建筑文化，就要加大力度保护传统建筑形式（图 7.5）以及支撑和实现传统建筑形式的传统石雕技艺。其次，传统建筑形

图 7.5　新农村建设实例（来源：网络）

态是乡村地域建筑文化与传统石雕技艺的物质形式载体。每一种文化都有相应的形式来进行体现，作为"虚"态和无形的乡村地域建筑文化与传统石雕技艺而言，它们是通过传统建筑形式进行表达或者依附于传统建筑形式。没有传统建筑形式的存在与恰当的表达，乡村地域建筑文化与传统石雕技艺将失去在场所结构中所具有的本质性的归属感。最后，传统石雕技艺与传统建筑形态是体现与再现乡村地域建筑文化的关键性元件。"构成一个场所的建筑群的特性，经常浓缩在具有特性的装饰主题（motifs）中……这些装饰主题可能成为'传统的元素'，可以将场所的特性转换到另一个场所"[1]。之所以米脂的石质建筑具有如此鲜明的地域文化特色，正是因为这里独具"风土"性与"文化习俗"性的传统建筑形态以及形成这种形式的传统石雕技艺和由技艺转化的传统建筑形式上的所有装饰性主题元件。当某些传统建筑形式出现破损或者需要在大体系中的另一个位置再次重现这种具有地域特性的建筑文化的时候，只有通过传统石雕技艺与营造思想在新的地理位置上对传统建筑形式的主形态与装饰性主题的再现，才可以将具有地域性的乡村传统建筑文化及其所归属的场所精神得以恢复、再现。当代新农村建设既要改善和提高农民的生活、生产环境，又要保持乡村历史沿革、乡村文化和地域特色，在使传统建筑形式、乡村地域建筑文化和传统石雕技艺共生的状态中塑造真正具有异质地域环境氛围的场所，从而使百姓对家园有认同感和归属感。

米脂地处黄土文化的中心地带，传统石雕技艺与传统建筑环境作为其重要传统遗存，是地域性建筑文化的精神与物质表征，也是重要的工程技术。在米脂新农村建设中对传统建筑形态的保持、传承与利用，必然应当与传统石雕技艺相结合，对传统地域建筑文化的塑造不仅应体现于建筑形态之上，还应反映于民俗文化当中，为米脂乡村百姓创造具有认同感的物质与精神适居环境。

六、小结

通过以上方面的阐释与深入分析，我们可以清楚地看到，中国作为遗产大国，其独特的文化遗产形式，诸如各类非物质文化遗产以及具有地域文化特色的乡土建筑，向人们展示出中华文化的吸引力与感召力。它们是中国文化、政治、经济发展的优秀资源，是塑造国家以及地区意识形态、社会价值观和民族精神的支柱，是促进中华民族伟大复兴的力量源泉。当代文化遗产的保护，不仅仅是单纯的保护行为，而是使人类社会文明得以真正延续与发展的基础。通过对米脂传统石雕技艺与传统建筑环境当代关系研究，我们了解两者的相互支持关系主要涉及保护与利用两个层

1　诺伯舒兹：《场所精神：迈向建筑现象学》，施植明，译，15 页，武汉，华中科技大学出版社，2010。

面。

　　大量保留的传统建筑环境遗存，是当代环境下传统石雕技艺生存的最基本土壤，也是对其进行展示与弘扬的最根本的物质空间环境。而传统石雕技艺作为传统建筑环境保护中重要的非物质信息，是对地域建筑文化、传统技艺、民俗文化、建筑技术的集中展示。

　　在利用方面，两者相互依存的发展关系则主要体现于当代新农村建设对传统地域建筑文化的传承方面。新农村建设是延续传统石雕技艺与传统建筑环境的重要因素，是两者在当代得以发展的重要保证。

第八章 非物质文化遗产与物质文化遗产相互依存、相互补充的共生性保护理论

一、保护思路

中国是文化遗产大国，拥有丰厚的非物质与物质文化遗存。它们是中华民族智慧结晶的产物和精神风貌的体现，同时是人类文明发展历程中的丰硕果实。面对如此丰厚的文化遗存，如何保护、利用文化遗产已成为当今文化遗产保护领域所要面对的重大难题。在我国《文物保护法》中曾明确提出"保护为主、抢救第一、合理利用、加强管理"的文物保护方针；而针对非物质文化遗产保护，在《关于加强我国非物质文化遗产保护工作的意见》中，也同样提出了"保护为主、抢救第一、合理利用、传承发展"的工作方针。它们虽然各有侧重，但却代表了我国对于文化遗产保护的总体思想，其深远的内涵同样应作为非物质与物质文化遗产共生性保护最为基本的理论与实践指导思想。

共生性保护观念源自人类对文化遗产保护的理论与实践，是对"原真性"保护原则的不断扩展与深化，是针对非物质文化遗产与物质文化遗产之间的密切共生性发展关系提出的保护观念。纵观当下国际与国内非物质与物质文化遗产的保护与研究，两者相对独立并行的观念与方法仍然占据主导地位。但在这种独立、深入、细致的研究优势中，却显现出对非物质与物质文化遗产的"整体性"真实状态的缺失。

物质文化遗产的保护历史要早于非物质文化遗产，并形成了较为成熟的保护理论与观点，在保护工作的不断深入中，非物质因素也逐步受到物质文化遗产保护的关注，两者相互关联的"整体性"保护在各自独立并行的保护格局中开始逐渐显现。按照物质与非物质文化遗产的基本属性，物质文化遗产的价值首先体现在它真实的物质实体，可以实实在在触摸到。以古建筑的价值评估为例，古建筑环境的"完整性"、建筑布局、建筑色彩、建筑结构、建筑构件以及采用的材料等都是对其进行评估的重要参考，其次才是其他相关因素。因而物质文化遗产的评价体系以物质要素为价值主体，会更多地关注古建筑的完整程度、建筑结构、构件损坏的程度等问题。

在非物质文化遗产方面，无形的属性决定了它非实体的价值主体，因此非物质文化遗产的价值主体不像物质文化遗产那样容易使人感触，往往造成其价值主体与物质文化遗产的混淆。非物质文化遗产常以某种技艺、生产生活方式、表演、民间风俗等形式出现，它的价值主体存在于文化特征、文化取向、文化情感、文化信仰等诸多方面，因而这些无形的价值主体与物质文化遗产的保护主体存在着很大区别。以米脂传统石雕为例，它作为陕北传统石雕文化中重要的组成部分，具有典型的非物质文化遗产的保护价值。人们对于它的研究多立足于美学的角度，而其价值主体则体现在它精湛的打制工艺、质朴的文化内涵、传统的生产生活方式以及长期形成的民间传统习俗。

共生性保护观念是针对建筑文化遗产保护缺乏人与非物质文化要素介入的问题，及非物质文化遗产保护重结果轻过程、缺乏"原真性"环境、价值主体变异等问题而提出的，其目的在于将人与非物质文化因素注入物质性实体"建筑"当中，使对建筑文化遗产的保护更具生命力，对非物质文化遗产的保护回归其所依存的"原真性"环境，并体现出其真正的非物质遗产价值主体。

◘ 二、保护内容与评价标准

保护内容与评价标准是非物质与物质文化遗产保护中，确定保护内容与评价何种遗产适合共生性保护的重要标准，将对共生性的实践保护起到重要理论支持与指导。

1. 保护内容

共生性保护的主要内容由非物质文化遗产与物质文化遗产两大类型构成。

1）非物质文化遗产

非物质与物质文化遗产相互支持的共生性保护与利用，并不适合所有的非物质文化遗产，两者共生性的保护模式应建立在非物质文化遗产与传统建筑环境存在密切关联的基础之上。例如传统民间手工艺、传统民俗文化、传统产业等各类非物质文化遗产，它们与建筑文化遗产相互依存、相互发展，共同反映着某一历史地区的历史文化积淀与历史文化遗产。

（1）传承人

传承人是非物质文化遗产的持有者、传播者，是非物质文化遗产的重要构成因素。对于传承人的保护不仅是对非物质文化遗产保护"原真性"的体现，也是对物质文化遗产保护缺乏"人"介入的补充。

（2）传统习俗

非物质文化遗产的产生、传承、发展具有浓郁的地域性特色，同时在发展过程中逐步演变为百姓日常生活中的习俗，久而久之逐步成为某一地区的传统生活方式。

（3）相关物质因素

非物质文化遗产虽然具有无形的价值属性，但其中也包括了物质因素的成分。例如传统民间技艺的材料使用、传统工具、物质表现形态等以及传统民间习俗、戏曲中的道具、服装等，它们虽然具有"有形"的特征，但从文化遗产的属性来看，同样应属于非物质文化遗产的保护范畴。

（4）精神因素

精神因素是构成非物质文化遗产价值主体的主要内容，也是共生性保护中的难点。它是传统生产生活方式的体现，与先民的传统思想、文化精神存在着必然的联系，是民众维系精神平衡、表达美好诉求、娱乐身心的重要精神支柱。

2）物质文化遗产

（1）文物古迹

我国文物古迹众多，形式内容多样，其中已被确定或具有突出保护价值的古建筑、古园林和杰出人物纪念地等文物古迹众多，它们不仅记载着人类历史发展的轨迹，而且承载着大量的非物质信息，具有重要历史、人文、科学价值。

（2）传统民居

传统民居也被称为乡土建筑，指具有典型地域传统文化特点的民间建筑。传统民居是某一地区建筑营造技术与理念的最为传统和自然的表达方式。同时，它们也是构成传统村落、古镇、城市聚落最为基本的物质形态，是传统地域建筑文化、社会文化的体现，是传统民间文化生存的最基本土壤，同样在这其中还蕴含着遗产所在地悠久的历史发展轨迹。

（3）历史地段

历史地段不仅包括文物古迹相对集中的地段，还应包括传统民居较为集中的古街区、古村落、古镇等。文物古迹地段由文物古迹集中的地区及其周边环境组成；历史街区、传统村落、古镇等是由风貌保持较为完整且具有一定规模的历史建筑物及其周边环境构成的生活地区。

2. 评价标准

共生性保护应充分建立在非物质文化遗产与物质文化遗产的"原真性"问题基础上，不仅要求非物质文化遗产具有独立、明确的保护价值，还要求其与物质文化遗产关联密切，两者应具有相互依存发展的历史性共生性发展关系。对共生性保护内容的具体评价标准如下：

①非物质文化遗存应具有独立与明确的价值主体和保护价值；

②传统建筑环境、传统村落（物质文化遗产）等，长期承载非物质文化遗产的历史，并且其布局、结构与非物质文化遗产具有一定的关联；

③非物质文化遗产与物质文化遗产的共生性保护应充分反映和代表一个地区、民族的传统生产生活方式、观念、思想、精神内涵，体现其优秀的地域、民族文化及其在历史发展过程中工程技术、设计、艺术等方面的成就。

三、共生性保护应突出的特点

共生性保护不仅应突出非物质文化遗产与物质文化遗产各自独立的属性与特点，而且应在保护中突出两者之间的密切关联、在长期发展过程中形成的社会功能特点以及非物质和物质文化遗产与遗产地地域环境之间的关系。

1. 非物质文化遗产价值主体的特色

长期以来，在非物质文化遗产保护方面，其价值主体往往在保护中被忽略。例如在对某项传统民间技艺进行保护时，往往将视野集中于可以直接触摸、观赏的物质表现形态和传统工具等方面，却忽略了其作为非物质文化遗产存在的相关技艺过程等非物质问题以及与之相关的民俗活动和精神文化内涵等，从而造成了对非物质文化遗产保护价值主体认识的偏离。因此，共生性保护中针对非物质文化遗产保护，必须突出其非物质文化遗产的"原真性"价值主体特色。

2. 物质文化遗产价值主体的特色

我国幅员辽阔，传统建筑在风格、布局、选址、材料使用等方面都形成了各自不同的特点。南方建筑的轻盈明快、北方建筑的古朴厚重，都是国人长久以来对传统建筑遗存所形成的基本认识。传统建筑遗存作为共生性保护中重要的物质构成因素，是承载传统非物质文化遗存长期生存发展的物质空间载体，同时其建筑风格、布局以及选材等特点又是构成传统地域文化的重要组成部分。

3. 两者相互依存发展关系的特点

传统建筑环境中蕴含了丰富的非物质文化遗存，如编织、印染、冶炼、民间美术、民俗、舞蹈等，它们不仅是人类智慧的结晶，也是人类社会发展中留存下的巨大精神与物质财富。在这些非物质文化遗存中，有的久负盛名，有的濒临消亡，因而挖掘、展示其精神与物质内涵，将其原汁原味地展示于传统建筑环境当中，是共生性保护的价值核心。因此，共生性保护不仅涉及对非物质文化遗存物质实体的展示，还应突出非物质文化遗存与建筑空间环境之间的和谐共生发展关系。

4. 文化遗产的社会功能特点

非物质文化遗产与物质文化遗产，不仅是人类社会历史发展的见证，还是社会、文化与经济等方面的物质与精神财富。共生性保护应突出的遗产社会功能主要指在遗产所在地的历史进程中所积淀的遗产功能特征。这些特征与当地社会、精神、习俗以及对自然资源的合理利用紧密相关。它们体现在人类生产、生活的各个方面，成就了不同地域下遗产价值取向的不同。例如，本书研究中的米脂传统石雕技艺的产生与发展，与当地盛产石材相关；米脂百姓对石狮造型的喜好，则是对征服恶劣自然环境的一种精神诉求。这些都无不体现出不同地域环境下遗产具有不同的社会功能。

四、保护规划

保护规划是实现非物质与物质文化遗产共生性保护的最为根本和科学的宏观途径。在历史发展进程中，传统非物质文化遗存多散落于民间，在其传承历史中未形成书面、图谱式的记录，基本以口传心授为主要传承方法。因而在当代多元文化和社会高速发展背景下受到严重冲击。此外，将非物质文化遗产的保护与其物质生存环境割裂，造成了非物质文化遗产保护的变异。在传统建筑环境保护上，其状况也不容忽视，首先是散落于广大农村的优秀乡土建筑及其村落环境缺乏保护，其次是目前多数建筑环境的保护缺乏对非物质因素的重视，使建筑文化遗产保护缺失对非物质因素的保护。针对非物质与物质文化遗产的生存与保护状态，研究认为共生性保护规划应建立在对遗产资源进行深入调查的基础之上，通过系统的多学科研究，建立其从点到面的保护框架。

1. 资源调查与收集

资源调查是进行非物质与物质文化遗产共生性保护的前期工作基础，是了解、掌握、认识两者价值主体、相互关联、保存状况等各方面信息的基本技术性手段。这一环节的工作程序应该经过科学、周密的设计，通过采取准确、简单、明了的记录、整理方式对各类信息进行采集，并应避免因个人主观因素造成的偏差和错误，保证调查成果的准确、无误。

共生性保护在资源调查与研究中，应对遗产所在地的历史发展状况、自然地理环境、经济状况、社会关系、相关人文环境等进行系统的资料收集与系统研究。

1）非物质文化遗产

对非物质文化遗产的资源调查，包括遗产的当代生存现状和保护、管理现状，历史当中被调查对象与物质环境、社会环境的生存发展关系，非物质文化遗产的本体和传承人等诸多要素。在调查中可采取影像、图片、录音、文字记录等方法与手段，还应对相关文献档案展开深入研究。

以对米脂传统石雕技艺的资源调查为例，这一环节主要涉及对石雕打制工具、选材、打制场地以及对传统石雕进行调查与收集。在操作重点上应强调以下环节：（a）对传承人进行确认，并对重要的石雕艺术作品进行登录；（b）对传统石雕打制工具进行收集；（c）明确石雕及其打制场地与建筑环境所存在的共生性关系；（d）对散落于农村、未能得到较好保护及被随意出售的石雕艺术品进行必要的实物收集。

2）物质文化遗产

对传统建筑环境的资源调查，包括对建筑实体从形态布局、结构特征等物质要素方面的调查，还包括建筑环境的保护、管理状况，周边环境与社会关系以及建筑文化遗产与相关非物质要素的历史性相互依存发展关系。对物质文化遗产资源调查所采用的手段包括人工测量以及相关高科技的测绘工作，并应结合文献研究、影像拍摄和文字、录音等记录方法。

2. 科学研究

科学研究是明确与发现非物质文化遗产与物质文化遗产的内容、价值、意义，获得遗产各方面信息的重要环节，也是共生性保护能够顺利进行的必要保障。在整个保护工作的过程中都贯穿着遗产研究工作进行，保护活动的每一项内容、每一个阶段都有相对应的研究工作为其提供科学的支持。对非物质与物质文化遗产的共生性保护研究应包括两方面内容：（a）非物质文化遗产与建筑文化遗产的本体研究与关联研究；（b）两者共生性的保护研究。

共生性保护是将非物质与物质文化遗产进行"整体性""原真性"保护的理论与实践性尝试，涉及多学科、多专业，包括建筑学、建筑工程、历史学、美学、考古学、文化研究、地质学、地理学、生态学、化学、经济学、管理学、社会学、法律、材料学等多学科的协作研究。

在研究方法上，首先共生性保护应建立在对遗产所在地的自然地理条件、社会经济、文化进行系统分析与研究基础上。因此，无论非物质还是物质文化遗产，文献研究是对遗产历史发展与价值特征等进行深入挖掘的最为基础性的资料。其次，科研工作的开展应立足于对两类不同遗产属性与特点的独立性研究，随后再对两者展开共生性发展关系的深入挖掘，从而明确两者在历史发展中所存在的相互依托关系，为共生性保护提供最为基础的可行性支持。除此，遗产的保护和管理现状等问题，也应作为研究工作中的重点进行深入剖析。通过以上基础性研究，可根据遗产的生存现状以及两者的共生发展关系，从遗产展示、利用、教育、发展等环节，确立共生性保护的原则与方法，并加以实践。

另外，应对共生性保护规划的实施结果进行研究、评价以及对共生性保护工程实施结果进行分析，并将共生性遗产保护的法律法规，保护政策与保护资金的运作、管理，纳入共生性保护的科学研究范围之列。

3. 保护框架

共生性保护是针对建筑文化遗产保护缺乏人与非物质文化要素、非物质文化遗产保护缺乏"原真性"环境、价值主体变异等问题而提出的。因此，在共生性保护中通过不同形式的物质载体，对非物质文化遗产进行不同形式的逐级保护与利用，不仅能够更加充分体现各类传统建筑环境的物质构成要素，如布局、结构、材料等，还将有效提升对传统文化空间的"整体性"塑造，以此形成共生性保护的"原真性"环境，它不仅体现于物质层面，而且体现在文化、精神等各个层次，将更加有助于当代背景下对传统地域文化生态圈的塑造与建设。

非物质文化遗产依附于传统建筑环境生存、发展，后者作为承载非物质文化遗产传承、发展的物质载体，对共生性保护具有重要意义。物质载体形态、性质的不同决定了共生性保护在方法上的不同，同时通过对传统建筑环境的逐级分类控制保护，也可达到不同的保护、利用效果，从而通过人为手段传承、保护、利用地域文化的独特魅力。

从对传统建筑环境的分类以及非物质文化遗产的传承发展状况来看，共生性保护应根据物质文化遗产的分类特点，将共生性保护划分为单体式保护、多点式保护、立体式保护三个层次进行。

1）单体式保护

单体式保护是共生性保护中最为基本的保护层次，也是最为基础的保护方法。其保护重点不仅应强调对单体建筑物的物质要素进行保护与展示，还应在突出非物质文化遗产价值主体的同时，明确它与建筑环境之间的共生性发展关系。单体式保护对象主要分为文物建筑和传统民居，因此在保护、利用方法上应根据不同建筑的类型，进行非物质与物质文化遗产共生性保护。

针对文物建筑的共生性保护，应在不对其造成任何破坏的前提下，展示非物质文化遗产的生存空间以及非物质文化遗产的相关物质载体，还可以通过现代高科技手段如多媒体、三维动画等方式，对传统非物质文化遗产的历史发展、传承关系、精神内涵等重要信息进行集中展示。

在以民居为物质载体的共生性保护中，应充分明确、突出"人"的主导因素的注入，这主要表现在通过民居对非物质文化遗产进行展演，在建筑环境中明确非物质文化遗产在生存与沿袭中与物质载体形成的和谐共生关系等，使传统民居的保护更加有"原真性"，对非物质文化遗产的保护更加突出其所依托的物质空间载体。

2）多点式保护

无论是历史建筑还是传统民居，其往往并非独立存在，它们是传统村落、古镇、古城等历史地区重要的物质构成要素。而非物质文化遗产的传承发展在某一地区也同样具有它突出的普遍性特点，例如陕西长安北张村，在历史发展过程中整个村落居民都以造纸为生，因而其传统工艺不仅与单体建筑环境具有密切的共生性发展关系，还影响到整体村落的布局发展；又如陕北地区人民喜爱的秧歌，其形式、内容的多样与丰富很大程度上与民居、村落布局具有对应关系。以上类型的非物质文化遗产由于其广泛扎根于百姓生产、生活当中，两者的共生性保护不能仅限于独立的单体建筑层面，而应对其进行多点式的保护。

3）立体式保护

立体式保护建立在单体式与多点式保护的基础之上，它是非物质与物质文化遗产共生性保护的较为理想的终极保护与利用状态，是对文化遗产"整体性"保护观念的延伸。立体式保护旨在形成非物质与物质文化遗产的共生性保护区域，它不仅涉及对保护区周边自然环境的保护，还涉及保护区传统地域文化、民俗文化的塑造。

◻ 五、保护原则

1）"原真性"保护原则

"原真性"是指文化遗产在形成时所具备的基本状况及其沿袭过程中的自然状态。它是文化遗产保护领域定义、评估和监控遗产保护质量的一项基本因素。

非物质文化遗产与物质文化遗产，两者虽然表现形式截然不同，但在长期历史发展中却存在着密切的关联。任何非物质文化遗产都离不开其传承发展的空间环境，而其中多数空间环境都以物质形态而存在。这些非物质因素既体现了传统建筑环境中人类的传统生产生活的方式和观念，又是人类精神领域的各项事宜的具体表现。两者之间相互影响、相互作用，构成了相互依存、相互发展的和谐共生关系。

对米脂传统石雕技艺与传统建筑环境的共生性保护，资源调查、科学研究、保护方法等方面都应建立在"原真性"保护基础之上，在明确两者遗产特征和价值主体的同时，探寻两者之间的关联。将传统石雕技艺产生、沿袭、传承、发展的相关真实信息保护、展示于传统建筑环境当中，为传统建筑环境的保护注入"生命"的活力，弥补物质文化遗产保护中对相关非物质信息的缺失。将非物质文化遗产与物质文化遗产的保护有机结合，真实、完整地展示与传承。

2）"整体性"保护原则

米脂传统石雕技艺的传承、发展与传统建筑环境密切相关。对两者的共生性保护还应充分考虑到"完整性"的原则。在保护实践中应对传统建筑环境即物质形态的各个层面，诸如典型庄园、历史街区、传统村落等历史环境逐级实施保护，针对不同类型的传统建筑环境，从社会、文化、环境等多方面明确它们与传统石雕技艺之间的关系以及意义、价值，并进行展示与保护。另外，两者的保护不仅体现在空间向度，也表现在时间向度。"整体性"保护还应注意对非物质文化遗产的继承与延续以及精神场所的维护。既要保护非物质文化遗产与物质文化遗产本身，又要保护它的生命之源；既要重视两者的价值观，又不能忽视其背景和环境。

3）就地保护原则

就地保护原则是共生性保护中遵循的重要原则之一，是体现"整体性""原真性"保护的重要基础条件。在社会高速发展的 21 世纪，在经济较为落后的我国西部地区，多数非物质文化遗产的保护中因与物质环境割裂和在保护过程中生存环境不真实，使得非物质文化遗产丧失了其原有的价值信息。

就地保护原则旨在保护真实状态下传统石雕技艺与传统建筑环境之间的相互联系与延续性，而并非将两者强行捆绑保护。应尽可能地选择与传统石雕技艺具有一定关联的传统建筑环境进行保护，确保共生性保护的自然环境、地理环境、历史环境、人文环境等相关信息的真实性。

4）逐级分类保护原则

针对传统石雕技艺与传统建筑环境在历史发展过程中所形成的特点以及目前的保护现状，对两者共生性保护应建立在逐级保护的基础之上，如对典型院落、传统村落、古城聚落居住环境等不同物质空间环境进行分类保护，突出传统石雕技艺与城市市井生活、乡村农耕生活、身居大山之中的富甲生活等的关系以及各项事宜，充分整体展示不同物质空间载体下两者之间的关联以及和谐共生关系。还可根据物质环境的不同，对展示、保护内容进行划分，如在某类建筑环境中对技艺过程和相关民俗活动进行展示；在某些具有典型特点的建筑环境中，对石雕文化寓意结合建筑环境进行展示说明；等等。

5）最少干预原则

共生性保护中对于非物质文化遗产和物质文化遗产的保护都应建立在最少干预的基础上，尽可能保持两类文化遗产在传承、沿袭过程中的真实信息。避免在共生性保护的同时危害到遗产本体的"原真性"信息。

如在传统建筑环境中对石雕技艺的打制空间进行展示，应尽量避免对建筑环境以及相关物质因素的改变，尽可能依据翔实的历史资料对其打制场地进行复原。在对建筑环境中相关石质材料造型进行修缮时，应注意其原始材料、造型、技法等相关环节，尽可能恢复其原有的造型、审美等特征。

6）活态与固态相结合的保护原则

考虑到共生性保护中传统建筑环境的不同生存现状，很多已被列入文物保护单位进行保护，还有很多以传统民居、古村落等形式存在的传统建筑环境仍然发挥着其使用功能等因素，共生性保护应结合传统建筑环境的保护现状。

六、保护方法

非物质与物质文化遗产的共生性保护方法，应建立在"原真性"的活态保护基础之上，不仅应体现两者各自独立的价值主体，还应通过共生性保护明确两者之间的共生性发展关系，并将"人"的因素引入其中，将历史、文化、传统习俗、情感、精神等因素体现于非物质与物质文化遗产的共生性保护之中。因而，共生性保护的方法主要由展示、利用、技术干预、环境整治以及管理、教育、改善与传承发展等内容构成。

1. 展示

在遗产的价值内容中，信息价值、情感与象征等信息的表达都借助于展示手段来完成。展示既是非物质与物质文化遗产共生性保护工作的重要内容，又是衡量共生性保护工作是否顺利实施、进行的重要标准之一。展示的方法不仅可以明确地传递保护工作中所突出的特色，也是对保护观念与方法的准确传递与表达。

共生性保护中的展示技术，主要通过图片、影像、文字、讲解等方式来表达所需展示的内容，这些技术手段主要包含了非物质文化遗产的持有人的参与以及摄影、3D 制作、平面设计、环境艺术设计等各类学科、专业的共同合作。在展示内容方面共生性保护还应突出以下特点。

1）传承人

一直以来，在日本、韩国等国家都非常重视对传承人的保护。在这些国家的文化财保护法中就强调非物质文化遗产的传承人必须承担起对自己所持有的技艺的传承工作，否则将会失去其作为传承人所享受的一切待遇。传承人是共生性保护中非物质因素保护工作的重要核心，他们不仅是某项非物质文化遗产的持有者，同时其自身还承载着非物质文化遗产传承与发展的重任。但在当代非物质文化遗产保护中，其物质生存环境的改变或不真实，往往是造成非物质文化遗产保护变异、价值扭曲的重要诱因。因而，在真实的传统建筑环境中通过传承人对非物质文化遗产进行展演，使其免于遭受因物质环境改变所带来的保护变异，是共生性保护所应突出的特点，此种展示方式将使观者能够真实地受到其过程的真实性以及与建筑环境之间的密切关系，是对文化遗产"原真性"信息的传递和保存。

2）文字、图片、讲解

文字、图片、讲解虽然是较为传统的展示手段，但却是对非物质文化遗产与建筑文化遗产所蕴含的信息的最为基本的传递方法，是展示非物质文化遗产的发展历史以及传承关系的窗口，是引导人们充分认识两者和谐共生发展关系的重要途径，是对非物质与物质文化遗产所共有的审美、文化寓意、传统观念等方面信息的具体说明与阐释。此类方法一般通过标志、说明牌、展览等方式进行展示，在操作成本上投入较小，具有较强的实际操作性，也是目前文化遗产保护领域较为常见的保护方法。

3）影视图像、模拟 3D、实物及模型

在共生性保护实践中，针对很多保留不够完整的物质形态与非物质信息，模拟3D、影像展示、模型展示等方法是完善遗产信息完整性的重要方式。此类展示方法具有直观、生动、形象的特点，是观者充分了解、认识遗产，体验、欣赏遗产精神与情感等非物质因素的重要环节。但此类展示方法与文字、图片类的基本展示手段有所不同，该方法需要高科技的支撑，需借助电脑、多媒体设备、观演大厅等相关设施进行展示，因此在操控性方面需要强大的经济支持。

2. 技术干预

技术干预是非物质与物质文化遗产共生性保护中所采取的相关工程技术措施。它主要针对承载非物质文化遗产传承发展的物质空间环境，即建筑文化遗产，同时还涉及非物质文化遗产的相关物质表现形态。技术干预手段旨在通过消除隐患，恢复其原本物质形态与面貌，以保存、修复以及整体环境修整为主要方法。

1）保存

保存主要针对共生性保护中的物质构成要素，是指基本保持现状、技术干预程度较低的保护方式，包括日常维护和加固等技术措施。

（1）日常维护

在各类技术措施中日常维护是最为基础的环节，也是最重要的保护方式。日常维护是指对物质形态的经常性保养维护，是遗产保护工作中最为基本的保护技术措施，它直接作用于建筑文化遗产的物质本体以及某些非物质文化遗产的物质表现形态。日常维护是不添加新构件、新材料的保护技术措施，它要求必须定期、有计划地按照技术规范进行维护。

（2）加固

加固是指用现代工程技术手段对共生性保护中相关物质形态受损的部位采取加固、稳定、支撑、防护、补强等技术措施。加固措施是一种物理行为，保护工作的实施应建立在不改变保护对象的材料与造型的基础之上。

2）修复

修复是对破损、变形的建筑结构、部件，或其他物质形态进行维修和修补，对损坏严重、无法修补或已破损的物件进行更换并清理、去除历史中添加的与保护对象未形成整体关系的构件、建筑物等设施。修复行为是共生性遗产保护中需要严格控制的行为，不当的修复将对遗产"原真性"带来较大破坏与缺失。

遗产的修复必须建立在翔实的资源调查、价值分析等研究成果之上，尽可能地保持遗产的造型、材质等方面的真实性，才能确保修复的可靠性和"原真性"。

3. 环境整治与塑造

环境直接影响着遗产的生存状态与保护质量。它不仅是遗产的物质构成要素，还具有典型的非物质因素特点。在人类漫长的历史发展过程中，人类的行为与思想是构成其生存环境的重要因素，而环境又是构成人类生产、生活习惯的主导因素之一。因此，环境的构成内容与特征和环境中所承载的人们生活与活动等具有相互作用与影响关系。

环境整治是对遗产周边自然环境与文化环境的综合性治理与维护，是遗产保护的一项具体工作。它既是对遗产相关环境的保存，又对遗产环境保护质量具有一定的提升作用，还可对已消失的环境进行恢复。根据环境整治侧重点的不同，可将它划分为以下两类基本形式。

1）物质环境的整治

对物质环境的整治，主要包括对与共生性保护中遗产内部和周边景观（如码头、宾馆）等物质环境不相协调的景观要素进行整治、修理，以提升遗产环境的景观质量。除此，还涉及遗产周边及内部的各类人为或自然危及遗产安全与健康的破坏，包括环境污染行为和工业设施、交通设施等可能带来的破坏。另外，还应建立防御自然灾害及自然环境恶化和防治生物侵害的防护体系。

2）文化空间的塑造

在历史发展过程中无论何种建筑形态或非物质文化遗产的传承与发展都绝非偶然，它们是某一地区传统生产、生活方式的体现，也是地域传统文化的精髓所在。共生性保护不仅应注重对非物质与物质文化遗产相互依存发展关系的展示，还应将其逐步扩展至对周边环境的塑造，它主要表现在百姓日常生活、节日活动、民俗活动中，整体区域塑造传统文化的空间、气氛、情趣以及场所精神等非物质要素，为存在于其中的非物质文化遗产与建筑遗产的共生性保护提供有力的环境支持，为两者在当代的传承、发展奠定良好的基础。

4. 利用

遗产利用是文化遗产保护工作中的重要构成部分，是一种以遗产为资源的服务活动，它一方面对遗产具有的使用功能进行恢复、延续和发挥，另一方面赋予遗产新的使用功能。在实践保护工作中不恰当的利用方式会对遗产的保护带来灾难性的后果。因此，确立非物质与物质文化遗产的利用原则显得尤为必要，它是文化遗产适应当代社会发展的操作导向。

1）利用原则

"合理利用、加强管理"的工作方针，是我国《文物保护法》关于文物利用所提出的基本方针。它表明了我国文化遗产保护工作既重保护又重利用的观念。但遗产利用在很大程度上与文化消费活动具有直接联系，因此经济问题是文化遗产利用中较为突出的焦点。

（1）以保护为主的利用

共生性保护中的利用，需在强调保护的前提下进行，应当清楚地认识到利用是保护工作的重要环节，而并非商业行为。共生性保护观念中的利用，重在突出非物质与物质文化遗产在当代社会建立相互支持、共生发展的联系。

（2）价值主体的保持，共生关系的体现

对非物质与物质文化遗产的利用要充分体现出两者各自的价值主体以及密切关联，以免因利用造成对两者各自价值主体扭曲或不正确的改变以及共生关系的丧失。

（3）利用的公益性质

人类祖先在生产生活的实践中为后人创造出了丰厚的物质与精神财富。随着社会经济的发展，如何使遗产能够更好地服务于人类，是遗产合理利用所面临的问题。文化遗产是人类共同的财富。每一个公民都拥有享用遗产的权利。面对目前享用遗产人数的不断增多，提高文化遗产的服务质量也显得格外重要。随着目前遗产服务成本与投入的增加，很多遗产保护单位仅靠国家或地方政府拨款已难以维持，因而遗产利用中的经济问题成为遗产保护的新焦点。

可以认为，遗产的利用与市场经营具有直接的关系，它是保证遗产得到更好保护的重要手段，但不正确的操作方法同样会对遗产利用与保护带来不可估量的严重后果，尤其是要防止以过分追求遗产经济价值为目的的利用。

2）利用内容

共生性保护中的遗产利用，主要包括对物质文化遗产、非物质文化遗产的观赏、体验、游览等，具体表现为参观者通过对传统建筑环境的游览，体验、观赏其非物

质文化遗产的生存状态，了解、感受它们各自的价值主体，认识两者之间的和谐共生关系，包括历史、传承、发展等相关因素。除此，还可将非物质文化遗产的各类物质表现形态以文化产品、传统食品等各类形式进行利用，或将建筑遗产作为该地区传统文化的形象代表、标志物进行利用。

（1）民俗博物馆

对于民俗博物馆的理解同样基于以上的认识，多数非物质文化遗产的生存土壤都与民居、古镇具有直接关系，它代表一种草根文化，并且扎根流传于民间。传统建筑环境中的民居、古村落则是承载这些传统非物质文化遗产的物质环境，通过传统建筑环境展示、弘扬非物质文化遗产，两者在历史、空间、形态、结构等诸多方面都具有对应关系，是对两者共生性发展关系的真实体现。

（2）纪念馆

在文化遗产保护领域，以纪念馆形式的利用方式比比皆是。本书提出的纪念馆式保护，主要针对在历史发展过程中某项非物质文化遗产传承过程中出现的具有一定造诣、声名显赫的非物质文化遗产的传承人。通过对其曾经生活过的建筑环境的利用，展示传承人的传统生产生活方式、社会地位、家庭结构等信息，将对共生性保护的"原真性"起到重要的支持作用。

（3）生态博物馆

生态博物馆式的利用方法，是针对历史中较为丰富的非物质文化遗产，或传承人数量较多的传统村落、历史地区的保护利用方式。生态博物馆的利用主要体现在保持、传承方面，这种利用方式不仅使参观者能够深刻感受到非物质与物质文化遗产的核心价值与联系，而且最为重要的是将其与传统生活方式、传统习俗、民间信仰等传统地域文化相联系，唤起大众对它们的深刻感知，形成正确的认识。

（4）传统商业店铺

传统商业店铺（老字号）的发展是历史文化的缩影，也是某一地区传统商业形式的代表。非物质文化遗产作为其中蕴含的重要财富，涉及土特产品、风味小吃、手工艺品等制作。但近年来受经济发展的影响，传统经营模式以及生产工艺已开始逐步从人们的视线中淡化，很多"老字号"已成为历史的永久记忆。因此，针对这种以传统商业店铺传承发展的非物质文化遗产形式，共生性保护应以传统商业店铺这一物质空间载体为基础，将传统民间技艺等非物质文化遗产保护、展示于其中，同时恢复其初始的经营模式。

以上共生性保护的利用方式，是根据非物质文化遗产所生存的不同物质环境类型而提出，并且充分考虑到保护非物质文化遗产的传承人、生存空间等诸多要素。因而在利用方式各有侧重，但在具体保护利用中可根据实际情况灵活运用。

5. 教育

遗产教育是指通过相关环节对遗产所蕴含的信息、知识进行传播，使大众能够了解、欣赏、认识遗产的真正价值以及遗产保护的相关知识。该环节是共生性遗产保护工作的重要组成部分，具有面向社会各阶层、各年龄段的特点，是调动公众参与积极性的基础条件，不仅可提高民众对共生性保护的理解、支持，还有助于各项保护措施的顺利实施。

针对遗产教育在遗产保护中所具有的突出作用，该问题应受到各级政府的密切关注，将遗产教育纳入政策范畴，如将遗产教育纳入公民基本素质教育；对民间保护组织进行资助，使其在遗产教育中发挥其作用等。

6. 保护政策与制度

政策是一个国家政权机关、党政组织和社会政治集团为实现自己所代表的阶级、阶层的意志与利益，以权威形式标准化地规定在一定历史时期下，应达到的奋斗目标、遵循的原则、完成的明确任务、实行的工作方式、采取的一般步骤和具体措施。政策的实质是阶级利益的观念化、主体化、实践化的反映。因此，政策的导向与协调对非物质与物质文化遗产的共生性保护的实施具有重要影响作用，共生性保护如果缺乏正确有效的政策支撑，则很难予以全面、准确的贯彻和实施。

但应当注意到保护政策不仅应考虑到整体的、宏观的把握，还应充分考虑到保护对象的不同特点及遗产地的真实状况，如经济、地理环境、人文环境、社会结构等相关因素，制定具有可操控性的法律、法规、制度。

除此，建立相关监督管理体系也是非物质与物质文化遗产共生性保护得以顺利实施的必要条件。

7. 保护队伍

保护队伍是指专门从事保护工作的研究人员、工程技术人员和遗产管理工作者，他们是遗产保护的核心团队，是对遗产进行科学研究，确立保护目标、方法，实施保护与利用方案，并进行遗产管理的具体操作者。

目前，针对共生性保护涉及的广泛内容，在我国文化遗产保护领域中，具有以上保护研究经验和管理经验的人士还较为缺乏，人才主要局限于物质文化遗产保护与管理。因此，培养综合性的文化遗产保护人才，是目前迫在眉睫需要解决的问题。

在培养方法上，初期可通过对具有丰富非物质文化遗产或物质文化遗产保护研究经验的科研人员、工程技术人员、管理人员进行培训，来完成对共生性保护初期的队伍建设。但从当今文化遗产保护大的趋势来看，将其逐渐纳入未来学位教育的规划当中，是我国文化遗产保护人才队伍建设的大趋势，也是我国文化遗产能够得到"原真性""整体性"保护的基础性条件。

8. 民间保护组织

当代文化遗产保护已逐渐成为一种基本的国家意识与国家行为，这种对文化遗产保护的重视和关注无疑对当代文化遗产保护起到了至关重要的推动作用。但仅将政府视为保护文化遗产唯一的实际操作者，将对遗产保护的发展起到一定的制约。我国是文化遗产大国，在非物质与物质文化遗产的共生性保护上，不仅需要政府在保护政策上的支持以及保护单位的实际操作，而且需要民间保护组织的介入，才能对共生性保护的顺利实施起到保障作用。

可以认为，非物质与物质文化遗产的共生性保护是对传统民间文化的保护与利用，广大民众作为这些精神与物质财富的持有者，由于缺乏对文化遗产保护的准确认识，往往在保护实践中很难与政府以及各级保护单位在思想和行动上达成一致。而民间保护组织则可以起到上下沟通的作用，为政府和民间搭建起相互沟通、联系的桥梁。

对共生性保护而言，民间保护组织能够发挥的主要作用，体现在以下四个方面。

1）知识普及与宣传

普及与宣传是民众了解、认识共生性保护相关基本知识与保护理念，提高对非物质文化遗产、建筑文化遗产、传统民间文化等问题认识水平的重要途径。民间保护组织作为基层文化遗产保护的社会团体，应担负起直接面对公众进行共生性保护知识宣传、普及的责任。在教育、宣传上，可通过多种教育、宣传方式来进行，例如以村落、社区、学校等为单位，采取多种教育和宣传手段，切实做好文化遗产的普及与教育。

2）咨询与指导

非物质文化遗产与传统建筑环境是共生性保护的主体内容，它们大多散落于广大民间，对两者的保护不仅需要政府的支持与相关保护人员的介入，民间社团的参与也是至关重要的因素。民间社团是由遗产地文化遗产保护的热心人士组成的团体，具有较强的专业知识，同时对当地自然、地理、人文等环境了解深入，他们可为政府或相关机构在共生性保护工作中遇到的各类问题提供咨询，也可以为实践性的保护操作提供指导。

3）资料调查与遗产研究

资料的翔实是文化遗产研究和保护的依据与基础，民间团体在资料调查方面，具有他们得天独厚的优势，不仅具有获取大量第一手资料的优先性，还具有对文化遗产进行长期考察和对调研资料进行核实的条件。因此，在翔实资料的支撑下，民间团体可根据不同会员的专业或研究领域，有针对性地开展遗产研究工作，例如对某项传统技艺、传统习俗，或对某一传统民居、村落等开展研究，这些研究方向不仅具有独立的科学研究价值，还为共生性保护提供了最为基础、翔实的资料。

4) 遗产管理

共生性保护中物质文化遗产即传统建筑环境，是承载绝大多数传统非物质文化遗产产生、传承、发展的最基本土壤，但在目前大量保留的传统建筑环境当中，只有少数古建筑被指定保护，多数传统建筑环境如古民居、古村落、古镇等并未设立专门的管理机构来实施、组织日常管理工作，当然这与以上很多传统建筑直至今日还依然发挥着它们的使用功能具有很大的关系，另外它们其中很多又分布于广大农村基层，对共生性保护工作的实施与管理具有很多不便之处。

同样，这种不便于管理的现状，也反映在建筑环境之中的非物质文化遗产方面，如果缺乏有效的管理，非物质文化遗产的保护与传承将会受到很多外来因素的影响，例如在经济方面对经济效益的过分追求、现代工艺与工具对传统手工艺的影响、当代审美对传统文化的侵蚀等。这些都可能造成非物质文化遗产的快速消亡与变异，同时这种变异也使其逐渐失去与传统建筑环境之间的共生性发展关系。共生性保护旨在"原真性""整体性"地保护与利用非物质与物质文化遗产，使两者能够在当代得以保护与利用，从两类遗产目前所生存的现状来看，遗产管理对于共生性保护具有十分重要的突出地位，如果仅靠政府或相关文化遗产管理单位的介入还远远不够。因此，发展地区性的文化遗产民间保护组织，是共生性保护得以顺利实施的基础性条件。

第九章 米脂传统石雕技艺与传统建筑环境的实践性保护措施与利用模式

◘ 一、保护内容与措施

米脂传统石雕技艺与传统建筑环境的共生性保护、利用，应在明确非物质文化遗产与物质文化遗产的价值主体与关联后进行。对两者进行共生性保护的具体内容应包括以下八个方面。

1）传统石雕打制工艺

传统石雕打制工艺具有无形的特点，加之其传衍形式与日常打制过程的私密性、隐蔽性特征以及缺少文字记录等原因，一直以来对其的保护存在着很大的难度。另外，由于对非物质文化遗产保护观念缺乏正确认识，在对传统石雕打制工艺的保护中，人们往往将重点投入对物质实体（石雕）的保护，造成了非物质文化遗产保护中价值主体的偏移以及缺乏"整体性"保护的现状。

对米脂传统石雕打制工艺的保护，应采取以下方式来完成。

①结合米脂石雕技艺传承人对传统石雕打制工艺，从"以材取形、以形取材"两种造型观念进行打制过程的展示，在突出石雕打制工艺"完整性"的同时，还需强调相关打制环节的真实性，拒绝任何不真实的添加。除此，展示环节还应与建筑环境空间相结合，例如对炕头石狮的打制应与室内环境相结合，对门墩等造型的打制应在院落中架设工棚来完成，等等，以体现传统石雕技艺在历史发展中与传统建筑环境所形成的密切关系，保持其地域性、民俗性的文化特征价值。

②可通过在相关展示空间，如民俗博物馆，或利用后马家园则村的传承人故居进行影像循环播放，对传统石雕打制工艺进行展示。在图像来源方面，应在日常保护工作中对米脂县具有较高威望、年龄在50周岁以上的优秀石雕技艺传承人，进行打制技艺的静态图像采集与动态影像拍摄，并对不同石雕打制工艺进行影像分类，具体可根据米脂传统石雕的价值特征，划分为建筑功能类、文化寓意类、生产生活工具类等类型，以便进行系统的影像保存与展示。在对技艺的采集中，还应尽可能

地将采集过程结合米脂具有突出特点的传统建筑环境来完成，如姜氏庄园以及杨家沟村的典型民居等，以此突出技艺与建筑环境之间的共生关系。

③在石雕民俗博物馆内通过图例的表达形式，对米脂传统石雕打制工艺的各项环节，用图片、文字等较为直接的方法予以说明。内容包括基本材料、工具、画线、开大面、打大样、处理细节等各项工序。在图例制作上，应注重突出米脂传统石雕技法的特点、分类，还应通过实例比较的方法，突出米脂传统石雕打制工艺与其他石雕技艺形式的不同之处，这主要包括材质、技法、功能、造型、尺度、审美趋向等诸多方面。

2）传统石雕选材

材料是构成传统石雕打制技艺的基本物质要素，这种就地取材的传统生产生活方式，体现了历史发展中米脂百姓与自然环境和谐相处的生存理念。同时，它也是构成当代米脂传统石雕技艺与传统建筑环境保护的物质条件，是保持传统石雕技艺地域文化特点的最基本因素，也是确保其造型、审美观念得到传承、延续的重要条件。

对传统石雕选材的保护与展示，应由以下三个方面组成。

①通过图片、影像、实物（石料）对米脂及周边地区相关地质资料进行展示、分析、比较，结合当地自然、地理、地貌的环境突出米脂传统石雕技艺能够产生并得到发展的原因。并针对米脂砂岩石材质的特点，如石料硬度、颗粒、色彩、重量等，结合石雕打制进行细致的归纳总结。另外，还可采取对比的方法，结合不同石材，如青石、花岗岩、汉白玉等进行材料之间的对比，明确米脂传统石雕技艺选材的特征及其与众不同之处。

②对曾经具有一定影响、开采历史悠久的前家河采石场进行保护，并结合岩层构造配以相关的文字、图片说明。还可利用石雕民俗博物馆等相关展示空间，以影像、图片、文字说明等形式对前家河石场进行展示说明。

③开采石料技术是选材过程中的重要环节，也是米脂传统石雕技艺的重要组成部分。对此环节进行保护、展示，将有助于将米脂传统石雕技艺的非物质文化遗产价值"整体性"地予以展示，具体方法可利用石雕民俗博物馆或相关展示环境，用文字、图片、影像、实物加以明确说明。另外，由于很多历史资料仅限于文字描述，因而通过数字3D模拟技术，将石料开采过程、运输环节等进行模拟，对该问题的保护与展示具有重要的意义。

3）传统石雕打制工具

石雕打制工具是人与石头进行"对话"的媒介，是工匠创作构思得以顺利实施的基本物质条件保障。往往传统石雕打制工具的变化，是造成传统石雕造型语言发生变异的重要诱因，同时它又是米脂传统建筑营造技术的重要组成部分，是衡量某一地区、某一历史阶段人类生产力的重要标志。

对传统石雕打制工具的保护可通过以下环节完成。

①针对当代社会生产力发展，传统石雕打制工具无人使用或被废弃的现状，保护工作首先应对散落于民间的传统石雕打制工具进行收集、整理、归类。具体收集的范围主要以后马家园则村、杨家沟村为中心，并可向周边地区逐步扩展。对已消亡的工具，可在对石雕技艺传承人或资深知情者进行深入走访的基础上，采取复制、绘制图纸等方式予以保护。

②在对传统石雕打制工具的保护中，工具的制作工艺同样具有重要的保护价值，例如锤头的木把手通常采取何种木料，它们是如何制作与安装的；錾头的锻造要采取何种工艺以及材料的来源；工具制作环节与建筑环境的关系等，这些信息都是构成"整体性"保护的要素。具体的保护与展示方法，需在进行大量实地调研基础上，通过文字、图片建立相关档案，对制作工序进行影像记录，并通过民俗博物馆、生态博物馆进行影像以及打制工具制作环节的动态真实展演。

③任何形式的手工艺制作，各工序都有其所对应的使用工具以及较为固定的工具、设施摆放方式。因此在共生性保护中应尽可能突出传统工具与石雕工艺、打制场地的关系，使观者能够深刻认识到工具、工艺、造型、环境等方面之间的关联，突出共生性保护的特点。此项内容可通过生态博物馆等展示空间，借助图片、文字、实物等手段进行展示。

④在共生性保护中，除对传统工具进行收集、保护、展示外，结合传统石雕技艺、传承人进行打制过程的展演，也将对保护起到重要支持。例如可利用石雕技艺传承较为悠久的村落，采取原生态的方式进行展示，如后马家园则村以生态博物馆的形式，也可利用民俗博物馆中的展演形式，对石雕打制环节进行弘扬。但无论何种方式，我们应当明确展示过程应尽可能避免现代工具、材料、造型手法等的介入，以避免因保护不当所造成的遗产信息的不真实。

4）传承人

传承人是承载传统石雕技艺传承、发展的媒介，是传统石雕技艺的持有者，也是技艺的传播者。他们不仅是非物质文化遗产保护中重要的组成部分，也是构成物质文化遗产保护中"原真性"信息的重要内容之一。

在共生性保护中通过传承人对传统石雕技艺进行展示与弘扬，不仅包括了对技艺本体的保护，还包含了对技艺的"精神""文化内涵"的展示。针对米脂传统石雕艺人目前的生存现状，对他们的保护应采取以下措施。

①对米脂县境内的传统石雕技艺持有者进行登录、确认、统计，工作重点以米脂、绥德相交的四十里铺为核心区域，这里是目前陕北最大的石雕打制加工基地，

并且多数米脂石雕匠人在此谋生；对自明清以来米脂历史发展过程中的重要石雕技艺传承人及其师承关系进行梳理，建立相关档案与系谱。这一工作应以具有良好传承关系的后马家园则村为中心点，向周边区域扩展；由县级政府组织制定相关法律、法规，明确传承人的地位、享受待遇与义务，使石雕技艺传承人能够得到应有的保护，也使传统石雕技艺这项非物质文化遗产能够原汁原味的传承与弘扬。

②对历史发展过程中具有较好石雕技艺传承关系的村落（如后马家园则村）进行保护、利用。可以利用石雕艺人马兰芬居住地，以传承人故居或纪念地的形式进行保护、利用，并在不影响原有传统建筑环境的布局、结构等基础上，对传承人的师承关系、社会地位、生活方式、家庭组成结构等信息进行展示，具体可通过图片、文字、3D影像技术等方式进行说明。

③对非物质文化遗产传承人的培养，同样是当代传统石雕技艺保护中的重要内容。培养具有高水平操作技能，并能够对相关传统石雕文化具有较高认识的传承人，不仅对传统石雕遗存的保护、修复具有重要意义，而且会带动米脂传统石雕技艺的传承、发展和传统石雕文化的弘扬。对石雕艺人的培养，应利用具有良好传承关系的后马家园则村来完成，对传承人的培养应采取传统的传承方式，其中不仅包含对技艺本体的传授，还应包含对传统造型观念、审美意识等诸多方面的培养，使被传授者能够更加深切地感受到米脂传统石雕技艺文化的魅力与情感及其独特的文化精神。同时这种传授与学习形式，也是构成保护展示环节中石雕技艺传承信息的核心要素，并具有生动、真实的特点。

5）传统石雕与建筑环境之间的关系

窑洞在人类历史发展的长河中占据了举足轻重的地位，它具有就地取材、施工便利、造价低廉等显著特点，并在生态节能、环保、可持续发展等方面表现出优势，具有原生态的绿色建筑思想。而传统石雕作为米脂传统石雕技艺的物质表现形态，不仅具有独立的非物质文化遗产保护价值，而且其物质表现形态又是构成传统建筑环境中物质要素"完整性"的重要组成部分。传统石雕不仅具有独立的造型与审美价值，是建筑环境中重要的功能构件，部分石雕还与人们的传统生产生活方式以及精神文化生活具有直接的联系，两者无论从精神、物质两个层面都存在着必然的联系。

在共生性保护中对两者的关系进行保护与展示，是共生性保护应突出的保护优势与特点，对于两者的保护应通过以下环节完成。

①对传统石雕与建筑环境的保护，应先满足其物质层面的完整性。根据目前米脂县内传统建筑环境的保护价值与生存现状来看，米脂古城、杨家沟村、后马家园则村、姜氏庄园等，无论从石雕遗存或建筑形态方面都具有突出的地域文化特点与

保护价值。在它们当中多数聚落环境在布局、建筑结构、装饰等诸多方面，都不同程度地受到了人为的破坏与自然的侵蚀。因此，对它们的保护应建立在对物质形态的普查工作之上，需按照传统建筑环境的类型，如城镇型、乡村型、庄园型对遗产进行登录，依照不同建筑的规格与受损程度以及石雕遗存的规格与生存状况，逐级按类划分为三个层次的保护等级。并在此基础之上，实施保存、日常维护、修复、复原、补强等工作，恢复、保持传统建筑环境与石雕等相关物质层面的原本形态。

②对遗产周边相关环境的整治，对突出传统石雕与建筑环境之间的关系同样具有重要意义。人类在使用建筑环境的过程中，难免会在有意识或无意识状态下对传统建筑环境带来伤害。在这其中米脂古城的生存现状非常令人担忧，例如频繁出现的商业性广告标识以及一些民居由于改造过程中材料使用不当，对建筑环境造成的破坏。这些行为虽然并未对传统民居的物质本体结构或布局造成损害，但却影响到建筑环境与周边环境的协调一致。另外，针对以上问题的发生，预防工作也显得格外重要。这一问题主要显现于杨家沟村的遗产保护工作中，该村落不仅具有悠久的历史传承，而且在中国革命史上具有举足轻重的地位，集历史文化名村与红色革命教育基地于一体。伴随着古村落的开发以及当地百姓经济意识的不断增强，传统村落遭受破坏的现象正愈演愈烈，拆建、改建、架设广告灯箱等事件都频频发生，对此种现象的预防显得格外重要。因此，无论整治或预防，通过建立相应的规章制度或规范以及通过人为进行干预，都是米脂传统石雕技艺与传统建筑环境共生性保护中对物质要素进行保护的重要方式。

③传统建筑环境与传统石雕在历史发展中是一个有机的整体，两者相互依存、相互发展，是黄土高原地域建筑文化物质特征要素的重要组成部分。但往往由于认识偏差等原因，人们很难正确理解与认识两者之间这种物质的关联。例如很多建筑中的石质构件，其价值不仅体现于它们的形式美感之上，还体现于文化内涵以及与建筑环境之间所形成的结构关系，这些信息都是遗产保护中应突出的要素。针对以上问题，在共生性保护中应利用保护状况较为完整并具有典型地方特色的传统聚落环境，如姜氏庄园等，通过文字、实物、模型等手段进行展示，对两者进行结构、功能、审美等方面的细致说明与阐释。

④米脂传统石雕中一些具有典型文化寓意的石雕，例如炕头上放置的石狮，墙头上摆放的镇宅石狮，院落周边对应各类山势地形所摆放的巡山石狮、石牛、石马等造型，都蕴含深刻的文化内涵。因此，在对这些信息的展示过程中，应结合真实的建筑及其环境布局关系共同进行展示，真实地表达两者在物质与精神方面的共生关系，以突出遗产保护的"原真性"信息。具体的保护与展示方法可利用姜氏庄园，结合建筑及其周边的自然、地理环境来进行，并配以文字、图片的说明。

6）相关民俗活动与传统建筑环境

从较为翔实的调研资料来看，文化内涵的融入是米脂传统石雕技艺深得百姓喜爱的重要原因之一，而这些相关民俗活动则是向石雕注入文化内涵的重要形式。传统建筑环境承载着人类生产、生活的轨迹，从对米脂传统石雕技艺的非物质文化遗产保护价值来分析，石雕民俗文化活动是传统石雕技艺的重要组成部分，是真实体现米脂传统石雕技艺文化与地域民俗生活的真实写照。这种行为方式大多都在传统建筑环境中完成，并与传统建筑环境密切结合，同样是对建筑文化遗产进行"原真性"保护的重要非物质信息。

对传统石雕技艺中相关民俗活动的展示，应尽可能依据翔实的资料，在尊重历史与事实的前提下，通过传统建筑环境以静态博物馆和生态博物馆的方式来完成。例如在建筑环境中对民俗活动场景进行复原，结合传统建筑环境拍摄纪录片进行循环播放等。在生态博物馆中通过人为参与，以动态方式进行民俗活动展演等。对以上问题的保护与利用，姜氏庄园、常氏庄园等由于其建筑规整、布局合理、设施齐全，具有博物馆式的静态保护、利用基础条件。从动态保护来看，米脂后马家园则村则由于村落蕴含的丰富石雕技艺文化和完整的村落布局以及庙宇、戏台等，具有对两者进行生态保护的可能。

7）传统石雕技艺与传统建筑的历史依存发展关系

对米脂传统石雕技艺与传统建筑环境的历史依存发展关系的展示，有助于人们更加深层次地了解、认识传统石雕技艺与传统建筑环境的历史发展概况以及两者的共生性发展关系，将对其文化遗产价值起到积极的弘扬与教育作用。

具体方法如下。

①通过出版物、影像资料以及媒体等形式，将米脂传统石雕技艺与传统建筑环境的历史依存发展关系划分为萌芽期、发展期、成长期、成熟期共四个阶段进行归纳总结，其中应重点强调两者在成熟期所存在的必然联系，突出两者的共生关系与保护价值。

②在民俗博物馆或姜氏庄园中，采取图文并茂的方式，对米脂传统石雕技艺与传统建筑环境的发展概况进行介绍。还可通过讲解、发放印刷资料等手段进行相关知识的普及。

8）石雕打制空间与传统建筑环境

石雕打制空间是承载传统石雕技艺实施过程的重要物质空间环境，是对非物质文化遗产进行"整体性"保护的重要组成部分，也是对建筑文化遗产进行"原真性"保护所应突出的信息与物质要素。

对两者共生性的关系，应在保证相关信息真实性的前提下进行展示。

对石雕打制空间的展示，是共生性保护中操作难度较大的环节，保护工作须在掌握翔实资料基础上进行。可利用姜氏庄园等保护状况较好的传统建筑来完成。在实施过程中，需尽可能保证打制空间复原后在造型、材料、工艺以及与建筑环境布局关系等方面的真实性。避免因其他原因造成对建筑本体的破坏以及与整体建筑空间的不一致。在具体的实践性操作上，可划分为静态与动态两种保护方式。静态可结合实物配以文字进行说明；动态则可在对石雕打制空间展示的同时，进行石雕技艺展演与语音解说。

◘ 二、保护难点

从以下三方面介绍共生性保护的难点。

1）遗产分布

从对米脂传统石雕技艺与传统建筑环境的共生性保护研究来看，其保护范围量大而面广，涉及广大农村与密集的城市聚落居住环境。在保护内容上包含非物质与物质文化遗产，既包括物质的实体，也将传统的意识形态、观念、审美、习俗等涵盖于其中。它与单方面的非物质文化遗产保护或建筑文化遗产保护相比较，更加具有深度与广度。在实践保护中和操作方法上应结合实际情况做出合理的保护规划。

2）科学研究

米脂传统石雕技艺与传统建筑环境的共生性保护，在科学研究方面包含对非物质与物质文化遗产两类不同遗产属性的独立性基础调查与研究，还包含对两者相互依存发展关系的交叉性扩展研究及其共生性保护研究。

这种研究方法与单方面的遗产保护相比较，不仅需要投入更多的人力与物力，还需要多种学科的交叉支持，其中主要包括建筑学、美术学、民俗学、历史学、设计艺术学、管理学等相关学科。

3）遗产的保护、利用

对遗产的合理保护、利用，关系到遗产在当代的传承与发展。同时保护、利用环节所传达出的信息，又是外界认识遗产特征、价值、特点的主要途径和方式。

米脂传统石雕技艺与传统建筑环境的共生性保护，与单方面的建筑文化遗产或非物质文化遗产保护的不同之处，在于对两类不同文化属性的遗产同时进行保护、利用规划，两者具有平行发展，共同保护、利用的特征。

目前，从我国文化遗产的保护现状来看，或针对建筑文化遗产保护，或以非物质文化遗产保护为主，这种将两类不同遗产形式同时纳入保护范围，共同进行规划的方法还并不多见。因此，建立米脂传统石雕技艺与传统建筑环境相结合的保护、利用模式，推广这种共生性保护观念存在着很大的难度，在保护方法与模式等方面都需要进行实践性的探索、尝试。

三、保护实施建议

虽然米脂传统石雕技艺与传统建筑环境的文化属性各不相同，但它们之间却存在着必然的联系。从两类不同属性的遗产保护历史来看，具有非物质特征的技艺、观念、审美和具有物质特征的形态、结构等因素，都普遍影响着当地百姓的思维、生活、劳动方式，并扎根于社会交流活动与民间风俗等各项环节之中，具有广泛的民众基础与受众层面。它们是米脂地区历史文化发展所孕育的优秀传统民间文化，是当地百姓传统生产、生活方式与观念的结晶，是黄土高原地域性传统文化的代表。

针对米脂传统石雕技艺与传统建筑环境在历史发展过程中所形成的相互依存、发展的特点，如仅对它们进行独立的单方面保护，则很难完整地体现它们所蕴含的文化遗产价值。如将传统石雕技艺保护于某一建筑环境当中，虽然要优于相对独立的非物质或物质文化遗产保护方式，但传统文化环境的缺失则同样会使共生性保护大打折扣。这种保护方式缺少对传统文化环境的塑造，将使那些广泛扎根于百姓中自然淳朴的民风、民俗很难得到传承和保护，反而还会加剧这些传统文化遗产的衰落，使其成为变异的、机械的、呆板的一种存在形式，使人们很难真正体验、感受到它们作为文化遗产所体现出的真正价值核心与魅力。

在强调非物质与物质文化遗产有机结合进行保护的同时，还要强调保护区的建设。应利用不同建筑文化遗存的特点，对传统石雕技艺进行不同侧重的展示、利用与保护，形成米脂传统石雕技艺与传统建筑环境相互融合的有机整体，使两者更加真实而鲜活地展示、生存。

另外，这种有机的文化整体也将整合米脂周边区域的文化遗产保护并带来辐射效应，形成具有黄土地域文化特点的"文化生态圈"（图9.1）。从米脂周边区域的历史文化发展与文化遗产遗存保护现状来看，不仅遗产遗存丰厚，而且具有优良的保护基础。诸如榆林古城中布局合理、设计精巧的四合院落，雕刻精美的建筑石雕以及古朴、厚重的红石峡石刻；佳县传统道教建筑与石质雕刻，以石街、石墙、石窑洞等为特色，入选陕西历史文化名城的佳州古城；绥德、子洲的民间石雕工艺以及丰富的民间石质雕刻遗存等（图9.2）。它们的产生与发展都曾在历史进程中与米脂传统石雕技艺、传统建筑环境存在着必然的联系，曾经相互影响、相互发展，共同构筑起了黄土高原古朴、厚重、淳朴的地域文化。在社会高速发展的今天，这种"文化生态圈"的形成也将对陕北地区文化遗产的保护带来新的活力，增强人们对黄土高原传统地域文化的认同感和归属感。

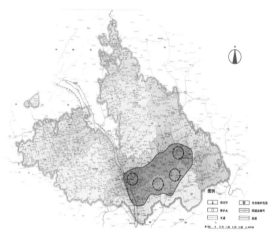

图 9.1　文化生态圈示意图（来源：自绘）　　图 9.2　保护区辐射分析（来源：自绘）

◘四、保护原则

通过对米脂传统石雕技艺特征与传统建筑环境及其形制特点等的研究，本书在明确两者的历史发展关系与当代相互依存关系等问题的基础上，认为共生性保护应充分尊重米脂传统石雕技艺的非物质文化遗产价值主体以及传统建筑环境的物质文化遗产价值主体，结合米脂县的自然地理环境、交通状况、遗产生存现状，制定相关保护原则，具体保护原则如下。

①在共生性保护中，应避免以往两类遗产相对独立的保护研究以及在保护过程中对各自价值主体的倾斜。理论研究是遗产保护的研究基础，研究方法应采取从平行研究到交叉研究的技术路线，将两类遗产的价值主体同时纳入研究与保护的主体。除此，生态博物馆的保护理论与方法也应作为共生性保护的重要支撑。

②在共生性保护实践过程中，对米脂传统石雕技艺与传统建筑环境应同时进行保护与利用规划，避免出现保护侧重点的偏移。

③在物质环境中保护、复原、展示米脂传统石雕技艺的传承、沿袭过程，突出传统建筑环境与传统石雕技艺的相互支撑关系。

④借鉴"六枝原则"，即中国和挪威合作建设贵州生态博物馆群项目的核心原则，2000 年由中挪专家及贵州 4 个生态博物馆的村民代表、地方政府管理层等，在六枝特区举办研习班时讨论提出框架，后逐步完善。它将国际生态博物馆的一般原则与中国的国情相结合，坚持政府主导、专家主导、社区居民参与的指导思想。在此原则指导下的贵州生态博物馆群的建设，已成为国际认可的贵州模式的生态博物馆。具体内容包括：（a）村民是其文化的拥有者，有权认同与解释其文化；（b）文化的含义与价值必须与人联系起来，并应予以加强；（c）生态博物馆的核心是公众参与，

必须以民主方式管理；（d）当旅游和文化保护发生冲突时，应优先保护文化，不应出售文物，但鼓励以传统工艺制造纪念品出售；（e）长远和历史性规划永远是最重要的，损害长久文化的短期经济行为必须被制止；（f）对文化遗产保护进行整体保护，其中传统工艺技术和物质文化资料是核心；（g）观众有义务以尊重的态度遵守一定的行为准则；（h）生态博物馆没有固定的模式，因文化及社会的不同条件而千差万别；（i）促进社区经济发展，改善居民生活[1]。

五、保护模式

保护利用规划不仅应具有宏观的调控作用，还应具有可实践的操作指导意义。共生性保护规划得以顺利实施的关键，在于科学、务实、实事求是的研究基础，它们是确保共生性保护与利用能够准确实施的基础条件。

从米脂自然地理环境、传统建筑遗存数量和交通现状等相关信息来看，虽然其传统建筑环境遗存丰厚，但受自然地理环境和交通因素的影响，很难将它们共同纳入规划，同时进行保护。因此，选择较为理想且具有代表性的传统建筑环境是共生性保护的基础物质条件，应选择具有一定建筑形态特点、保存状况比较完好的民居、村落、庄园、城镇聚落等。还可利用明确受到保护的文物建筑，作为共生性保护的展示空间，提高共生性保护的质量，带动共生性保护的发展。

通过对米脂传统建筑环境的属性、分类、保护状况、区位等信息的分析，研究认为米脂古城、杨家沟村、后马家园则村、姜氏庄园具有共生性保护得天独厚的物质要素资源和条件，具有突出的代表性，且与传统石雕技艺关联密切。例如历史悠久的米脂古城，在陕北地区历史发展过程中，曾是屯兵、商贸重镇，目前是陕北地区少有的以窑洞为主要建筑形式的传统城市聚落居住环境；后马家园则村，则曾是米脂历史发展过程中少有的石雕艺人较为集中居住的村落；杨家沟村则凭借其在历史发展过程中雄厚的经济实力成为米脂本地传统石雕和传统建筑环境遗存最为丰富的村落，并具有丰厚的历史文化底蕴；姜氏庄园由于其在建筑形制、特点等方面的突出特点，是米脂窑洞庄园的集大成者，并具有很大的影响力。

以上不同形式的物质载体类型，从物质属性以及特点分类来看，都具备了显著的代表性、独特性，将城市聚落、乡村聚落、庄园聚落等物质形态囊括其中，为米脂传统石雕技艺与传统建筑环境的共生性保护，在保护层次上提供了物质基础，也为各保护点的不同侧重提供了可能。

在保护区的内部结构与分布特征方面，各保护点主要分布于米脂县城以东的丘

1　http://news.xinhuanet.com/newscenter/2005-06/03/content_3040569.htm

陵沟壑区，并以"线"状特征分布，具有"组团性"的特点和较为宽广的"面状"区域保护范围。保护区内部结构，以点、线、面相结合为主要特征，具有较强的实际操控性，并且易于分点逐步实施保护，从多角度对非物质文化遗产与物质文化遗产的主体价值核心进行保护、利用。将为米脂传统石雕技艺与传统建筑环境的共生性保护带来更加生动、鲜活、真实的保护效果，同时这也是对文化遗产保护领域所提倡的"原真性""整体性"保护方法的有利支持。

除此，共生性保护中对遗产的利用问题，也应作为保护规划的重点、难点进行深入探讨。利用是以遗产为资源的服务活动，因此"人"的参与，在遗产利用中显得格外重要，换而言之可以这样认为，旅游事业的发展将对共生性保护具有很大的支持作用，无论从保护资金还是对外宣传等方面都有百利而无一害。但从米脂目前旅游事业的发展来看，情况却并不乐观，区域较为偏远和当地自然地理环境的恶劣，特别是县内交通路网不够完善、道路基础设施落后等问题，都是制约其发展的关键因素。因此，共生性保护应尽可能地使各保护点之间具有较好的路网联系，提升遗产利用的基础设施建设，提高共生性保护的大众参与程度。

遗产利用是带动文化遗产保护事业发展的重要因素，但在实施过程中我们还应清楚地认识到，受遗产参与人数增多的影响，原住民过度追求经济效益，导致过度开发、建筑遗产受损、遗产保护变质等，都是当今文化遗产保护领域屡见不鲜的问题。因此，共生性保护不仅需要外界的参与，还应抵御来自外界的影响，使遗产在保护、利用过程中保持其原有的特色、面貌。

对保护区进行规划建设的思路，主要包括以下方面。

1）保护区规划

共生性保护区在路网规划上，以贯穿米脂境内的 210 国道为基础，形成自西向东方向的环状包围圈，通过局部改道，将四个保护点有序地连接起来（图 9.3）。北面入口以米脂县城为节点，可沿米脂古城、姜氏庄园、杨家沟村、后马家园则村一圈环绕；南入口以十里铺乡为节点，经后马家园则村，进入杨家沟村、姜氏庄园，再从米脂县城绕出。

以上路线的规划，使保护区在行车、参观路线上形成了双向层次的变化，不仅方便了来自不同方向的参观者，也充分考虑到对参观者从交通路线上进行的分流。因为共生性保护区的参观或游览方式，与对某一文物保护建筑的游览存在着很大的不同之处。在观者欣赏、了解民居建筑的同时，还要为他们预留出充足的时间，对传统石雕技艺进行体验、欣赏。而以上参观过程的整体优劣程度，与参观者的人数存在着必然的联系。因此，通过对保护区交通路网进行合理规划，对参观路线、人流进行规划控制，将对提升遗产保护的管理、利用质量，起到主观的协调、掌控作用。

在保护区道路整治方面，除原有的210国道路面基础设施较好，无须整治外，其余道路均由县级公路和乡村级公路组成。这些道路整体状况较差，不仅需要进行道路的改造、扩宽与整治，还需在交通沿线修建观景平台、休息点、公厕等公共设施，以满足保护区交通道路的基本需求。另外，增添园区公路标识系统也是基础建设环节的重要工作之一。

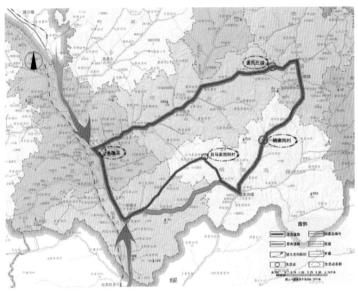

图9.3　保护区基础改造示意图（来源：自绘）

2）保护、利用模式

针对米脂传统建筑环境的物质要素构成特征以及传统石雕技艺的非物质文化遗产特点，对米脂传统石雕技艺与传统建筑环境的共生性保护，应根据不同物质载体的物质结构特点，结合传统石雕技艺的相关信息进行保护（图9.4）。

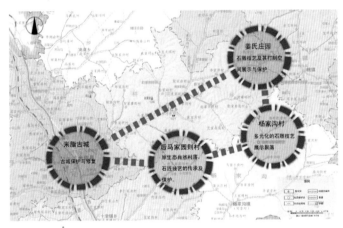

图9.4　保护、利用模式示意图（来源：自绘）

在对遗产的利用模式上，也应尽可能地从各个方面突出两者的共生性发展关系，使共生性保护利用避免在形式上的重复。

（1）古建筑修复过程中的保护与利用

以米脂古城修缮为核心的共生性保护与利用，是指通过对建筑环境的修复过程的展示，弘扬传统石雕技艺，突出两者物质与非物质之间的联系。

米脂古城具有悠久的发展历史，近年来随着政府以及百姓对文化遗产保护认识的提高，对米脂古城的保护也开始升温。在政府的高度重视下，经米脂县第十六届人民代表大会常务委员会第十次会议通过了《米脂窑洞古城保护管理暂行办法》。2010年，米脂窑洞古城一条街成功入选"中国历史文化名街"，这些都为共生性保护的实践打下了良好的基础。

针对米脂古城面积大、民居数量多、城市结构相对复杂、建筑形式多样等特点，对古城的共生性保护应结合实际情况，通过制订相关保护计划，分类、分阶段逐步实施。如街巷的保护主要是对沿街的原有石质道路铺装及墙面进行修缮，对已改变的材质部分进行恢复以及对与原有街巷形式、审美形式不一致的建筑物进行整治等；院落的保护则主要针对原有传统建筑环境的受损部件的修缮，恢复已遭受破坏的建筑布局与结构等，并对其中遗留的大量传统石雕进行修复。

在保护顺序上可将街巷与民居院落的生存现状、保护价值等要素作为逐级排序的衡量标准。如对街巷可按主次干道、大小街道或保存状况等形式进行划分，提出具有可操控性的保护顺序。对民居院落可从遗产保护价值、保护状况进行两到三个层次的分类，明确最具保护价值的院落和一般性质的保护院落，形成明确的保护排列顺序。古城的共生性保护与其他保护工程不同，它具有循环、可持续性的特征，应尽可能地保证整体环境不受噪声、污染等侵害。不是在集中的时间内，用最快速的方式、最多的人力来进行修缮，而是从较小范围逐步推进，它不仅是对遗产物质层面的修复、重建，而且是共生性保护中对传统技艺进行展示的重要窗口。

因此，这种保护与利用方式不仅需要传统石雕艺人以及其他工种艺人的共同参与，还需采用传统的工具、工艺、工序、材料对传统石雕、石质建筑构件等进行修缮。针对一些严重受损的石雕、石质建筑构件等，应尽可能地修复或将其替换进行妥善保存。对已丢失和损坏的石雕或建筑构件等，应按照原有的造型、材料、工艺重新制作，恢复其原本的造型面貌，并使其与建筑环境整体协调一致，即修旧如旧。尽可能在打制过程中展示传统石雕技艺及相关习俗，对石雕打制空间，针对其他建筑环境中的物质构成要素的修复，同样应采取修旧如旧的做法，并尽可能地使用传统工艺、工具等方法。

在实践保护过程中，应当充分尊重其作为历史文化名街的特性，在保护方式上应尽可能不影响百姓的日常生活、商铺的日常经营等，并保持古城、民居院落的原有结构以及原有建筑材料的特征等各项要素。另外，对修缮区域的管理，应在保证参观者人身安全的前提下，进行对其开放，在建筑环境中设置固定的停留区，为参观者提供一个能够参与、感受的空间。

以上这种相对灵活、循环的保护方式，具有较强的流动性特征。在古城内设置细致精确的导示与信息提示系统，培养高素质的讲解、导游人员，对古城共生性保护利用工作的开展，显得格外重要。

（2）传承人居住地的保护与利用

对后马家园则村的共生性保护与利用，是指对传承人居住地所采取的保护、利用措施。它主要采取了生态博物馆的保护理念，对传统石雕技艺与传统建筑环境进行保护与展示。

在米脂传统石雕技艺的历史发展过程中，后马家园则村曾是当地及周边地区传统石雕艺人居住相对集中的村落，名扬陕北地区的马兰芬等人，便是村中土生土长的石雕艺人。后马家园则村沿沟壑间冲沟一侧排列，窑洞以及院落布局整体呈线形分布，部分窑洞还沿深沟向内凹进而建，至今村落中仍保留有马兰芬曾经居住的窑院以及人们为他所建的墓地。由于村落历史久远，目前很多窑洞已出现塌陷、破损等现象，村中多数居民已从此处迁出，只有少数农户还居住于此。另外，村中还保留有庙宇、戏台等公共建筑，为整体村落提供了良好的传统乡村文化基础。

对该村落的保护、利用方法，主要由以下内容构成。（a）对马兰芬墓地的保护利用。马兰芬作为米脂传统石雕技艺杰出的代表人物，当地百姓为纪念他出众的雕刻技艺，将他安葬于村落旁最高的峁顶之上，犹如村落守护之神或村落象征一般。享受如此之高的待遇，可见传承人在村落之中的地位与声望。对于墓地的保护利用将使人们充分感受到后马家园则村以石雕技艺文化为中心的村落乡土文化，同时也表达出人们对已逝去传承人的尊重、纪念与缅怀。（b）将马兰芬居住地以名人故居的形式进行保护利用，通过对建筑环境进行修缮，恢复其原有的面貌。明确各空间环境的使用功能，通过实物、图片、文字等形式，展示传承人的历史地位、社会影响、代表作品以及家庭构成、师徒传承关系等相关信息，对传承人的相关信息进行整体、全面的综合展示。（c）对村落中庙宇、戏台及公共空间的利用。作为村落中的公共空间环境，这里是村民们集会、交流，举行各种仪式和进行娱乐活动的中心，承载着丰富的以"石雕"为主题的村落文化。例如工匠们常年在外以打制石雕为生，庙宇便成为家人们寄托祝福，为他们祈求安康的场所。同样戏台、广场也是工匠与家人们在长期分离后喜庆相聚或劳作之余进行表演、娱乐的重要场所。它们体现了传统石雕艺人对待生活的一种观念，也构成了以石雕打制为主体的传统村落文化要素。（d）对已基本废弃的村落居住环境进行改造，将其划分为数字博物馆、学习区、技艺展示区、感受区等区域，通过改建或新建等形式对传统石雕技艺进行不同方位的展示。数字博物馆主要以高科技的影像技术对米脂传统石雕技艺的历史发展概况进行介绍，并对传统造型样式与纹样等相关信息进行模拟展示。用多媒体的形式对与传统石雕民俗文化等相关内容进行解读。学习区是指对米脂传统石雕技艺的传承展示，这里将作为石雕技艺的"教学基地"，担负起对专业人才培养的重任，同时其技艺的传承过程也将作为展示的内容共同呈现。石雕打制区主要针对不同石雕造型，从打制过程、方法、工具等相关环节进行展示，具有一定程式性特征。并需要配备具有一定引导经验的艺人，分阶段、分过程对石雕打制技艺进行展示。通过工匠边讲解边制作的形式，与参观者建立相互沟通、了解的桥梁，达到一种互动展示与交流状态。（e）石雕技艺感受区，为满足参与者的新鲜感、好奇感而设置。一般参观者通过直接观赏的方式对某一技艺具有较直观的了解之后，都会产生比较强烈的体验兴趣，因此在生态博物馆内设置相关石雕技艺的体验区，会增强人们对米脂传统石雕技艺从实践角度产生的直接认识，会使其萌发出一种对传统石雕技艺发自内心的感受。（f）石料堆放区，可使参与者对未经加工的石料形成认识，并可通过图片、文字等形式，对传统石雕用料、选材、取材、运输等相关环节进行展示说明。

传承人居住地的保护、利用，对米脂传统石雕技艺与传统建筑环境的保护具有立体展示、综合利用的作用，同时对人才培养起到积极的推动作用。但在具体操作过程中对以下环节需谨慎对待：（a）充分尊重历史，保证相关资料展示的翔实性；（b）对传承人培养要从传统石雕打制的理念、造型、材料、工具、流程以及师徒传承关系等诸多方面进行培养，切勿在传承中加入与米脂传统石雕技艺毫不相关的各项内容；（c）在商业开发上，允许出售石雕工艺作品，但为防止造型的变异与不真实，对所开发的纪念品需在造型、打制工艺、尺寸等方面，做出统一的规范要求，制定开发、利用准则；（d）村落中无论新建建筑或修复建筑，在风格与格调上要与整体村落及周边环境保持一致，并尽可能地将传统石雕造型以及功能运用于其中。

（3）拼贴式的保护与利用

杨家沟村是陕北少见的集地主庄园、传统村落于一体的古村落。1947年12月毛泽东、周恩来等老一辈无产阶级革命家，在此召开了中国革命史上重要的"十二月会议"。杨家沟革命旧址于1978年改名为杨家沟革命纪念馆，成为重要的红色旅游胜地。2001年，它成功入选第五批全国重点文物保护单位，随后相继入选第四批全国爱国主义教育示范基地和中国历史文化名村等。遗产地所具有的多重文化价值，赋予了杨家沟村多种文化相交融的遗产特色，同时为米脂传统石雕技艺与传统建筑环境的共生性保护利用提供了拼贴式保护、利用的可能。

拼贴式保护与利用主要指以杨家沟村原有的红色革命文化为基础开展的共生性保护、利用，旨在将红色文化、传统民俗文化、传统石雕技艺、传统建筑文化等有机结合共同进行展示。这种保护与利用方式在建筑文化遗产保护领域中早有先例，例如日本自1966年起将"明治维新"时期兴建的一些洋式建筑，由各地迁建到名古屋犬山附近，统称为"明治村"；瑞士则将各地具有代表性的古代民居集中于巴林拜尔进行集中展示。

对杨家沟村的保护与利用主要表现为以下三方面。（a）红色文化展示区。红色文化是杨家沟近现代历史发展过程中的重要历史信息，这里承载着中国共产党老一辈无产阶级的革命历史信息和曾经生活、劳动过的痕迹，也体现了当地百姓为中华民族复兴所做出的抛家舍业的牺牲。作为红色文化展示区的马家新院，在建筑形式上具有中西合璧的特点，吸取了中式窑洞、日式建筑、欧式建筑等特点，是中西文化碰撞与交融的产物，集中展现了地域建筑文化与外来文化，体现出设计者与众不同的设计理念、思想。在这其中，蕴含大量的石雕艺术作品，不仅具有艺术作品的独立性，还具有建筑环境功能以及生产、生活功能等，为整体建筑环境增添了光彩。该区域对石雕技艺的保护与利用，应在保证红色革命文化展示的前提下，对建筑中的石雕造型通过挂牌、文字说明等形式进行展示。还可利用其中一些建筑造型、构件等标志性造型，通过石雕进行商业开发，作为红色文化纪念品出售。但应注意在开发过程中对传统石雕工艺、选材等相关要素的传承与尊重。（b）对周边建筑环境与区域，结合村落民俗文化进行保护、利用。并强调突出对米脂传统石雕技艺的展示，将其他相关民俗文化作为辅助支撑。村落是各类传统民俗文化生存与发展的重要物质载体。利用传统建筑环境对传统石雕技艺的打制环节以及相关民俗活动进行展示，将更加有助于参与者真实、生动地感受到传统石雕技艺与其他传统民俗文化的关联。（c）利用村落中闲置的公共空间对传统石雕遗存进行集中展示。这种保护、利用方式主要针对米脂传统石雕遗存大量散落于民间，未得到较好保护而提出，旨在将各类不同形式特征的石雕集中起来，给予恰当的保存。在保护方法上，需分类、分组进行展示，不仅应突出米脂石雕在造型、审美方面的多样性特征，还应对各类造型与建筑环境之间的关系以及功能、特点等诸多方面进行文字、图像的说明，以确保遗产信息的准确传达。

（4）博物馆式的保护与利用

博物馆式的保护也被称为冻结式保存。这种保护与利用方式主要针对姜氏庄园。它无论从建筑形制以及规模、保存状况、影响力等各方面，都具有以博物馆形式对米脂传统石雕技艺进行保护、利用的优势。

姜氏庄园是陕北黄土高原少见的大型聚落窑洞庄园，距今已有一百多年的历史，是国家重点文物保护单位，并具广泛的影响力。首先，博物馆式的保护与利用，并非将具有保护价值的石雕集中于这里进行保护与展示，而是对姜氏庄园中丰富的各类石雕造型，如功能各异的石质建筑构件、具有文化意义的石雕造型、石质生产生活工具等进行展示，从石雕的功能、文化寓意等层面结合建筑环境予以说明，主要采取文字、语音等表达形式。其次，这种保护与利用方式结合传统建筑环境，对传统石雕打制空间进行真实的再现，为参与者提供一个深入了解与认识两者相互依存发展关系的平台。

博物馆式的保护与利用方式，应注重在保护展示活动中对传统建筑环境布局、结构的尊重，避免因保护、利用所造成的对传统建筑环境的破坏。

◘ 六、相关保护技术

1. 技术干预

技术干预是米脂传统石雕技艺与传统建筑环境共生性保护中所采取的相关工程技术措施，这种干预行为主要针对传统建筑环境的本体以及传统石雕技艺的物质表现形态"石雕"。通过技术干预消除物质本体的隐患，恢复其原本面貌，使它们尽可能长久、稳定地继续生存，并保持其原本的文化遗产价值。

根据保护对象生存状态的不同，技术干预也有不同侧重，以保存、修复为主要方式。

1）保存

保存是传统石雕技艺与传统建筑环境共生性保护中，针对遗产物质层面所实施的保护措施，它是一种技术干预程度较低、仅以维持遗产基本现状为主的保护方式，所采取的主要技术手段包括日常维护和加固等。

（1）日常维护

如果能够得到较好的日常维护，遗产便能长时间地保持在一种良好的状态下，同时也可减少各种修复行为对遗产自身带来的人为干预。因此，在各种文化遗产保护的技术措施中，日常维护是最为基础的保护环节，也是最重要的保护方式。

针对米脂传统石雕技艺与传统建筑环境的共生性保护实践，日常维护往往直接作用于非物质文化遗产的相关物质要素，如石雕造型、石质建筑构件、石质生产生活工具、传统打制工具等，还包括了建筑文化遗产的物质本体，如建筑的布局、结构、木质构件等等。

共生性保护中对日常维护的要求，基本与建筑文化遗产保护相同，决不允许添加新的构件、新的材料，并必须定期有计划地按照技术规范进行保护。具体日常保护措施与方法如下。

①对所有已受到破坏的物质要素隐患部分进行有规律的监测，以防止各种原因所带来的破坏加剧；

②对可能遭受破坏的各类物质要素采取预防、保护等措施，以避免它们遭受破坏；

③对已被加固和修缮的遗产进行日常保护监测。

（2）加固

从共生性保护中相关物质要素的生存现状来看，传统石雕选用的石材质地较为松软，目前绝大多数石雕正面临着"风化""断裂"等的危机，还包括人为因素造成的破坏。而传统建筑环境的生存现状也不容乐观，同样面临着因年久失修所造成的建筑结构、材料等方面的自然破损以及人为破坏。

加固作为一种物理行为，主要指采取工程技术措施，对保护环节中的相关物质形态受损部位进行补救，以加固、稳定、支撑、防护、补强等技术措施为主要方法。以上保护措施的实施，应在不改变保护对象的材料、形态、结构等相关信息的基础之上进行。以加固米脂传统石雕为例，因加固所使用到的现代构件、材料，必须尽可能地隐藏于保护对象的隐蔽部位，以避免对保护对象外观及其特征所带来的再次破坏。另外，对石质物质形态而言，补强措施也具有较高的实用价值，是针对石质材料等易受腐蚀、风化、剥落所采取的化学加固手段，是对保持物质形态原有风貌极为必要的加固保护措施。

防护或补强材料，大多以化学试剂为主要成分，在加固、防护物质形态的同时会使保护对象的材料内部特性发生改变。因此，这种保护措施的使用最好针对那些不能采取修复措施进行保护的石质构件或造型。

2）修复

修复技术是遗产保护工作中的常见技术手段，主要针对其中相关物质形态，例如对传统建筑环境中破损、变形的建筑结构、部件以及石雕造型等进行维修与修补。对损坏严重无法修补或已破损的建筑结构、构件和石雕等，以复制、填补等手段进行更换，并清理、去除在历史中添加的与保护对象未形成整体关系的构件、建筑物和其他无关紧要的设施。

修复工作是共生性保护环节中需要严格控制的行为，目前很多具有保护价值的传统民居院落多有居民居住，居民们多以一种自发形式对建筑环境进行修缮，这种缺乏修复规范、准则的自行修复方式，无形之中加速了对传统建筑环境所带来的破坏。其中主要体现在对传统材料、施工工艺、造型等方面以及包括建筑内部结构、院落结构、建筑色彩等方面的不真实。另外，其保护范围量大与面广，缺乏专业修复队伍，缺少相关保护修复操作细则、规范等问题，对共生性保护中的修复工作，都带来了很大的实施、操控难度。

因此，应当清楚地认识到共生性保护中的遗产修复工作，难度要远远大于对某一单体建筑物进行修复。它必须建立在对保护对象进行翔实资源调查和价值分析的基础之上，并尽可能地在遗产修复工作中做到保持遗产原本造型、材质、结构、形式、色彩等的真实性，才能真正意义上确保遗产修复工作的可靠性与"原真性"，使祖先流传下的财富得以传承、发扬、展现于世。

2. 环境整治

环境直接影响着遗产的生存状态与保护质量。对米脂传统石雕技艺与传统建筑环境的共生性保护而言，环境不仅是遗产的物质构成要素，而且包含了丰厚的非物质信息。

针对非物质与物质文化遗产的共生性保护，环境修治则主要针对遗产周边建筑形态、自然环境与社会文化环境的综合性整治与维护而提出。它们共同构成了米脂传统石雕技艺生存发展的重要载体，共生性保护在将传统石雕技艺保护、展示于建筑环境中的同时，将周边的建筑环境、自然生态环境、文化环境共同纳入保护范畴之中。这种保护方式不仅可以对遗产及其周边环境的保护质量带来较大的提升，还可以对已消失的文化环境进行恢复与重新塑造。

对米脂传统石雕技艺与传统建筑环境的共生性保护，在环境整治方面可归纳为以下三方面。

①整治建筑文化遗产周边各类危害遗产生存质量的新建建筑与相关设施，改善、复原因修复不当或任意添加造成破坏的物质文化遗产。对建筑形态与周边环境，在建筑风貌、形式、色彩、自然环境、文化环境等诸多方面进行整治协调，使它们之间达到和谐统一。

②对传统石雕进行保护整治，强调传统石雕与整体建筑环境在风貌、形式上的统一，针对其中一些不相协调的新建形态、造型进行整治，使它们保持原有的建筑环境景观与建筑装饰。

③对遗产地周边相关自然、生态环境进行整治，避免因自然生态恶化对遗产带来的危害。窑洞是米脂最为常见的居住形式，它们往往依山靠崖向内挖掘而建，具有造价相对低廉、使用便捷等优点，但同时也会受到因自然生态变化所带来的威胁，例如因水土流失造成的窑洞崩塌、裂缝等现象都较为常见。

3. 展示

展示既是共生性保护工作的重要内容之一，又是衡量共生性保护工作是否得以顺利实施、进行的重要标准，旨在通过相关展示手段，揭示非物质与物质文化遗产在历史发展过程中所存在的关联与相互支持关系，以此突出非物质与物质文化遗产之间所蕴含的文化价值与意义，使参观者通过浏览、欣赏、聆听，来体验、认识遗产的价值信息及其情感与精神价值之美。

1）展示内容

针对米脂传统石雕技艺与传统建筑环境的共生性保护，在展示内容上以突出两者的共生性发展关系以及各自的遗产特征为主。对米脂传统石雕技艺与传统建筑环境的共生性保护，在展示环节中应有针对性地对以下内容进行展示。

①结合图片、影像、文字、实物在传统建筑环境中对石雕打制技艺的历史发展、传承概况进行展示，以此突出两者在历史发展中的相互依存关系。

②在传统建筑环境中，依照资源调查所收集的准确资料，恢复石雕打制空间与场地，对传统石雕的打制过程进行展示，体现打制环境与建筑环境的相互依托关系，突出其选材、工具、工艺、打制流程等相关信息。

③在传统建筑环境中展示石雕打制习俗以及相关传统文化，突出传统石雕技艺的民间文化特征与价值取向。

④结合传统建筑环境，对石雕从建筑环境功能、实用功能、文化蕴意等方面，通过语音、文字等形式进行全方位展示，突出传统石雕技艺与百姓生产生活的密切关联。

2）展示的方法

米脂传统石雕技艺与传统建筑环境的共生性保护，在展示环节中具体采取的方法以图片、影像、文字、语音、实物、图表、模型、展演等技术手段为主，它们中不仅包含了静态的展示，传承人的参与也是其中非常重要的构成内容。因为只有人的参与，才能将展示环节表达得更为深入、细致、生动。

（1）图片

图片是一种较为直观的展示方法。它的优点是可对遗产的发展状况进行比较直接的静态图像展示，并具有真实、可靠的信息特征。

例如对米脂传统石雕技艺与传统建筑环境相互依存发展关系的展示，其中对很多珍贵信息的展示，只能通过早期拍摄的图片从图像学的角度对两者的共生性发展关系进行阐释、解读。

（2）影像

影像展示与静态的图片展示相比较，具有直接、生动、连续的特征。在共生性保护中影像展示主要针对石雕打制技艺过程的展示，也可对其他相关保护内容进行循环展示播放。

共生性保护的展示，内容主要针对传统石雕技艺，可通过采集相关石雕打制过程经编辑后播放，也可对一些石雕民俗活动进行采集后播放，或者通过制作 Flash 动画等方式，进行模拟的展示。

（3）文字

文字是展示环节中最为基础与传统的表达方式，它与图片相比较更加具有典型的叙述性，具有对某一事物进行细致入微表达的特征。在当代文化遗产的展示环节中，通常在特定的展示场馆内，文字结合图片、图标、实物等进行介绍、分析。

在米脂传统石雕技艺与传统建筑环境的共生性保护中，文字不仅有助于更加准确、细致地表达所要展示的内容，而且是促进观者理解、认识某一事物的重要途径。例如针对石雕民俗文化等一些很难用图片、影像进行解读的展示内容，文字便具有阐释与解读的功能意义，达到更加深层次的表达效果。

（4）图表

图表是一种简洁、直观的总结表达方式，其中涉及的内容包括文字、数字、图例等表达形式。通过对不同数据进行排列、分类、对比，可达到对某一问题或多个问题进行归纳总结的效果。

在共生性保护的展示环节中，图表同样具有对问题深入剖析的价值意义。可针对两者相互依存发展关系进行比较，对传统选材与其他材料特征进行对比，对石雕打制空间与建筑环境进行归纳总结等。

（5）语音

语音是展示环节中的便捷传播方式。可采取独立式的传播，即观者通过耳机在游览过程中针对展示的各项内容，分阶段进行语音收听；也可采取大范围的语音播放，加深观者的理解。

语音环节是展示过程中的重要技术支持手段。目前技术较为成熟，但主要工作仍是对讲稿进行全面的编辑，对不同语种进行准确的转换，避免因文字不当和翻译错误造成的表达失误。

（6）实物

共生性保护中的实物展示主要针对传统石雕技艺所涉及的材料、传统工具、石雕造型等实物。以传统工具为例，对它的展示将更加有助于观者对传统石雕技艺形成全面的认识。对传统石雕的展示，则是人们深入了解传统石雕技艺物质表达形态的重要途径。

在米脂传统石雕技艺与传统建筑环境的共生性保护中，对实物的展示应结合传统建筑环境来完成，以此突出两者不可分割的共生性关系。而对于一些由于历史原因造成的石雕与建筑环境分离的现象，在保护展示中可采取在村落或建筑环境当中集中展示的方式，以保证它们与整体环境的协调一致性。

（7）模型

模型在展示环节中具有很强的功能作用，针对本书所涉及的保护内容，它可通过以下方法起到展示、传播作用：（a）通过模型对石雕打制场地进行复原，恢复石雕打制场地的基本面貌；（b）对一些受损严重、具有典型保护价值的石雕采用复制品替换的方法，以保持其物质形态的完整度，并可将原有造型进行妥善保存；（c）

可在特定的展示空间中，将某一建筑局部包括石雕通过模型方式进行展示。

模型制作环节是模型展示的核心保障，其准确性、翔实度关系到遗产信息的准确表达，因此这些相关工作应当由专业模型制作团队负责完成。

（8）展演

展演是对传统石雕技艺、传统建筑文化进行传播、弘扬的最直接方式，主要由传承人、打制空间、传统习俗、祭祀空间等要素构成。在共生性保护区中可设置独立的观演空间（传统建筑环境）进行展演。

展演过程具有生动、真实的特征，因此其中所涉及表现的内容需要有翔实、准确的可信度，以保证遗产"原真性"信息的准确表达，使参与者能够真实地感受到文化遗产所带来的魅力。

◘ 七、管理

1）政策

在对米脂传统石雕技艺与传统建筑环境的共生性保护实践工作中，明确保护原则、制定相关的保护与利用方式等，都对共生性保护的顺利实施具有重要意义。但从整体角度来看，以上保护的方法、原则主要针对遗产本体，却并未对人们的行为形成具有法律、法规性质的约束意义。因此，往往会因为人们的行为使保护工作难以推进。

这种现象主要体现在以下六个方面。

①传统建筑环境作为共生性保护中的物质基本要素，是承载传统石雕技艺生存与发展的土壤。在现实的保护工作中，这些建筑文化遗产多数至今仍保留着人类生存、居住的痕迹。从正面影响来看，原住民为建筑遗产保护注入了人类生存的非物质信息，也为遗产保护注入了活力；但从负面影响来看，原住民的各种行为活动，构成了对建筑环境的无意识破坏。诸如新型建筑材料的滥用、对建筑布局的擅自更改、对传统建筑环境的破坏性修缮等现象，在调研过程中都屡见不鲜。

②对传统石雕的破坏也是目前应当高度关注的问题。与很多具有观赏性、收藏性的文物不同，米脂传统石雕与传统建筑环境具有不可割裂的共生性发展关系，并且依附于传统建筑环境。但在现实的保护中，人们往往将两者割裂开来，对传统石雕进行收藏、保存。随着近年来对石雕艺术作品收藏的升温，很多没有法律意识、缺乏文化遗产保护意识的人员，通过强行拆除、擅自买卖而对传统石雕构成了极大的破坏与威胁，即使这些石雕经过倒卖后得到了较好的保护，但它们与建筑环境的分离与割裂，也使得传统石雕原有的文化价值无法真正体现。

③当代米脂传统石雕技艺的传承，是非物质文化遗产在当代得以发展的重要前

提。就米脂传统石雕技艺的保护而言，目前缺乏对传承人的认定标准、未形成传承人的系谱以及管理工作滞后等问题，都是非物质文化遗产保护工作难以真正展开的重要因素。另外，传承人缺少对传统石雕技艺的正确传授意识以及受现代工具、材料的影响和商品经济的冲击，使传统石雕技艺的非物质文化遗产价值很难得以传承，致使其真正的文化遗产价值无法体现。

④从米脂传统石雕技艺与传统建筑环境的历史性发展关系来看，当代传统石雕技艺的发展，应结合本土地域性建筑共同规划。在目前如火如荼的新农村的建设大潮中，文化多样性问题一直是困扰传统文化传承的重要因素，往往不经意的政策性导向失误，都会对新农村建设带来灾难性的破坏，使其很难保持原有的地域性乡土特色，也对传统文化带来不可估量的毁灭性破坏。政策规划作为政府部门的决策导向，对保持地域性的传统建筑文化具有重要意义，也将促进米脂传统石雕技艺的传承、发展，为它提供一种新的利用途径，避免因当代文化多样性问题对传统文化带来巨大的冲击。

⑤正确处理商业开发行为与文化遗产保护的关系，是共生性保护乃至我国遗产保护、利用中比较难以操控的问题。以本书研究为例，在对石雕旅游产品开发方面，便存在着传统造型变异、原始材料改变、工艺失传等现象，对非物质文化遗产造成了价值主体的偏移和破坏。针对米脂传统石雕技艺与传统建筑环境的共生性保护、利用，在旅游产品开发环节应制定相应的规范与准则，避免因强调商业行为造成对文化遗产的再次破坏以及对遗产文化价值、审美、功能等方面带来的扭曲。

此外，在共生性保护的现实工作当中还存在着很多问题。它们多为不正确的意识与行为，但久而久之便形成对文化遗产保护与利用的不正确认识。这些行为往往由个体产生，并逐渐发展为一种群体的认识与行为，或作为一种不正确的流行趋势蔓延。

因而，在米脂传统石雕技艺与传统建筑环境的共生性保护中，政策、法规、制度都是确保保护工作顺利实施的重要因素。例如：（a）建立对传承人进行认定的办法，明确传承人应享受的待遇和在共生性保护中应尽的义务，并对传承内容进行明确界定；（b）对传统石雕、传统建筑环境制定具有操作性的保护制度，可将责任落实到个体，明确其应尽到的义务和遵守的规章制度；（c）制定相关法律、法规，禁止一切对传统石雕、传统建筑环境的人为破坏，包括不得擅自将传统石雕进行拆除与买卖；（d）针对共生性保护中的开发与利用问题，需明确相应的开发机制，建立专家委员会，预防开发过程中对遗产所带来的危害。例如对相关石雕民俗旅游商品的开发，应避免传统造型、材料等变异造成对遗产价值主体的伤害。在开发与利用过程中应尽可能保持建筑遗产原本的结构、布局、材料等信息。保护区应聘请资深匠人和相关人士，对纪念品造型、选材进行规范性控制，通过专家委员会制定保护区的开发、利用实施细则等；（e）结合传统石雕技艺与传统建筑环境的遗产特征，对米脂当代新农村建设提出具有导向性的政策支持，为两者的共同发展、利用提供新的土壤。

2）民间社团与组织

在米脂传统石雕技艺与传统建筑环境的实践保护工作中，保护范围大、遗产生存状况复杂等实际问题，都对共生性保护工作的顺利开展带来了很大的难度。共生性保护不仅需要政府的高度关注，而且需要民众的广泛参与，只有各方力量相互支持与协调，才能使米脂传统石雕技艺与传统建筑环境的共生性保护事业得到顺利发展。

提高群众对遗产的保护意识以及提升民众对保护的参与积极性，民间社团和民间保护组织具有其得天独厚的优势。共生性保护中，对民间社团与民间组织的建设应纳入整体保护规划当中，这些组织中的核心人员，应由本地区具有一定文化遗产保护意识与知识，或在遗产保护或某领域具有一定造诣的人士构成，其次是相关文化遗产保护的关注与爱好者。在管理上应尽可能建立自上而下的管理制度，以便日后保护工作的开展。在民间保护组织的运转资金上，政府应尽一切能力予以支持协助，并通过相应的资金筹措方式，为民间组织提供运作保障资金。

民间组织活跃在米脂传统石雕技艺与传统建筑环境共生性保护工作的前沿，也是在保护工作中与政府或遗产保护单位、组织（包括和民间）对话，收集资料的窗口。因此，民间组织的遗产保护与管理工作，应当遵循以下工作方针与要点。

①尊重保护区内的各项保护方针、政策，能够深入理解、掌握相关共生性保护的管理条例、制度、准则等，并在日常工作中对百姓进行深入普及、宣讲、解读。

②协调政府文化遗产管理与保护机构，对保护区内的遗产进行深入调查。针对一些关键性问题，民间保护组织或社团还应发挥他们作为原住民的优势，进行长期、专项的深入调查研究。例如可对某一石雕传承人结合他的生活环境、石雕作品进行专项研究；对米脂传统石雕技艺和当地传统生产生活方式进行关联研究；等等。

③对保护区内遗产的生存状况进行监测，协调保护区内原住民与遗产保护之间有可能出现的有关利益、产权等的纠纷，架起民众与政府、保护单位之间沟通问题的桥梁，协调一些有关遗产保护的纠纷与突发事件。

3）资金

资金是保护工作能够持久、循环进行的重要保证。从我国目前文化遗产保护的现状来看，虽然国家在保护力度与资金投入上都有所加强，但仅靠政府拨款进行保护的这种方式还远远不够。近年来遗产保护中的旅游经济发展，成为目前遗产保护中重要的资金来源。但从以上的这种经济运营模式来看，虽然从表面上对遗产起到了较好的宣传、弘扬效果，但由于经济利益、产业化运营等的影响，也对我国遗产保护事业带来了很大的负面的影响，造成了遗产特征丧失、周边环境遭受破坏等现象的发生，使遗产保护在取得更大经济效益的同时，在价值主体上又再次发生变异。

对于米脂传统石雕技艺与传统建筑环境的共生性保护，在资金的筹措以及各运行环节，我们应清楚地认识到不当的经济开发方式对遗产本体及相关环境造成的伤害，应当准确把握对遗产的开发、利用方式，在保持遗产原有特征、文化属性的同时，取得最大的经济效益，以保证共生性保护圈的建设以及保护工作的顺利实施。

具体操作办法应遵循以下原则。

①坚持保护资金的合理使用，对保护区内包括门票、商铺、交通等的收入以及相关政府拨款、资金赞助进行严格控制，将资金充分用于保护区建设，避免资金的大量流失。

②采取政府协调方式，为保护区寻求保护资金的支持。

③对共生性保护区内所有与遗产相关的商业行为进行规范化管理。如对相关石雕商品进行规范化的开发，以保持其原有的造型特征、打制技艺；对保护区内所有宣传品进行审查，以保证所有出售宣传资料、书籍、影像资料的翔实性与真实性等。

4）人才建设

人才建设是促进文化遗产保护事业发展的基础条件。米脂传统石雕技艺与传统建筑环境的共生性保护，主要涉及科学研究人员、遗产保护研究人员、遗产展示人员以及专业的修复技术人员。

从研究所涉及的领域来看，对传统石雕技艺与传统建筑环境，首先应在一种平行关系下展开基础性研究，因而保护区在遗产研究人才上不仅需要配备独立的非物质与物质文化遗产研究人才，还应选拔具有创新研究能力的人员将两者合为一个整体进行关联性研究。应建立专业的遗产保护、利用研究团队，针对非物质与物质文化遗产的保护技术、展示方法、利用手段进行专业研究。其次，应培养遗产展示方面的专业技术人才。他们是共生性保护环节的重要角色，是引导观者正确认识遗产的指引者。最后是对遗产修复人才的培养、建设，可将其划分对传统石雕修复、建筑环境修复两个部分，以保证修复工作的专业性、准确性。

以上相关专业研究人才的选拔，应注重学科背景的专业性与交叉性特点，建筑学、民俗学、美术学等都是其中应当涉及的主要学科。在遗产保护与利用方面，心理学、经济学、建筑学、美术学等学科的支撑也格外重要，还需具有针对性地吸纳如雕塑、平面设计、摄影、3D制作等专业性展示开发设计人员。另外对讲解员、展示人员的培养也是人才建设的重要工作。在修复技术的人才培养方面，开设专业培训班，聘请技艺高超的工匠进行讲授、示范等，是培养专业修复人才的主要形式。

八、保护实施计划

米脂传统石雕技艺与传统建筑环境的共生性保护涉及范围量大而面广，在保护过程中建立务实的实践操作实施计划，是保证整体保护规划得以顺利实施的重要条件。

首先在共生性保护中，应选择具有较好保护基础以及具有一定影响力的传统建筑环境予以展开，其次对保护基础较差或环境较为复杂的地区展开保护。在时间上可将其划分为六年的周期，并以两年为一阶段。

第一阶段。该阶段是共生性保护区建设的初期发展阶段，主要任务由以下方面组成：（a）对保护区内相关基础设施进行改造，例如扩宽、整修道路，设置保护区观景平台、道路标识等；（b）对有较好保护基础的杨家沟村、姜氏庄园开展共生性保护；（c）对县内未得到妥善保存的传统石雕或散落于民间的石雕造型进行收集，并集中展示；（d）聘请从事文化遗产保护的专业人士，对相关工作人员、传承人、社区群众进行遗产保护的基础知识讲座，不断提高大众对遗产保护的认识水平；（e）出台相应保护政策、条例，确保保护工作的顺利实施；（f）对后马家园则村开展前期保护的准备工作，包括筹备保护资金，起草相关法规、政策，成立民间保护社团、团体和研究机构。

第二阶段。对后马家园则村进行共生性保护、利用：（a）在恢复与保持原有村落格局下，对村落内部与周边环境进行整治，包括对已废弃的民居、庙宇、戏台等，从建筑结构、布局、环境等方面进行修整、修缮，并对其中部分传统建筑进行改造、利用，以配合对米脂传统石雕技艺以及相关信息的展示；（b）利用原有村落中的建筑对石雕技艺传承人进行培养，为生态保护注入新的活力，为共生性保护提供人才与技术的支持与保障；（c）对马兰芬墓地和故居进行保护、利用，对综合环境进行整治，突出其石雕传承人纪念地的文化价值特色。

第三阶段。由于米脂古城建筑遗存生存状况较为复杂，并且需要大量的专业技术人员以及资金、政策的支持，因而将对该区域的保护纳入至共生性保护的第三阶段来进行。对米脂古城的共生性保护由以下环节构成：（a）对古城内部的主要街巷进行修缮，对已年久失修的路面重新进行铺设或局部进行更换；（b）对街道立面以及相关环境进行整治；（c）对建筑环境内部进行保护修复。保护方式采取一种循环的方式逐步推进，即在修复、修缮过程中对米脂传统石雕技艺与传统建筑环境进行全方位的展示与利用。通过制订合理的修复、保护计划，使古城的共生性保护得以良性循环，使传统地域建筑文化、民间传统工艺、传统民俗文化等得以整体、自然、真实地展示。

九、保护规划方案

图 9.5~ 图 9.12 为米脂传统石雕技艺与传统建筑环境的共生性保护规划方案。

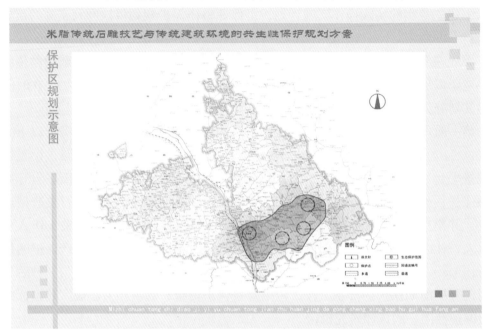

图 9.5　保护规划方案一（来源：自绘）

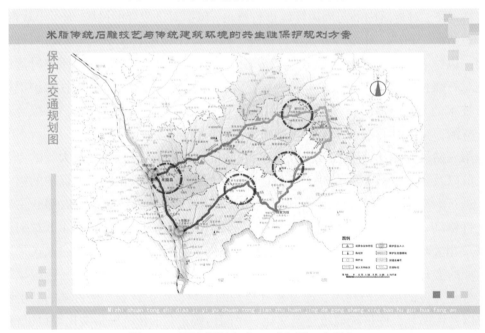

图 9.6　保护规划方案二（来源：自绘）

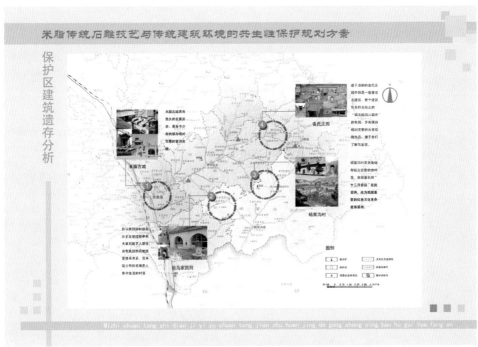

图 9.7 保护规划方案三（来源：自绘）

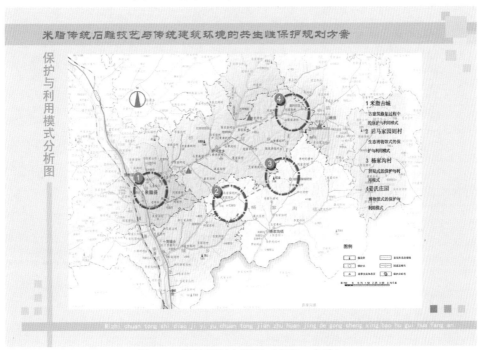

图 9.8 保护规划方案四（来源：自绘）

图 9.9　保护规划方案五（来源：自绘）

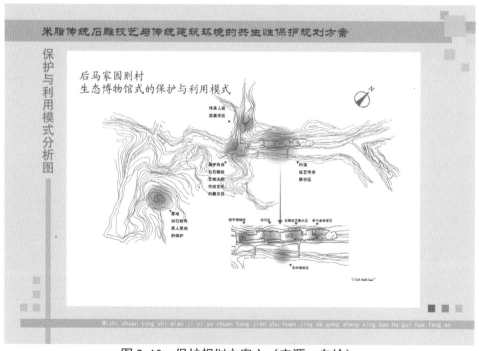

图 9.10　保护规划方案六（来源：自绘）

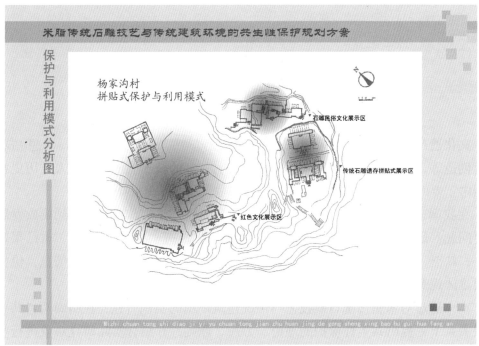

图 9.11 保护规划方案七（来源：自绘）

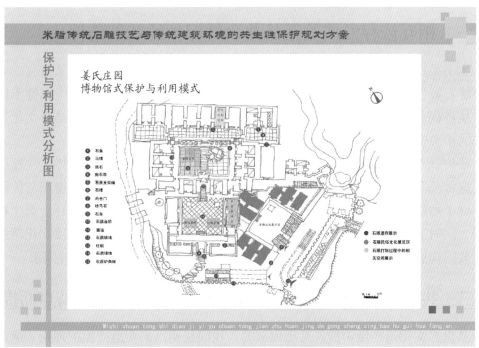

图 9.12 保护规划方案八（来源：自绘）

第十章 结论

文化遗产与历史文化紧密相连，其中包括了人类的起源、民族兴起、思想、技术、艺术创造等，是各民族、各地区、各国家文明发展的真实见证，也是人类历史发展过程中重要的物质与精神财富。

在我国，当代文化遗产保护已成为继人口、生态之后，又一关系到民族发展的重要问题。研究针对当代文化遗产保护中出现的非物质文化遗产保护"重结果轻过程"，缺乏"原真性"物质环境；物质文化遗产保护缺乏相关非物质信息，价值主体很难体现等现象而提出。

本书通过对米脂传统石雕技艺与传统建筑环境的实例研究，在明确两者共生性发展关系下，提出共生性保护的理论、方法、原则，并结合实际研究对象进行实践性保护方案的研究。

◉ 一、相互依存发展关系是共生性保护的基础条件

本书采用建筑学、文化人类学、美术学、民俗学等相关学科的交叉研究，对米脂传统石雕技艺与传统建筑环境进行了深入调查、研究、分析，对两类属性不同的遗产从特征、历史依存关系、当代发展关系等方面进行深入剖析，并结合文化遗产保护的相关理论对两者的相互依存发展关系进行了深入阐释。

研究认为不仅米脂传统石雕技艺与传统建筑环境存在着密切的共生性发展关系，这种关联还具有广泛的普适性意义，充分体现于多数非物质文化遗产与传统建筑环境（物质文化遗产）之间。传统非物质文化遗产依附于传统建筑环境而生存、发展，同时又构成了传统建筑环境中最具民俗、地域风情特色的非物质文化信息，两者共同构成了文化遗产保护中的两个重要的构成元素，即物质与精神因素。

◉ 二、共生性保护理念针对我国文化遗产的生存发展特点而提出

从世界文化遗产保护的发展历程来看，我国长期以来在遗产保护理论、遗产保护方法与技术、遗产管理制度及标准等诸多方面处于劣势，在以联合国为活动平台的全球文化遗产保护运动中，一直扮演一个学习他国先进经验的角色，属于先进理

念的被输入者。

1987 年，中国加入《保护世界文化遗产和自然遗产公约》，开始与国际遗产保护理论接轨，一些相关理论直接影响到我国文化遗产的保护理论和对相关问题的认识。这主要体现在：（a）打破了对"文物"概念的传统认识；（b）促进了对不可移动遗产的保护，打破了以往强调对可移动文物的保护传统；（c）以"原真性"为核心理念的保护理论和方法，成为中国文化遗产保护理论得以借鉴的理论框架。

中国文化有别于欧洲文化，我们在学习遗产保护先进理论的同时，应注重结合本国遗产自身的特点，从中提炼出适应我国文化遗产的保护思想、观念、方法，为我国文化遗产的保护提出具有针对性、客观性、适用性的保护观念、理论、方法，进行保护理论与观念的创新，更加有效地促进我国文化遗产保护事业的蓬勃发展。

本书提出非物质文化遗产与物质文化遗产的共生性保护观念，力图将非物质文化遗产整体、真实地保留在自然状态下产生的传统建筑环境（物质文化遗产）当中。这种保护观念针对我国文化遗产保护特点而提出，其保护思想不仅与国际文化遗产保护的先进理念相一致，还具有鲜明的中国特色。

◨ 三、共生性保护是对文化遗产保护"原真性"问题的深化

非物质文化遗产与物质文化遗产同属文化遗产的范畴，由于其属性、特征的大不相同，以往对于它们的研究都是分开进行的。这种相对独立的保护方法将文化遗产的保护就此割裂为两个不相干的部分。如对很多民间文化艺术的保护经常采取单一的固态保护，或将它们作为图片形式进行收集和整理，造成了非物质文化遗产与人及物质生存环境的脱节。同样在对传统建筑环境的保护中，由于其中相关非物质因素的丧失，也导致了物质文化遗产保护缺乏"原真性"、缺少生命力的问题。

人类对于文化遗产"原真性"的研究与探索，经历了漫长的发展历程，并逐步将其涉及层面不断扩展，涵盖了物质与非物质的各个层面。共生性保护以"原真性"为理论基础，针对我国文化遗产保护中大量非物质文化遗存难以得到真实保护、传统建筑文化遗产保护缺乏生命力而提出，是对"原真性"保护理论的进一步深化与探索。

◨ 四、本书创新之处

本书创新之处主要体现于以下三个方面。

①陕北石雕具有悠久的发展历史，并一直受到广大学者的高度关注。从目前的研究成果来看，多集中于对陕北绥德石雕的研究，在方法上也多以美术学、民俗学

为主，并未见到其他形式的研究成果。本书通过对米脂传统石雕技艺的大量田野调查与研究，提出米脂传统石雕与绥德石雕同样具有代表价值，其范围不仅涉及炕头石狮，还包括了建筑石雕、构件以及传统生产生活工具。另外，这种技艺形式还与传统窑洞营造技术中的石工技艺存在着密不可分的关系，它所蕴含的价值不仅体现于艺术方面，还体现于工程技术，生产、生活观念等多个方面，具有重要的文化遗产保护价值。研究成果进一步明确了陕北石雕的多元化特征，也为陕北传统石雕的整体性研究与保护奠定了基础。

②本书针对非物质文化遗产与物质文化遗产的不同属性、特征，以遗产"原真性"问题为理论基础，对米脂传统石雕技艺与传统建筑环境，从属性、特征、价值等方面进行深入剖析，在明确非物质与物质文化遗产的密切共生关系基础上，提出了传统石雕技艺（非物质文化遗产）与传统建筑环境（物质文化遗产）相结合，共同进行研究与保护的理论观点。

③本书针对文化遗产的特征与生存现状，阐释了共生性保护的相关原则与方法。并针对本书研究对象，提出了传统石雕技艺与传统民居、村落、城镇聚落相结合，"从点到面"，可形成辐射的"原生态"共生性实践保护利用模式。

◼ 五、研究不足之处

共生性保护是一项涉及范围广泛、问题错综复杂的保护工作，由于我国文化遗产的特殊性，它们中大多数都蕴藏于广大农村和偏远地区，这种生存状态给共生性保护带来了极大的困难。共生性保护针对我国文化遗产生存与发展特点而提出，旨在为两者提供一个相互依存、相互发展的空间环境，使其能够得到真实、整体的保护与传承。

非物质与物质文化遗产相结合的共生性保护是一种具有针对性的保护方法，并具一定的推广价值。虽然本书从宏观上对相关保护理论、保护原则、保护方法进行了阐释，并结合实际保护对象进行保护规划与保护模式的设计。在今后的实践性保护工作当中，还需结合实际情况对保护工作的相关法规与管理体制进行深入探讨，对保护展示技术做进一步探索，同时正确处理好由旅游所带来的对遗产保护的负面影响。

附　录

附录 1　主要调研民居一览表

序号	民居名称	所在地点	建造年代	基本布局与生存现状	图片
1	高家大院	米脂古城西大街43号	不详	由两组不同走向的院落组成。建筑布局严谨、规整，建筑形式以砖拱窑、厢窑为主。保存状况比较完整、良好	
2	杜家大院	米脂古城东大街儒学巷2号	清末	整体院落呈长方形布局，为传统二进式院落。正窑、二门、倒座厢窑，贯穿于中轴线之上。建筑形式以石拱窑、砖式厢窑为主，保存状况较好	
3	高家大院	米脂古城东大街20号	清（道光）	由两座竖向平行排列的院落组成，建筑布局随地形呈现出一定变化，倒座部分已被改作商用建筑。建筑形式以砖式拱窑、厢房为主。整体院落保存较好	
4	旗杆大院	米脂古城东大街24号	清（道光）	该建筑为清代四品官员住所，院落坐北朝南，布局为纵向排列，由下院、上院、侧院构成。主窑采取明柱厦檐、砖拱结构。整体建筑保存状况基本完整	

序号	民居名称	所在地点	建造年代	基本布局与生存现状	图片
5	北大街34号院	米脂古城北大街34号	清末	院落整体布局方整，为横向排列，是典型的一进式院落。建筑形式由砖式拱窑、倒座、厢房组成。整体建筑保存状况良好，但其中部分布局略有改动。石质构件及建筑装饰破坏较为严重	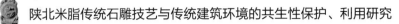
6	东大街32号	米脂古城东大街32号	不详	院落布局方整、浑厚，是典型的两进式院落。建筑形式主要由砖拱式主窑、厢窑以及倒座等组成，保存状况良好	
7	高家小院	米脂古城市口巷10号	1850年	该民居由两组相对独立院落构成，院落布局右侧规整，为主人居住，左侧为下人使用。整体建筑由砖拱窑和厢房、倒座等组成，保护状况较好	
8	国民党军官旧居	米脂古城市口巷20号	民国时期	院落为一进式，沿街墙面高耸，并具防御、装饰特征。主窑为双层，厢房、倒座与其他民居相同。院落整体保存良好	

序号	民居名称	所在地点	建造年代	基本布局与生存现状	图片
9	城隍庙1号	米脂古城城隍庙街1号	不详	该民居为一进式院落，保护状况一般。大门处较为完整，木雕、石雕、柱础等建筑构件极具特点，具有很高艺术价值。	
10	马家祖宅1号	杨家沟村	不详	为两进式院落，建有门楼、围墙、厦房，采用较为巧妙的分割方式将其划分为左右两院。各院主要为5孔，共计窑洞22孔。整体建筑保存状况一般	
11	马家祖宅2号	杨家沟村	不详	院落选址地势较低，为典型的"明五暗四六厢窑"制式。正窑采用"明柱厦檐"的建筑结构，具有遮风、挡雨、纳凉等生活实用价值。整体院落保存完整，内部建筑装饰保留完好	
12	马家老院	杨家沟村	不详	整体建筑保存完好，为典型宽展型院落，布局近似"明五暗四六厢窑"的制式，其中倒坐客厅还吸纳了北京四合院风格	

（续表）

序号	民居名称	所在地点	建造年代	基本布局与生存现状	图片
10	马家新院	杨家沟村	1929年	新院背靠崖壁，采取人工填夯形成庭院。院落布局为宽展形，共由11孔石窑组成。风格不仅保持了地域特色，还吸取了西式建筑特点	
14	常氏庄园1号院	高庙山	1908年	院落布局属典型宽展型庭院，逐渐抬高的地势以及具有丰富变化的窑洞，形成了丰富多变的高低错落组合。该院落保状况良好，建筑装饰形式多样	
15	常氏庄园2号院	高庙山	1908年	院落布局基本采用了"明五暗四六厢窑"的制式，为一进式院落。但由于保护不当等原因，庭院内部多处设施及装饰构件，已遭到大面积破坏	
16	姜氏庄园	刘家峁村	1874年	庄园保护状况较好，其选址于接近峁顶的凹窝之上，建筑布局由上院、中院、下院，左、右暗院，碾院等大小7座院落构成，还包括寨墙、涵道等设施	

（续表）

序号	民居名称	所在地点	建造年代	基本布局与生存现状	图片
17	马兰芬故居	后马家园则村	不详	为典型一进式宽展院落，6孔主窑沿山体平行而建，院墙随地形变化进行围合。由于长期无人居住，院墙及其他建筑已基本倒塌	
18	镇子湾民居	镇子湾村	不详	院落布局为宽展型院落，是典型的"明五暗四六厢窑"形制。主窑顶端的石质挑石变化丰富、造型多样，在当地传统建筑环境中非常少见。整体建筑目前仍有人居住，但破损较为严重，缺少保护	

（表格来源：作者编制）

附录 2 主要调研石雕一览表

序号	石雕名称	所在地点	材质	基本布局与生存现状	图片
1	门枕石（抱鼓石）	米脂古城北大街 17 号	黄绿砂岩	石鼓雕有"双龙戏珠""兽面衔环""鼓钉"图案。因年代久远，保护不当等原因，目前石雕已开始风化，部分区域受损严重，几乎无法辨认	
2	门枕石（抱鼓石）	米脂县李自成行宫	黄绿砂岩	石雕雕有"麒麟""兽面衔环""鼓钉""荷花""寿"字、"花草拐子""吉祥花瓣"等装饰图案，造型整体大方、庄重，刀法硬朗。保护状况一般，并有局部破损	
3	门枕石（抱鼓石）	米脂古城北大街 51 号	蓝绿砂岩	造型雕有"狮子滚绣球""兽面衔环""鼓钉""寿"字、"花草拐子"等纹样。"披巾"四角雕有"祥兽"造型。底座正前方刻"禄路顺达"图案。整体石雕生存状况较差，缺乏保护	
4	门枕石（抱鼓石）	米脂古城北大街 49 号	蓝绿砂岩	石雕整体造型粗犷，圆形石鼓表面"鼓钉"清晰可见，刻有"兽面衔环""二狮滚绣球"的浮雕图案，形象概括，造型生动。下端"披巾"采用"如意纹"处理，线条流畅、轻松自然。石雕整体缺乏保护，破损多处	

序号	石雕名称	所在地点	材质	基本布局与生存现状	图片
5	门枕石（抱鼓石）	米脂古城北大街17号	蓝绿砂岩	石雕造型较为烦琐，石鼓上方雕有幼狮造型，鼓面图案为"麒麟"。底座造型方整、硬朗，雕有"寿"字、"花草拐子"等图案，整体石雕保护状况基本完好	
6	门枕石（抱鼓石）	米脂县杨家沟村	黄绿砂岩	造型装饰色彩浓厚，上方雕有"幼狮"，下端石鼓装饰图案由"二龙戏珠"等组成。"披巾"处理圆润，边缘刻"回纹"。整体石雕保护状况完好	
7	门枕石（抱鼓石）	米脂县姜氏庄园	黄绿砂岩	石雕刻工精细，造型烦琐。雕有"二龙戏珠""兽面衔环"等图案。下方"披巾"处雕有"如意纹""回纹"等图案。须弥座层次分明、起伏感较强，并配有吉祥图案。保护状况良好	
8	门枕石（抱鼓石）	米脂县杨家沟村	黄绿砂岩	保护状况完好，无破损。整体造型较为饱满。上方雕雌雄幼狮。石鼓采用高浮雕突出"麒麟"造型。"披巾"处雕有"蝙蝠""回纹"等纹样。须弥座雕"石猴""花草拐子"造型纹样	

（续表）

序号	石雕名称	所在地点	材质	基本布局与生存现状	图片
9	门枕石（抱鼓石）	米脂县杨家沟村	黄绿砂岩	石雕上部保存完好，下部已开始风化。顶部为幼狮造型，重点突出面部，四肢处理简练。石鼓处理简洁明快，"披巾"圆润平滑，刻"回纹""神兽"图案。底座部分因砂岩腐蚀，已难以辨认	
10	门枕石（书箱式门墩）	米脂县杨家沟村	黄绿砂岩	造型雕有"莲生贵子"图案，寓意早生贵子，连续生贵子。门墩下端因保护不当，受腐蚀较为严重，很多造型、图案已不能清晰分辨。雕刻技法主要采取圆刀、平刀相结合	
11	书箱式门墩	米脂县杨家沟村	黄绿砂岩	门墩保护状况良好，局部有受腐蚀现象。造型正、侧面刻有"莲生贵子"图案，雕刻技法采取圆刀、平刀相结合。整体图案棱角分明，装饰手法硬朗	
12	方形门墩石	米脂古城东大街28号	黄绿砂岩	造型简练，基本以满足功能为主，只在门墩正前方雕有"牡丹"浅浮雕装饰图案。整体石雕保护状况一般，局部已开始风化、脱落	

（续表）

序号	石雕名称	所在地点	材质	基本布局与生存现状	图片
13	门墩石狮	米脂县姜氏庄园	黄绿砂岩	整体造型浑厚、饱满，动态呈侧面跪踞式。头部略微向上抬起作怒吼状，眼部硕大有神，额头及鬣毛做团状处理。颈部雕有束带并挂铃铛。四肢处理粗短壮实。石雕保护状况较为完好，是少有的经典石雕	
14	门墩石狮	米脂县后马家园则村著名石雕艺人马兰芬故居	黄绿砂岩	石雕造型圆润、浑厚，强调突出鬣毛、项饰、铃铛、四肢等。雕刻技法以圆刀、曲线为主要方法。由于宅院已多年无人居住，石雕遭受人为破坏严重	
15	门墩石狮	米脂县王家湾村	黄绿砂岩	石雕制作工艺精细，以曲线、圆刀为主要雕刻方式。石狮面部表情生动，四肢、尾部采取具有女性头饰特征的处理方法，使造型更加生动。整体石雕造型保存比较完整，局部有受腐蚀现象	
16	柱础	米脂县李自成行宫	黄绿砂岩	造型古朴、浑厚、大气。造型未做任何装饰，只在柱础两侧做向内凹进处理，以丰富视觉变化。整体造型保护状态完好	

（续表）

序号	石雕名称	所在地点	材质	基本布局与生存现状	图片
17	柱础	米脂县李自成行宫	黄绿砂岩	柱础造型类似正梯形，棱角过渡平缓，上下变化呈向内曲线。雕刻方式采用减地凸起法，图案简洁、古朴。整体石雕保存完好	
18	柱础	米脂古城东大街24号	蓝绿砂岩	由于保护不当等原因，柱础底部已风化，并用水泥进行了处理。柱础造型下粗上细，类似圆柱形，从保存较为完整处可清晰辨别出其细腻的造型雕刻手法的	
19	柱础	米脂县杨家沟村	黄绿砂岩	该柱础保护状况良好，基本未受到损害。上端造型饱满，"鼓钉"等装饰纹样清晰可见，底座为多边形须弥座，最上方雕有"花卉"浮雕图案，底端采用"如意纹"进行装饰	
20	柱础	米脂县后马家园则村	黄绿砂岩	造型以南瓜为创作基础，寓意连年丰收，具有典型农耕文化气息。柱础由于保护不当，上端已开始风化	

序号	石雕名称	所在地点	材质	基本布局与生存现状	图片
21	影壁	米脂县常氏庄园	黄绿砂岩	由于保护不当等原因，部分造型已不完整。影壁墙面中心与底座采用砂岩砌筑而成，其余部分均为青砖砌筑。墙面雕有"龟背纹"，中部镶有神龛。底座部分基本采取平整处理，但整体造型及层次变化丰富	
22	影壁	米脂古城北大街45号	蓝绿砂岩	影壁上宽下窄，除檐口与脊饰用青砖、青瓦外，其余部分为砂岩。雕刻技法强调圆刀为主、平刀为辅。装饰题材以"福禄寿星图""八仙庆寿"等吉祥图案为主，是当地少有的影壁石雕艺术作品，且保留完整	
23	挑石	米脂县姜氏庄园	黄绿砂岩	该挑石无装饰纹样，只做简单平整的打磨处理。外露部分自上而下，做向内斜砌，并在挑石上部平面前端做向内凹进处理，以使木梁与石质挑檐有机结合	
24	挑石	米脂县杨家沟村马家新院	黄绿砂岩	挑石外露部分自上而下成45°角，挑石装饰有"回纹"图案，并分组从大倒小进行排列。在雕刻技法方面手法硬朗，强调突出起伏关系。目前构件保存良好，并且仍在使用	

（续表）

序号	石雕名称	所在地点	材质	基本布局与生存现状	图片
25	挑石	米脂县杨家沟村马家新院	黄绿砂岩	挑石采用"祥云"图案进行装饰，边缘线则随"祥云"做较为圆润的曲线处理。在雕刻技法方面，能够突出高低起伏关系，艺术效果厚重大方，整体造型保存完好无损	
26	挑石	米脂县镇子湾村	黄绿砂岩	挑石前端采取波浪状造型，两侧"祥云"呈斜线自大而小排列，空白区域采用"盘花錾"进行修饰，保护状况良好	
27	挑石	米脂县镇子湾村	黄绿砂岩	造型保存较为完整，起伏生动，棱角较为分明，基本手法为曲线平刀处理。空白部采取打磨处理，以求平整	
28	挑石	米脂县镇子湾村	黄绿砂岩	挑石前端"祥云"处理厚重，并与两侧"祥云"图案有机结合。表现手法采取圆刀曲线，向内做凹进处理。整体造型保留完整，局部略有风化	

序号	石雕名称	所在地点	材质	基本布局与生存现状	图片
29	挑石	米脂县镇子湾村	黄绿砂岩	挑石前端"祥云"处理厚重，并与两侧"祥云"图案有机结合。表现手法采取圆刀、曲线，向内做凹进处理。整体造型保存完整，局部略有风化	
30	挑石	米脂古城西大街 26 号	黄绿砂岩	造型在长方形石料基础上，自上而下做凹进处理，并在长形方盒前端下侧开有半圆形出水口。装饰手法采取"盘花錾"处理。目前保存状况较好	
31	挑石	米脂县姜氏庄园	黄绿砂岩	挑石保存完好，仍在使用。造型以长方形石料为基础，自上向下做凹进处理，并在前端两侧开有方形出水口。装饰手法突出找平工艺中的垂直线条，以提升其形式美感	
32	云墩	米脂县李自成行宫	黄绿砂岩	造型上端"祥云"采用阴刻圆刀的手法，并在局部做向内凹进处理，空白处做短斜刀肌理效果，下端石鼓部分雕刻有高浮雕装饰图案。整体造型厚重、大气，并且保护状况较好	

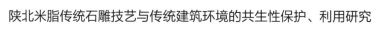

（续表）

序号	石雕名称	所在地点	材质	基本布局与生存现状	图片
33	云墩	米脂县李自成行宫	黄绿砂岩	石雕保护状况良好，主要用于木质结构牌坊下端，具有承载、加固结构的实用与装饰功能。云墩底部石鼓雕有"暗八仙"图案，手法强调以平刀为主，因此造型较为硬朗，但过于呆板	
34	拴马石	米脂县姜氏庄园	黄绿砂岩	造型在平整处理基础上，做双半圆向内凹进连接处理。材质表面留有较为规则线条，以丰富纹理效果。目前拴马石保存完整	
35	拴马石	米脂县姜氏庄园	黄绿砂岩	拴马石保存完整，造型在平整处理基础上，做双半圆向内凹进连接处理。材质表面留有较为规则线条，以丰富纹理效果	
36	拴马石	米脂古城东大街安则巷1号	黄绿砂岩	拴马石保护状况较好。打制工艺在强调平整处理的基础上，做双孔向内凹进连接处理，并加以双圆线进行装饰	

序号	石雕名称	所在地点	材质	基本布局与生存现状	图片
37	粮仓	米脂县杨家沟村马家新院	黄绿砂岩	粮仓是用于存放粮食的容器，在结构上设为上、下两层，原理是利用石质凹槽插板，通过木质构件进行连接，具有实用、方便的特点	
38	石鱼（水管）	米脂县姜氏庄园	蓝绿砂岩	石鱼主要功能是通过墙体向室内水缸中注水。鱼身为外，鱼头为内。造型生动、线条优美，是米脂少见的生产生活工具，并且保存完好	
39	石槽	米脂县姜氏庄园	蓝绿砂岩	石槽主要用于清洗衣物，由于缺乏保护，"龙头"造型已破损。石槽底端呈斜坡状以方便排水，并雕有"鱼骨"纹，以提高洗净度	
40	石碾	米脂县杜家石沟村	蓝绿砂岩	石碾保护状况较好，造型前窄后宽，在结构方面采取了较为省力的杠杆原理。装饰有线条柔美生动的"牡丹"图案，并具一定的浅浮雕效果	

（续表）

序号	石雕名称	所在地点	材质	基本布局与生存现状	图片
41	石碾	米脂县后马家园则村	蓝绿砂岩	保护状况完好，石碾结构由上、下两部分构成，上为碾子，下为台面、底座。石碾外侧刻有"盘长纹"，并且一周雕有装饰线条	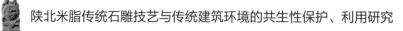
42	石夯	米脂县后马家园则村	黄绿砂岩	石夯是当地常见的夯土工具，石夯上部钻有洞孔，可将绳子串入。一圈隐约可见装饰槽与线条，具有粗犷、古朴之风	
43	石碌碡	米脂县高庙乡	黄绿砂岩	石碌碡用来轧谷物的农具，其形体近似"腰鼓"形状，一周采用凹进圆刀法进行纵向条纹处理，有效提升了碾轧谷物的工作效率	
44	石马槽	米脂县姜氏庄园	蓝绿砂岩	结构分为上部槽体与下部基石底座。在细节装饰方面，底座采用竖直线条进行装饰，上部则用平行凸起装饰带进行分割，并在空白处采用"盘花篆"纹路丰富石材装饰效果	

序号	石雕名称	所在地点	材质	基本布局与生存现状	图片
45	石肉仓	米脂县姜氏庄园	黄绿砂岩	石肉仓是富户家中放置肉类食品的暗藏式储藏间。结构分为上、下两层，上部为木质，下部采用砂岩砌筑并开有镂空小孔，镶木质小门。保护情况良好	
46	巡山石狮	米脂县杨家沟乡	黄绿砂岩	由于露天摆放，石雕多处开始风化。造型呈后腿半蹲，作守护状。石狮头部倾斜，口噙绶带，鬃毛、眼睛等做凸起圆形疙瘩状处理，具有较强形式语言。四肢部分，雕刻手法强调体块塑造，块面关系硬朗	
47	巡山石狮	米脂县对岔村	黄绿砂岩	造型整体饱满、厚重。姿态呈后腿蹲、卧，前腿站立姿势。石狮面部眼睛凝视正前方，并作怒吼状。整体造型基本无装饰纹样。由于缺乏保护意识，该造型已被非法买卖	
48	镇宅石狮	米脂县朱兴庄村	黄绿砂岩	石狮动态呈后蹲前立，作向前仰视守卫状。头部造型较其他石狮相比较为烦琐，四肢部分处理简练。整体石雕基本保存完好，但缺乏维护	

（续表）

序号	石雕名称	所在地点	材质	基本布局与生存现状	图片
49	镇宅石狮	米脂县田家沟村	蓝绿砂岩	该石雕保留较为完好，造型呈后蹲前立、向前怒视状。雕刻技法以平刀曲线为主要手法，整体形态略显复杂	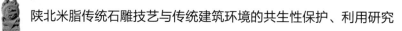
50	炕头石狮	个人收藏	蓝绿砂岩	整体造型呈侧面蹲踞式人面狮身。作品整体艺术特征概括简练、拟人夸张。保护状况良好	
51	炕头石狮	个人收藏	蓝绿砂岩	石雕造型呈侧面蹲踞式。头部直平，双眼大睁，鼻微隆块状塑造，颈部友鬣毛恣张。作品整体艺术特征，虚实相间、写意有度。保护情况良好	
52	香炉	米脂县后马家园则村庙宇	黄绿砂岩	整体造型保护完整，上部香炉较为烦琐，下部则较为简练。香炉莲花瓣及收边，采用直线、圆刀雕刻，线条硬朗粗犷。外延"兽头"部分，是整体香炉的点睛之处，造型格外突出。香炉下部除文字外，基本做平整处理	

序号	石雕名称	所在地点	材质	基本布局与生存现状	图片
53	香炉	米脂县后马家园则村庙宇	黄绿砂岩	香炉保护良好，整体造型简洁、厚重，装饰纹样采用直线变形莲花瓣纹样，上端收口处做双线凸起浮雕处理，并在凸起线条局部用多条斜线做装饰点缀	

（表格来源：作者编制）

参考文献

[1] 国务院. 国务院关于加强文化遗产保护的通知 [N]. 人民日报, 2006-1-9（11）.

[2] 顾军，苑利. 文化遗产报告——世界文化遗产保护运动的理论与实践 [M]. 北京：社会科学文献出版社，2005.

[3] 吴良镛. 人居环境科学导论 [M]. 北京：中国建筑工业出版社，2001.

[4] 陈志华. 保护文物建筑和历史地段的国际文献 [M]. 台北：博远出版有限公司，1993.

[5] 郭旃. 西安宣言——文化遗产保护新准则 [J]. 中国文化遗产，2005（6）:6-7.

[6] 彭岚嘉. 物质文化遗产与非物质文化遗产的关系 [J]. 西北师大学报：社会科学版，2006，43（6）:102-104.

[7] 陈淳，顾伊. 文化遗产保护的国际视野 [J]. 复旦学报：社会科学版，2003（4）:122-129.

[8] 黄涛. 论非物质文化遗产的情境保护 [J]. 中国人民大学学报，2006（5）:67-72.

[9] 田青. 非物质文化遗产保护三议 [J]. 云南艺术学报，2006（5）：5-9.

[10] 陈勤建. 当代中国非物质文化遗产保护 [N]. 解放日报，2006-3-27.

[11] 陈勤建. 保护非物质文化遗产要防止文化碎片式的保护性撕裂 [J]. 中国图书馆，2006（4）：91-92.

[12] 贺学君. 非物质文化遗产"保护"的本质和原则 [J]. 民间文化论坛，2005（6）：71-75.

[13] 陈勤建. 民间文化遗产保护和开发的若干问题 [J]. 江西社会科学，2005（2）:110-120.

[14] 刘魁立. 关于非物质文化遗产保护的若干理论反思 [J]. 民间文化论坛，2004（4）：51-54.

[15] 杨怡. 非物质文化遗产概念的缘起、现状及相关问题 [J]. 文物世界，2003（2）：27-31.

[16] 刘魁立. 非物质文化遗产及其保护的整体性原则 [J]. 广西师范大学学报：哲学社会科学版，2004，25（4）:1-8.

[17] 连冕. 非物质文化遗产保护的悖论与新路径 [J]. 艺术设计论坛，2005（1）:19-20.

[18] 徐嵩龄，张晓明，章建刚. 文化遗产的保护与经营 [M]. 北京：社会科学文献出版社，2003.

[19] 张松. 历史城市保护学导论——文化遗产和历史环境保护的一种整体性方法 [M]. 上海：上海科学技术出版社，2001.

[20] 乔晓光. 活态文化——中国非物质文化遗产初探 [M]. 太原：山西人民出版社 2004.

[21] 王景慧. 历史地段保护的概念和作法 [J]. 城市规划，1998（3）:34-36.

[22] 王景慧，阮仪三，王林. 历史文化名城保护理论与规划 [M]. 上海：同济大学出版社，2007.

[23] 杨俊宴，吴明伟. 城市历史文化保护模式探索——以南京南捕厅各街区为例 [J]. 规划师，2004（4）:45-48.

[24] 阮仪三，陈婷. 历史城市保护优先权的确立 [J]. 城市规划，2002（7）:31-34.

[25] 钱涛. 杭州中山中路近代商贸历史街区的保护与更新研究 [D]. 杭州：浙江大学，2006.

[26] 时吉光，喻学才. 我国近年来非物质文化遗产保护研究综述 [J]. 长沙大学学报，2006，20（1）:9-11.

[27] 魏萍，杨福海. 前门地区传统商业街巷特点探析 [J]. 建筑创作，2007（12）：70-73.

[28] 陈玮，李包相，俞坚. 历史地区的退化和复兴——杭州中山中路步行街改造研究 [J]，规划师，1998（3）：47-50.

[29] 郭新尧. 城市非物质历史文化遗产保护利用研究——以国家级历史文化名城佛山为例 [D]. 武汉：华中科技大学，2005.

[30] 张复合. 中国近代建筑研究与保护（二)[M]. 北京：清华大学出版社，2001.

[31] 阳建强，张帆，宋杰，等. 安庆倒扒狮历史文化街区的保护与更新 [J]. 规划师，2006，22（10）:16-19.

[32] 胡颖. 论历史街区的非物质文化遗产保护——以屯溪老街为例 [D]. 上海：华东师范大学，2006.

[33] 常青. 建筑遗产的生存策略——保护利用与设计实验 [M]. 上海：同济大学出版社，2003.

[34] 常青. 历史环境的再生之道——历史意义与设计探索 [M]. 北京：中国建筑工业出版社，2009.

[35] 赵琳. 魏晋南北朝室内环境艺术研究 [M]. 南京：东南大学出版社，2005.

[36] 王其钧. 中国古建筑语言 [M]. 北京：机械工业出版社，2007.

[37] 李浈. 中国传统建筑形制与工艺 [M]. 2版. 上海：同济大学出版社，2010.

[38] 王其钧. 中国传统建筑雕饰 [M]. 北京：中国电力出版社，2009.

[39] 王红军. 美国建筑遗产保护历程研究 [M]. 南京：东南大学出版社，2009.

[40] 周卫. 历史建筑保护与再利用——新旧空间关联理论及模式研究 [M]. 北京：中国建筑工业出版社，2009.

[41] 郭庆丰. 黄河流域民间艺术考察手记 [M]. 上海：上海三联书店，2006.

[42] 吴昊. 陕北窑洞民居 [M]. 北京：中国建筑工业出版社，2008.

[43] 李泽厚. 美的历程 [M] . 天津：天津社会科学出版社，2001.

[44] 李宗桂. 中国文化导论 [M] . 广州：广东人民出版社，2002.

[45] 慧缘. 慧缘风水学 [M] . 南昌：百花洲文艺出版社，2009.

[46] ADORNO T W. Aesthetic Theory[M]. Minneapolis: University of Minnesota Press, 1998.

[47] ALSAYYAD N. Consuming tradition, manufacturing heritage: Global norms and urban forms in the age of tourism[M]. New York: Routledge, 2001.

[48] BARKAN L. Unearthing the past: Archaeology and aesthetics in the making of renaissance culture[M]. New Haven: Yale University Press, 2001.

[49] CHAPMAN J. Destruction of a common heritage: The archaeology of war in Croatia, Bosnia and Hercegovina[J]. Antiquity,1994,68(258):120–126.

[50] CLEERE H F. Introduction: The rationale of archaeological heritage management[M]// CLEERE H F. Archaeology heritage management in the modern world. London: Routledge,1989.

[51] HANDLER R. On having a culture[M]//STOCKING G W. Objects and others: Essays on museums and material culture. Madison: University of Wisconsin Press, 1985.

[52] HOBSBAWN E, RANGER T. The invention of tradition[M]. Cambridge,Eng.: Cambridge University Press, 1983.

[53] JOKILEHTO J. Authenticity: A general framework for the concept[C]//LARSEN K E. Nara Conference on authenticity in relation to World Heritage Convention. Trondheim: Tapir Publishers, 1995.

[54] JOKILEHTO J. A history of architectural conservation[M].Oxford: Butterworth–Heinemann, 1999.

[55] KOBYLIŃSKI Z. Fundamental principles of archaeological heritage conservation[J]. Clinical Chemistry, 2000,26(9):1301–1303.

[56] LARSEN K E. Authenticity in the context of world heritage: Japan and the universal[C]// LARESN K E, MARSTEIN N. Conference on authenticity in relation to the World Heritage Convention: Preparatory workshop. Bergen: Tapir Publishers, 1994.

[57] LOWENTHAL D. Criteria of authenticity[J]//LARESN K E, MARSTEIN N. Conference on authenticity in relation to the World Heritage Convention: Preparatory workshop. Bergen: Tapir Publishers, 1994.

[58] LEONE M P. A historical archaeology of capitalism[J]. American Anthropologist. 2009,97(2):251–268.

[59] LOWENTHAL D. Possessed by the past: The heritage crusade and the spoils of history [M].

New York: Free Press, 1996.

[60] MATHERS C, DARVILL T, LITTLE B J. Heritage of value, archaeology of renown: Reshaping archaeological assessment and significance[M]. Gainesville: University Press of Florida, 2005.

[61] MATTHEWS C N. Creole matters: Archaeology, heritage and hybridity in New Orleans[M]. Gainesville: University Press of Florida, 2005.

[62] MESKELL L. Archaeology under fire: Nationalism, politics and heritages in the Eastern Mediterranean and Middle East[M]. London: Taylor & Francis Ltd., 1998.

[63] WALTER E V. Placeways: A theory of the humane environment[M]. Chapel Hill, North. Carolina: University of North Carolina Press, 1988.

[64] AIKAWA N. A historical overview of the preparation of the UNESCO International Convention for the safeguarding of the intangible heritage[J]. Museum International, 2004,56(1/2): 137–149.

[65] BARTHEL D. Attitudes toward history: The preservation movement in America. Humanity and Society, 1989, 13(2): 195–212.

[66] BARTHEL D. Historic preservation: Collective memory and historical identity[M]. New Brunswick, New Jersey: Rutgers University Press, 1996.

[67] BOYER M C. The city of collective memory: Its historical imagery and architectural entertainments[M]. Cambridge, MA: The MIT Press, 1994.

[68] CROCKER E N J, MITCHELL C S, TAYLOR M. Evaluating authenticity: Electrons based on the United States experience. Paper presented at the Inter–American Symposium on Authenticity in the Conservation and Management of the Cultural Change.

[69] DUBROW G L, GRAVES D. Sento at Sixth and Main: Preserving landmarks of Japanese American heritage[M]. Seattle: Seattle Arts Commission, 2002.

[70] ELEY G, SUNY R G. Introduction: From the moment of social history to the work of cultural representation[M]// ELEY G, SUNY R G. Becoming national: A reader. Oxford: Oxford University Press, 1996.

致　谢

在攻读博士学位的过程中，我得到了许多师长、同学和朋友的热情帮助。他们无私的支持与理解，是我完成学业的重要保障。在此，我向他们表示最诚挚的感谢。

首先，感谢我的导师杨豪中教授一直以来对我的关心与引导，使我在理论和实践方面均有丰厚收获。导师渊博的学识、深刻的洞察力、精辟的见解、严谨治学的态度、发现问题和分析问题的能力以及不断探索新领域的精神，让我深深地敬佩。本书的选题即来自于导师所主持的有关物质与非物质文化遗产的研究保护课题，并在写作过程中得到了老师全面系统的指导，使我在理论研究方面受益匪浅。

其次，我要感谢我的同学们，他们在我的写作过程中不断给予我支持和鼓励，并提供无私帮助。从他们那里我学到了很多东西，与他们的探讨使我得到宝贵的收获。此外，感谢在米脂进行实地调研中为我提供帮助的各位领导、同人，他们为研究提供了大量一手资料，也为本书的顺利完成打下了坚实的基础。

特别感谢我的父母和家人，没有他们的关怀和支持，我不可能完成学业。最后，谨将此书献给所有关心和帮助过我的人，谢谢你们！

卢渊

2016 年 6 月于西安